快速精通

SwiftUI 框架

Mastering SwiftUI for iOS 16 and Xcode 14

全面進化｜**SwiftUI 進階開發實戰技術**

Simon Ng 著 / 王豪勳 譯 / 博碩文化 審校

聰明運用 SwiftUI 和 Combine 框架開發 iOS App

快速強化 iOS App 開發的實務應用能力

進行資料共享｜使用外觀定位點顯示展開式底部表｜運用內容選單、手勢與動作表｜運用 JSON、滑桿與資料篩選｜輕鬆建立表單｜建立多樣化佈局的清單視圖｜應用 UI 控制元件｜實作模態視圖、浮動按鈕及警告提示視窗｜製作動畫及轉場效果｜了解狀態及綁定｜實作路徑與形狀來繪製圖形｜使用堆疊建立複雜佈局｜處理文字及圖片｜使用滾動視圖建立輪播式 UI｜實作導覽堆疊及自訂導覽列

使用
iOS 16 &
Xcode 14
開發

快速精通 SwiftUI 框架
全面進化 SwiftUI 進階開發實戰技術

作　　者：Simon Ng
譯　　者：王豪勳
審　　校：博碩文化
責任編輯：曾婉玲

董 事 長：陳來勝
總 編 輯：陳錦輝

出　　版：博碩文化股份有限公司
地　　址：221 新北市汐止區新台五路一段 112 號 10 樓 A 棟
　　　　　電話 (02) 2696-2869 傳真 (02) 2696-2867

郵撥帳號：17484299　戶名：博碩文化股份有限公司
博碩網站：http://www.drmaster.com.tw
讀者服務信箱：DrService@drmaster.com.tw
讀者服務專線：(02) 2696-2869 分機 216、238
（週一至週五 09:30 ～ 12:00；13:30 ～ 17:00）

版　　次：2023 年 4 月初版

建議零售價：新台幣 720 元
I S B N：978-626-333-453-3（平裝）
律師顧問：鳴權法律事務所 陳曉鳴 律師

本書如有破損或裝訂錯誤，請寄回本公司更換

國家圖書館出版品預行編目資料

快速精通SwiftUI框架：全面進化SwiftUI進階開發實戰
技術/Simon Ng著；王豪勳譯. -- 初版. -- 新北市：博碩
文化股份有限公司, 2023.04
　面；　公分
譯自：Mastering SwiftUI for iOS 16 and Xcode 14.

ISBN 978-626-333-453-3(平裝)

1.CST: 系統程式 2.CST: 電腦程式設計 3.CST: 行動資
訊

312.52　　　　　　　　　　　　　　　1120050

Printed in Taiwan

博 碩 粉 絲 團　歡迎團體訂購，另有優惠，請洽服務專線
(02) 2696-2869 分機 216、238

序言

坦白說，我沒有預料到 Apple 會在 WWDC 2019 中有完全改變我們為 Apple 平台建立 UI 的方式的重大宣布。幾年前，Apple 隨著 Xcode 11 一起發布了一個名為「SwiftUI」的全新框架。SwiftUI 的推出，對於目前的 iOS 開發人員或即將學習打造 iOS App 的人而言，確實是一個重大的契機。毫無疑問的，這是近年來 iOS App 開發中的最大改變。

我從事 iOS 程式開發已經超過 10 年了，已經習慣使用 UIKit 進行開發。我喜歡混合使用故事板與 Swift 程式碼來建立 UI，但無論你是喜歡使用介面建構器還是完全使用程式碼來建立 UI，在 iOS 開發 UI 的方式並沒有多大的變化，一切仍然依賴 UIKit 框架。

對我而言，SwiftUI 不僅是一個新框架，而是一個典範轉移（paradigm shift），從根本上改變你對 iOS 與其他 Apple 平台的 UI 開發方式的看法。Apple 目前提倡使用宣告式 / 函式程式設計風格取代命令式程式設計風格，你不再需要確切指定 UI 元件的佈局和功能，反而是著重於描述在建立 UI 時所需要的元素，以及以宣告式程式設計時應執行的操作。

如果你有實作過 React Native 或 Flutter 的經驗，你會發現彼此之間的程式風格有些相似性，並且可能會發現以 SwiftUI 來建立 UI 會更容易些。儘管如此，即使你之前沒有使用任何函式語言程式設計的經驗，也只需要花費一些時間來習慣這些語法。當你具備了基礎知識之後，你將會喜歡以 SwiftUI 來編寫複雜佈局與動畫的簡便性。

SwiftUI 在這三年有很大的進展，隨著 Xcode 14 的發布，Apple 將更多的功能與 UI 元件加入 SwiftUI 框架中，著實將 iOS、iPadOS 與 macOS 的 UI 開發提升到新的層級，與 UIKit 相比，你可以使用更少的程式碼來開發一些酷炫的動畫。最重要的是，最新版本的 SwiftUI 框架可以使開發者更輕鬆為 Apple 平台開發 App。當閱讀完本書後，你就會了解我的意思。

SwiftUI 的發布並不表示介面建構器與 UIKit 會馬上棄用，它們將繼續存在許多年。不過，SwiftUI 是 Apple 平台上應用程式開發的未來，為了始終走在技術創新的前端，是時候開始準備這個 UI 開發的新方式，我希望本書可幫助你開始進行 SwiftUI 的開發，並建立一些令人耳目一新的 UI。

AppCoda 創辦人

Simon Ng

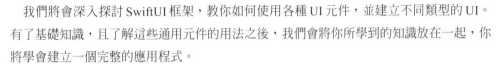

關於本書

我們將會深入探討 SwiftUI 框架，教你如何使用各種 UI 元件，並建立不同類型的 UI。有了基礎知識，且了解這些通用元件的用法之後，我們會將你所學到的知識放在一起，你將學會建立一個完整的應用程式。

跟往常一樣，我們將會採用「從做中學」的方式來探索 SwiftUI。本書集合了許多實作練習與專案，但不要認爲只要閱讀本書即可掌握全部，你需要做好編寫程式碼並除錯的準備。

目標讀者

本書是爲 iOS 程式設計的初學者與開發者所編寫，即使你之前有過 iOS App 的開發經驗，本書也將幫助你了解這個全新的框架以及開發 UI 的新方式，你還將學習如何以 SwiftUI 來整合 UIKit。

使用 SwiftUI 開發 App 所需要的準備

使用 Mac 電腦是 iOS 開發的基本要求。要使用 SwiftUI，你需要在 Mac 電腦上安裝 macOS Catalina 與 Xcode 11（或以上版本）。也就是說，要正確跟著本書的內容來學習，則你必須安裝 Xcode 14。

如果你是 iOS App 開發新手，Xcode 是一個由 Apple 所提供的整合開發環境（IDE）。Xcode 提供所有 App 開發所需要的一切環境，它已經綁定最新版的 iOS SDK（Software Development Kit，軟體開發套件），內建原始碼編輯器、圖形使用者介面（UI）編輯器、除錯工具與其他更多的功能。最重要的是，Xcode 內建了 iPhone（與 iPad）模擬器，讓你可以不需要實機，也能測試你的 App。Xcode 14 可以讓你即時預覽與測試 SwiftUI 程式碼的結果。

安裝 Xcode

要安裝 Xcode 14，請至 Mac App Store 並下載它。只需搜尋「Xcode」並點選「取得」（Get）按鈕，即可下載。在本書撰寫的期間，最新的 Xcode 版本是 14，完成安裝過程之後，你將會在 Launchpad 找到 Xcode。

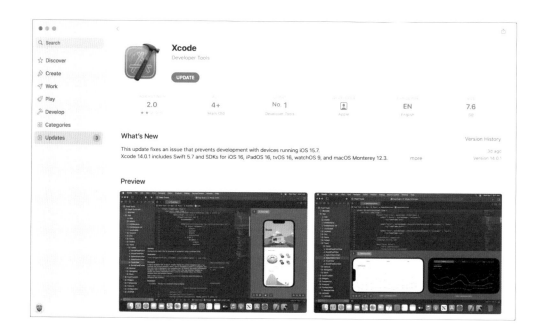

關於 SwiftUI 的常見問題

當 SwiftUI 框架初推出時，許多初學者向我詢問問題。我想和你一同分享這些常見問題，並且希望這些答案可以讓你對 SwiftUI 更加了解。

Q1：在學習SwiftUI之前，是否需要先學習Swift？

A1：是的，使用 SwiftUI 之前，你仍需要了解 Swift 程式語言的觀念。SwiftUI 只是一個以 Swift 編寫的 UI 框架。這裡的關鍵字是 UI，表示此框架是為了建立使用者介面而設計的。不過，對於一個完整的應用程式，除了 UI，還有許多其他元件，例如：連結遠端伺服器的網路元件、從內部資料庫載入資料的資料元件、處理資料流程的商業邏輯元件（business logic component）等，所有這些元件都不是使用 SwiftUI 建立的，因此你應了解 Swift、SwiftUI 以及其他內建的框架（如 Map），才能建立一個 App。

Q2：我應該要學習SwiftUI還是UIKit？

A2：簡短的回答是兩者皆需要學習，不過這完全取決於你的目標而定。如果你打算成為一個專業的 iOS 開發者，並取得 iOS 開發的工作，則最好具備 SwiftUI 與 UIKit的知識，在 App Store 發布的 App 中，有超過 90% 是使用 UIkit 來建立的。為了就業市場的考量，你需要熟悉 UIKit，因為大部分的公司仍是使用這個框架來建立 App UI。

不過，就像日新月異的技術發展，公司將在新專案中逐步採用 SwiftUI，這也是爲何你需要學習這兩種技術，以提升你的就業機會。

另一方面，如果你只想爲個人專案或業餘專案開發 App，則你可以完全使用 SwiftUI 來開發。不過，由於 SwiftUI 還非常新，目前尚未涵蓋在 UIkit 中可找到的所有 UI 元件。在某些情況下，你可能需要整合 UIKit 與 SwiftUI。

Q3：我需要學習自動佈局嗎？

A3：或許對你來說，這可能是一個好消息。許多初學者發現使用自動佈局是一件苦差事。有了 SwiftUI，你不再需要定義佈局約束條件，而是使用堆疊、留白與間距來進行佈局。

目錄

04 CHAPTER　使用堆疊佈局使用者介面 ··············· 047

05 CHAPTER　了解滾動視圖及建立輪播式 UI ··············· 071

SwiftUI介紹

2019 年的 WWDC 中，Apple 宣布了一個名為「SwiftUI」的全新框架，這讓所有的開發者都大為驚訝，它不僅改變了開發 iOS App 的方式，也是自從 Swift 問世以來，Apple 開發者的生態系統（包括 iPadOS、macOS、tvOS 與 watchOS）的最大轉變。

 說明

SwiftUI 是一種創新、極其簡單的方式，透過 Swift 的強大功能，讓使用者可建立橫跨所有 Apple 平台的使用者介面。只要一套工具與 API，即能建立適用所有 Apple 裝置的使用者介面。

— Apple（https://developer.apple.com/xcode/swiftui/）

開發者對於「應該使用故事板（Storyboard）或是以編寫程式碼的方式來建立 App UI」一事爭論已久，而 SwiftUI 的導入即是 Apple 對這個問題的答案。有了這個全新的框架，Apple 為開發者提供了一個建立使用者介面的新方式。請參見圖 1.1，並看一下它的程式碼。

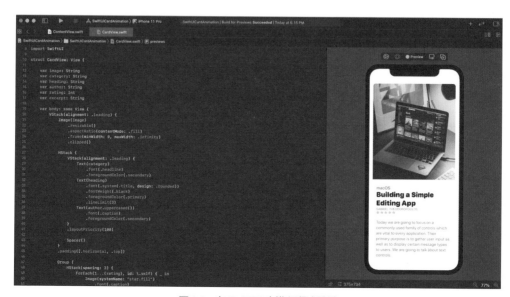

圖 1.1　在 SwiftUI 中進行程式設計

隨著 SwiftUI 的發布，你現在可以在 Xcode 中使用宣告式（Declarative）的 Swift 語法來開發 App 的 UI，這表示這個 UI 程式碼更容易編寫且更自然。和目前的 UI 框架（如 UIKit）相比，你可以使用更少的程式碼來建立相同的 UI。

預覽功能一直是 Xcode 的弱點，雖然你可以在介面建構器中預覽簡單的佈局，但是通常只有將 App 載入模擬器，才能預覽完整的 UI。使用 SwiftUI，你可以立即看到正在編寫的 UI 的回饋，例如：你在表格中加入一筆新紀錄，Xcode 會即時在預覽畫布上渲染 UI 的更改。如果你想在深色模式（Dark Mode）下預覽你的 UI 外觀，你只需變更一個選項即可，即時預覽功能可以使 UI 的開發更加輕而易舉，且迭代速度更快。

它不僅可讓你預覽 UI，新畫布還讓你透過拖曳的方式來直覺設計使用者介面。更棒的是，當你直覺加入 UI 元件時，Xcode 會自動產生 SwiftUI 程式碼。程式碼與 UI 始終保持同步，這是 Apple 開發者期待以久的功能。

在本書中，你將會深入了解 SwiftUI，學習如何佈局內建元件，並使用這個框架建立複雜的 UI。我知道有些人可能已經有 iOS 開發經驗，讓我先來介紹目前你正使用的框架（如 UIKit）與 SwiftUI 之間的主要差異性。如果你是 iOS 開發的新手，甚至也沒有任何的程式經驗，則可以將這些資訊作為參考，或是跳過 1.1 小節，我不想讓你因此遠離 SwiftUI，對初學者而言，這是一個非常棒的框架。

1.1 宣告式程式設計 vs 命令式程式設計

和 Java、C++、PHP 與 C# 一樣，Swift 是一個命令式程式語言（Imperative Programming）。不過，SwiftUI 自豪地聲稱它是一個宣告式 UI 框架（Declarative UI Framework），該框架可讓開發者以宣告式的方式建立 UI。而「宣告式」一詞是什麼意思呢？它和命令式程式設計有何不同呢？更重要的是，這對你寫程式的方式有什麼改變呢？

如果你才剛開始學習寫程式，則可能不需要去關心兩者之間的差異，因為一切對你而言都是新的內容。不過，如果你有一些物件導向的程式經驗，或者之前曾使用 UIKit 開發過，則這個典範轉移（Paradigm Shift）會影響你建立使用者介面的思考方式，你可能需要忘記一些舊思維來重新學習新觀念。

那麼，命令式程式設計與宣告式程式設計之間有何不同之處呢？如果你到維基百科搜尋這兩個專有名詞，你會找到以下的定義：

「在電腦科學中，命令式程式設計是一種使用語句變更程式狀態的程式設計典範。就像自然語言中命令式語氣表達指令的方式一樣。命令式程式是由電腦執行的指令所組成。

在電腦科學中，宣告式程式設計是一種建立電腦程式的結構與元件風格的程式設計典範，它表達的是運算邏輯，而不描述控制流程。」

如果你還沒有學過電腦科學的話，那麼很難了解實際的差異性，讓我以下列的方式來解釋其差異。

這裡不將重點放在程式設計，我們來談一下披薩的烹飪（或任何你喜歡的料理）。假設你正在指示某人（或者助手）去準備披薩，你可以使用命令式或者宣告式的方式來進行。要以命令式烹飪披薩，你可以像食譜一樣來明確告訴助手每個指示：

- 加熱到 550 °F 或更高，至少要 30 分鐘。
- 準備一磅麵團。
- 將麵團揉成 10 英吋大小的圓。
- 將蕃茄醬以湯匙舀入披薩的中間，並均勻塗抹至邊緣。
- 將一些配料（包括洋蔥、切片蘑菇、義式辣味香腸、煮熟的香腸、煮熟的培根、切塊的辣椒與起司）放在醬料上。
- 將披薩烘烤 5 分鐘。

另一方面，如果你是以宣告式的方式來烹飪，則不需要逐步說明，而只需要描述你希望做什麼樣的披薩，厚皮或者薄皮？義式辣味香腸與培根，或者只是經典的瑪格莉特加上番茄醬？10 吋或者 16 吋？這個助手將會找出剩餘的食材，並為你烘烤披薩。

這就是命令式與宣告式的主要不同之處。現在回到 UI 程式設計，命令式 UI 程式設計需要開發者編寫詳細的指令，來佈局 UI 以及控制其狀態；反之，宣告式 UI 程式設計讓開發者可描述 UI 的外觀，以及狀態更改時你想要回應的內容。

宣告式的程式碼將使程式碼更加容易閱讀與理解。更重要的是，SwiftUI 框架可以讓你以更少的程式碼來建立使用者介面。例如：你準備要在 App 中建立一個心形按鈕，這個按鈕應該放置於螢幕中心，並且能夠偵測觸控事件，當使用者點擊這個心形按鈕時，它的顏色會從紅色變為黃色，而當使用者按下這個心形不放時，它會以動畫形式放大。

參考一下圖 1.2，這是實作心形按鈕所需要的程式碼。大約 20 行的程式碼，你就可以建立一個帶有縮放動畫的互動式按鈕，而這就是 SwiftUI 宣告式 UI 框架的強大之處。

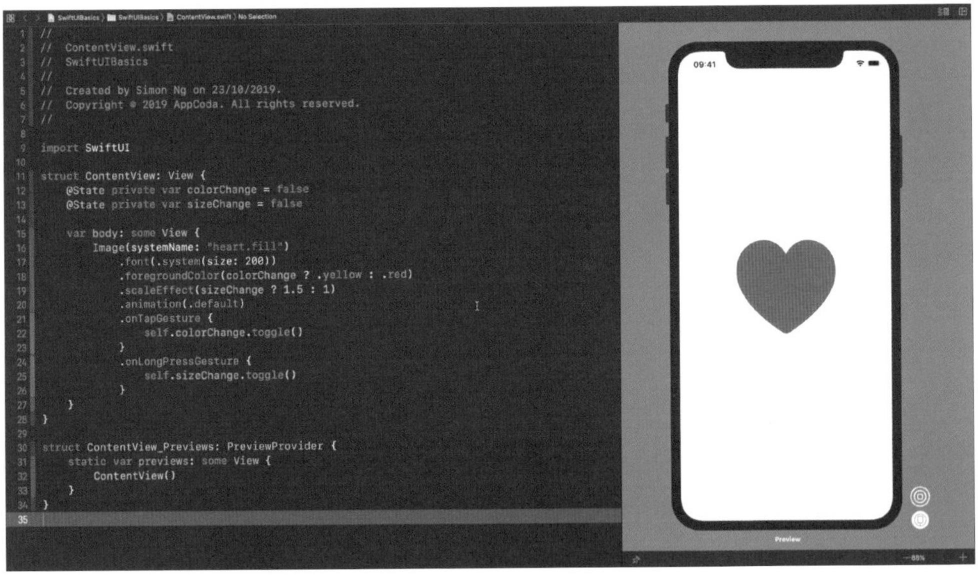

圖 1.2　互動式心形按鈕的實作

不再需要介面建構器與自動佈局

　　從 Xcode 11 開始，你可以選取 SwiftUI 與故事板來建立使用者介面，如圖 1.3 所示。如果你之前建立過 App，你可能使用介面建構器在故事板上佈局 UI，但是有了 SwiftUI，介面建構器與故事板就完全消失了，它被程式碼編輯器與預覽畫布所取代，如圖 1.2 所示。你可在程式碼編輯器中編寫程式碼，然後 Xcode 會即時渲染使用者介面，並將其顯示在畫布中。

　　「自動佈局」（Auto Layout）一直是學習 iOS 開發中的難題之一。使用 SwiftUI 後，你不再需要學習如何定義佈局約束條件，並解決佈局的衝突問題，現在你可以使用堆疊（Stack）、留白（Spacer）與間距（Padding）來組成所需的 UI，我們將在後面的章節中詳細討論這些觀念。

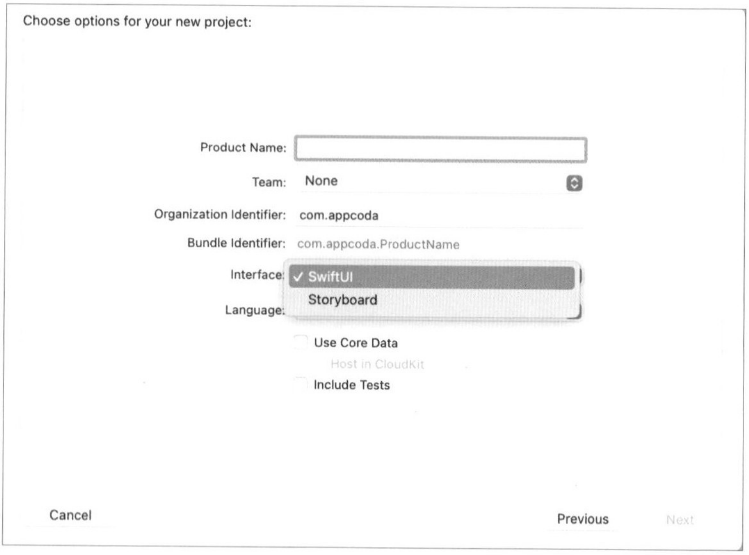

Choose options for your new project:

Product Name:

Team: None

Organization Identifier: com.appcoda

Bundle Identifier: com.appcoda.ProductName

Interface: ✓ SwiftUI
Storyboard

Language:

Use Core Data
Host in CloudKit
Include Tests

Cancel   Previous   Next

圖 1.3　在 Xcode 中的使用者介面選項

1.3 Combine 方式

　　除了故事板之外，視圖控制器（View Controller）也不見了。對於新手，你可以忽略什麼是視圖控制器。若你是有經驗的開發者，你可能會覺得奇怪，因為 SwiftUI 沒有使用視圖控制器來作爲視圖與模型間溝通的中心建構區塊。

　　視圖之間的溝通與資料分享，現在是透過另一個名爲「Combine」的新框架來進行，這個新方式完全取代了 UIKit 中視圖控制器的角色。在本書中，我們還將介紹 Combine 的基本觀念，以及學習如何使用它來處理 UI 事件。

1.4 學習一次，到處適用

雖然本書著重於為 iOS 建立 UI，但你在這裡所學到的內容，也可應用於其他 Apple 平台，例如：watchOS。在 SwiftUI 推出之前，你使用平台特定的 UI 框架來開發使用者介面，例如：使用 AppKit 來編寫 macOS App 的 UI；要開發 tvOS App，則依賴 TVUIKit；而開發 watchOS App，則是使用 WatchKit。

有了 SwiftUI，Apple 為開發者提供一個統一的 UI 框架，以用於在所有類型的 Apple 裝置上建立使用者介面。為 iOS 所編寫的 UI 程式碼，可以輕易地移植到你的 watchOS/macOS/watchOS App，而不需要修改，或只要做小幅度的修正即可，這要歸功於「宣告式 UI 框架」。

你的程式碼描述了使用者介面的外觀。根據平台的不同，SwiftUI 中的同一段程式碼會產生不同的 UI 控制元件，例如：下列的程式碼宣告了一個切換開關：

```
Toggle(isOn: $isOn) {
    Text("Wifi")
        .font(.system(.title))
        .bold()
}.padding()
```

對於 iOS 與 iPadOs，Toggle 會被渲染為一個開關。另一方面，對於 macOS，SwiftUI 將控制元件渲染為一個核取方塊，如圖 1.4 所示。

圖 1.4　macOS 與 iOS 的切換開關

這個統一框架的美妙之處，即是你可以針對所有 Apple 平台重複使用大部分的程式碼，而無需變更。SwiftUI 負責渲染對應的控制元件與佈局等繁重的工作。

不過，不要認為 SwiftUI 是一個「編寫一次，隨處執行」的解決方案。如同 Apple 在 WWDC 所強調的，這不是 SwiftUI 的目標，因此不要期望你可以在不做任何修改的情況下，將漂亮的 iOS App 轉換成 tvOS App。

 說明

只要是合適的地方，一定會有機會共享程式碼。重要的是，我們不能將 SwiftUI 想成只寫一次，到處執行，而是學習一次，到處適用。　　　　　　　　　　—WWDC 講座（SwiftUI 適用於所有裝置）

雖然 UI 程式碼是可以跨 Apple 平台移植，但是你仍然需要對特定類型的裝置提供專門化，你應該經常檢查 App 的每個版本，以確保該設計適合平台。也就是說，SwiftUI 已經為你省下學習另一個特定平台框架的大量時間，而且你應該可重複使用大部分的程式碼。

1.5 與 UIKit/AppKit/WatchKit 的介接

我可以在我目前的專案中使用 SwiftUI 嗎？我不想要重寫基於 UIKit 建立的整個 App。

SwiftUI 被設計成與目前的框架（如 iOS 的 UIKit 與 macOS 的 Appkit）一起使用，為了將視圖或控制器包裹至 SwiftUI 中，Apple 提供幾個代表性的協定供你採用，如圖 1.5 所示。

UIKit/AppKit/WatchKit	Protocol
UIView	UIViewRepresentable
NSView	NSViewRepresentable
WKInterfaceObject	WKInterfaceObjectRepresentable
UIViewController	UIViewControllerRepresentable
NSViewController	NSViewControllerRepresentable

圖 1.5　目前 UI 框架的代表性協定

例如：你有一個使用 UIKit 開發的自訂視圖，則可以對該視圖採用 UIViewRepresentable 協定，來使它相容 SwiftUI。圖 1.6 顯示了在 SwiftUI 中使用 WKWebView 的範例程式碼。

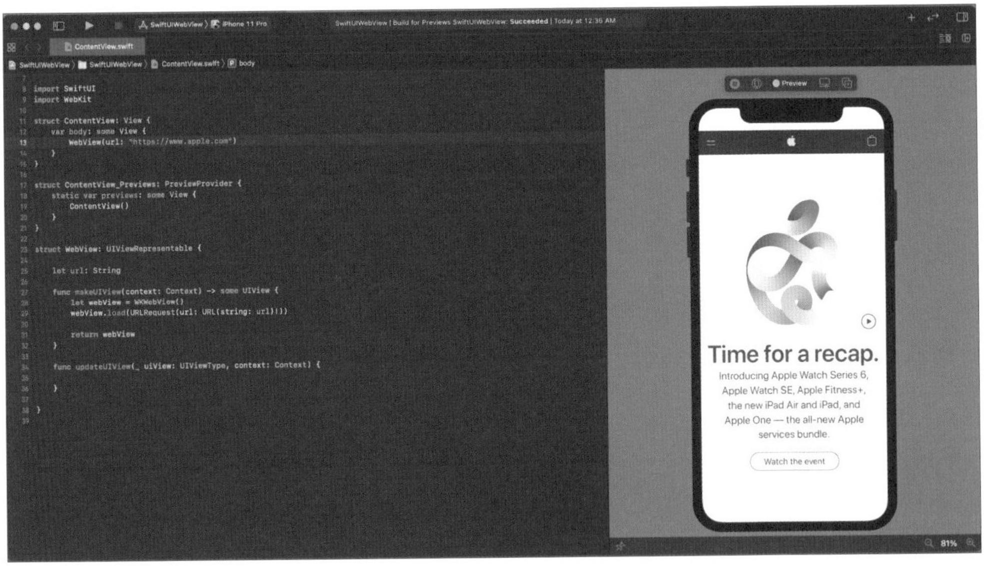

圖 1.6　移植 WKWebView 至 SwiftUI

1.6 下一個專案改採 SwiftUI

每次發布新框架時，人們通常會問：「這個框架是否適合我的下一個專案？我應該再觀望一些時間嗎？」

儘管 SwiftUI 對於大多數的開發者而言依然是新事物，但現在是學習該框架，並將其整合至你的新專案中的最佳時機。隨著 Xcode 14 的發布，Apple 使 SwiftUI 框架更加穩定，且功能更加豐富，如果你有一些個人專案（Personal Project）或是業餘專案（Side Project）供個人或工作中使用，那麼你沒有理由不去嘗試 SwiftUI。

話雖如此，你需要仔細考慮是否要將 SwiftUI 應用到你的商業專案中。SwiftUI 的一個主要缺點是，該裝置必須至少要在 iOS 13、macOS 10.15、tvOS 13 與 watchOS 6 以上版本執行，如果你的 App 需要支援較低版本的平台（如 iOS 12），你可能需要等待一些時間才採用 SwiftUI。

在編寫本書時，SwiftUI 已經正式發布超過 3 年了，Xcode 14 的登場為我們帶來更多的 UI 控制元件，例如：用於 SwiftUI 的 Grid API 和新的 Charts API。也就是說，就功能而言，你無法將其與釋出多年的現有 UI 框架（如 UIKit）相比，在 SwiftUI 中可能無法使用舊框架中的一些功能（例如：相機存取功能），因此你可能需要開發一些解決方案來處理這個問題，這是在專案製作中採用 SwiftUI 時必須考慮的問題。

SwiftUI 還非常新，需要一些時間才能成長爲成熟的框架，但可以肯定的是「SwiftUI 是 Apple 平台 UI 開發的未來」，儘管它可能還無法適用於你的專案，也建議你從業餘專案來開始嘗試，並摸索這個框架，當你試用了 SwiftUI，並了解其優點，你將享受以宣告式方式開發 UI 的樂趣。

02

開始使用SwiftUI及
處理文字

如果你之前有使用過 UIKit，SwiftUI 的 Text 控制元件與 UIKit 中的 UILabel 非常相似，這是一個能夠顯示一行或多行文字的視圖。這個 Text 控制元件不可編輯，不過對於在螢幕上顯示唯讀的訊息非常好用，例如：你想要在螢幕上顯示一個訊息，你可以使用 Text 來實作。

在本章中，我將教你如何以 Text 來顯示訊息，你還將學到如何運用不同顏色、字型、背景與旋轉效果來自訂文字。

2.1 建立新專案來使用 SwiftUI

首先啟動 Xcode，並使用 iOS 類別下的「App」模板來建立一個新專案。Apple 修改了一些專案項目模板，如果你以前使用過舊版的 Xcode，即可發現「Single Application」模板現在已替換為「App」模板。

選擇「Next」來進入下一個畫面，並輸入專案名稱（Project Name），我設定名稱為「SwiftUIText」，但你可以自由使用其他的名稱。對於組織名稱（Organization Name），你可以設定為你的公司或組織的名字。而組織識別碼（Organization Identifier）是 App 的唯一識別碼，這裡我使用「com.appcoda」，但你在這裡應該填入你自己的值，如果你有一個網站，則可將其設定為反向域名。

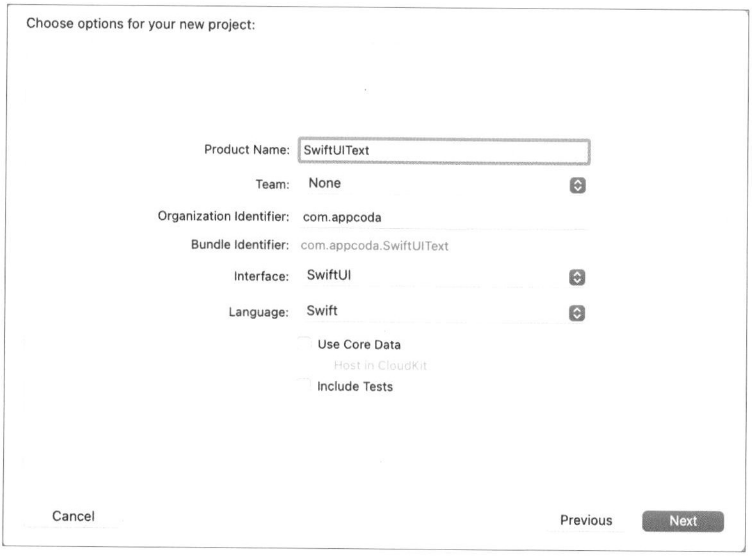

圖 2.1　建立一個新專案

要使用 SwiftUI，你必須在「Interface」選項中選擇「SwiftUI」，語言（Language）應該設定為「Swift」，點選「Next」按鈕，並選擇一個資料夾來建立專案。

當你儲存專案後，Xcode 應該會載入 ContentView.swift 檔，並顯示一個設計 / 預覽畫布（Design / Preview Canvas）。如果你沒有看到設計畫布，則可以至 Xcode 選單，然後選擇「Editor → Canvas」來啟用它。為了讓自己有更多的空間來編寫程式碼，您可以同時隱藏專案導覽器（Project Navigator）和檢閱器（inspector），如圖 2.2 所示。

預設上，Xcode 會為 ContentView.swift 產生一些 SwiftUI 程式碼。在 Xcode 14 中，預覽畫布會依照你在模擬器選項中所選擇的模擬器（例如：iPhone 13 Pro）來自動渲染 App 預覽畫面。對於舊版本的 Xcode，你可能需要點選「Resume」按鈕才能看到預覽畫面。

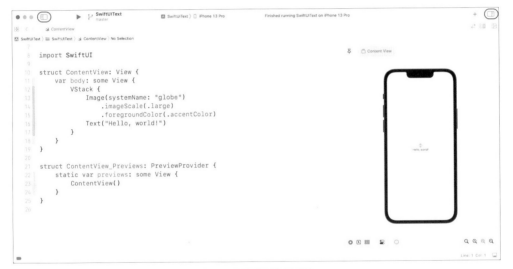

圖 2.2　程式編輯器與畫布

2.2 顯示簡單的文字

ContentView 中所產生的範例程式碼向你展示了如何顯示單行文字與圖片，它還使用 VStack 來嵌入文字與圖片。我們將在後面的章節中討論圖片與堆疊視圖，現在我們先關注 Text 的用法。

要在螢幕上顯示文字，你需要初始化 Text 物件，並將要顯示的文字（例如：HStay Hungry. Stay Foolish）傳送給它。更新 body 的程式碼如下：

```
Text("Stay Hungry. Stay Foolish.")
```

如此，預覽畫布即會在螢幕上顯示「Stay Hungry. Stay Foolish.」。這是建立一個文字視圖的基本語法，你可以任意變更文字內容，畫布會即時顯示變更的結果，如圖 2.3 所示。

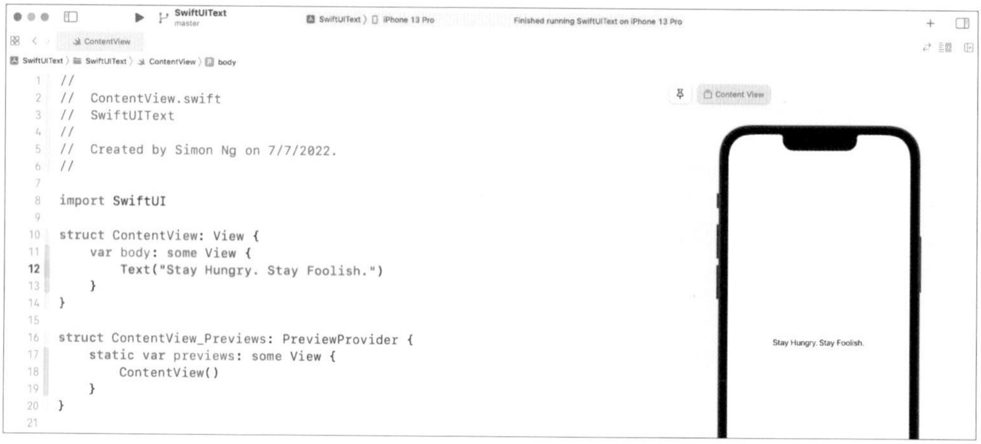

圖 2.3　變更文字

2.3 變更字型與顏色

在 SwiftUI 中，你可以呼叫一些方法，也就是所謂的「修飾器」（Modifiers），來變更屬性（如顏色、字型、粗細）。像是你想要粗體字，你可以使用 fontWeight 修飾器來指定你想要的字型粗細（例如：.bold）：

```
Text("Stay Hungry. Stay Foolish.").fontWeight(.bold)
```

你可以使用點語法（dotsyntax）來存取修飾器。當你輸入一個點符號時，Xcode 會顯示你可以使用的修飾器或值。舉例而言，當你在 fontWeight 修飾器中輸入一個點符號時，會看到各種字型粗細的選項，你可以選擇「bold」來加粗文字；若你想要更粗一點，則可以使用「heavy」或「black」，如圖 2.4 所示。

```
 9
10    struct ContentView: View {
11        var body: some View {
12            Text("Stay Hungry. Stay Foolish.").fontWeight(.)
13        }
14    }
15
16    struct ContentView_Previews: PreviewProvider {
17        static var previews: some View {
18            ContentView()
19        }
20    }
21
```

M black
M bold
M heavy
M light
M medium
M regular
M semibold
M thin
M ultraLight

bold: Font.Weight

圖 2.4　選擇你喜愛的字型粗細

透過呼叫 fontWeight 修飾器，並使用 .bold 的值，它實際上會回傳一個加上粗體字的新視圖。SwiftUI 的有趣之處在於，你可以進一步將此新視圖與其他修飾器串接在一起，例如：你想要讓粗體文字更大一點，則可以編寫程式碼如下：

```
Text("Stay Hungry. Stay Foolish.").fontWeight(.bold).font(.title)
```

由於我們可以將多個修飾器串接在一起，因此我們通常使用以下的格式編寫上列的程式碼：

```
Text("Stay Hungry. Stay Foolish.")
    .fontWeight(.bold)
    .font(.title)
```

功能是相同的，但我相信你會發現到上列的程式碼更易於閱讀。我們將在本書的其餘部分繼續使用此程式碼的編寫慣例。

font 修飾器可以讓你變更字型屬性。在上列的程式碼中，我們指定 title 字型來放大文字。SwiftUI 內有幾種內建的文字樣式，包括 title、largeTitle、body 等，如果你想要進一步加大字型大小，則將「.title」替換爲「.largeTitle」，如圖 2.5 所示。

提示

你可以參考這份文件：https://developer.apple.com/documentation/swiftui/font，來找出所有 font 修飾器所支援的值。

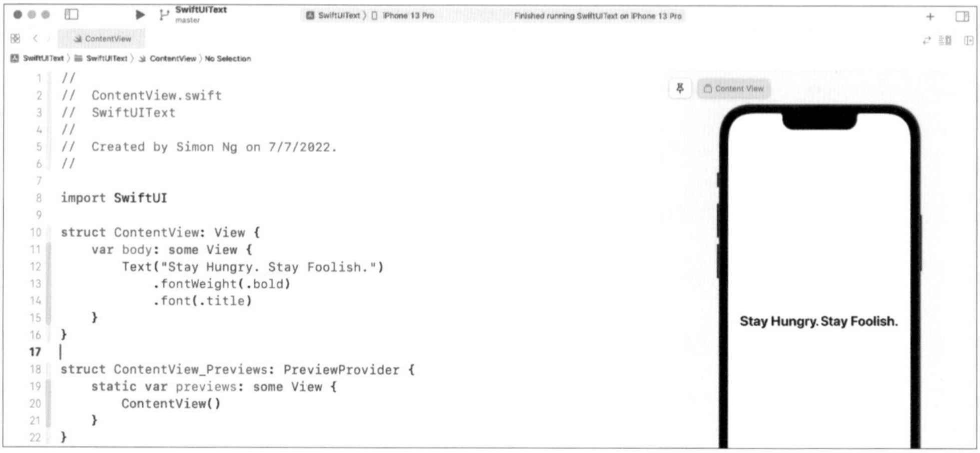

```
  1   //
  2   //  ContentView.swift
  3   //  SwiftUIText
  4   //
  5   //  Created by Simon Ng on 7/7/2022.
  6   //
  7
  8   import SwiftUI
  9
 10   struct ContentView: View {
 11       var body: some View {
 12           Text("Stay Hungry. Stay Foolish.")
 13               .fontWeight(.bold)
 14               .font(.title)
 15       }
 16   }
 17
 18   struct ContentView_Previews: PreviewProvider {
 19       static var previews: some View {
 20           ContentView()
 21       }
 22   }
```

圖 2.5　變更字型樣式

你也可以使用 font 修飾器來指定字型設計，例如：你想要字型圓滑，你可以將 font 修飾器編寫如下：

```
.font(.system(.title, design: .rounded))
```

這裡你指定使用文字樣式為 title 以及 rounded 設計的系統字型，預覽畫布應該會立即對變更做出反應，並顯示圓體的文字，如圖 2.6 所示。

圖 2.6　使用圓體字型設計

「動態型別」（Dynamic Type）是 iOS 的一項功能，可依照使用者的設定（設定→螢幕顯示與亮度→文字大小）來自動調整字型大小。換句話說，當你使用文字樣式（如 .title）時，字型大小將會改變，你的 App 會依照使用者的偏好來自動縮放文字。

要使用一個固定大小的字型，則將程式碼編寫如下：

```
.font(.system(size: 20))
```

這告訴系統使用 20 點的固定字型大小。

你可以串接其他修飾器來進一步客製化文字。我們來變更字型顏色，要做到這一點，你使用 foregroundColor 修飾器如下：

```
.foregroundColor(.green)
```

foregroundColor 修飾器接收 Color 的值。這裡我們指定「.green」，這個值是內建的顏色，如圖 2.7 所示，你也可以使用其他如 .red、.purple 等內建顏色值。

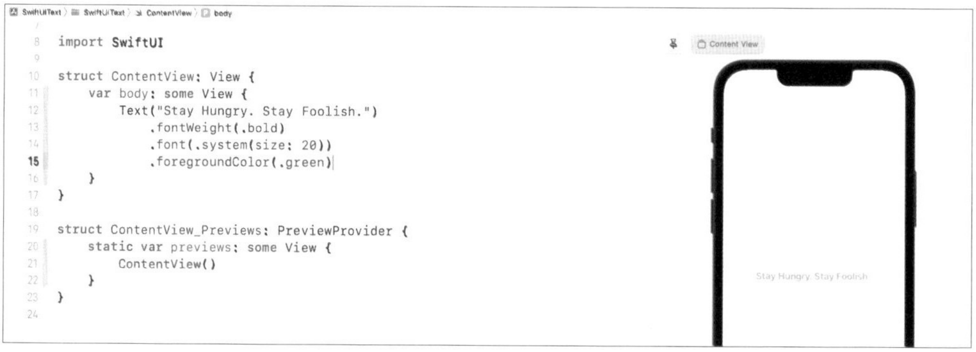

```
8     import SwiftUI
9
10    struct ContentView: View {
11        var body: some View {
12            Text("Stay Hungry. Stay Foolish.")
13                .fontWeight(.bold)
14                .font(.system(size: 20))
15                .foregroundColor(.green)
16        }
17    }
18
19    struct ContentView_Previews: PreviewProvider {
20        static var previews: some View {
21            ContentView()
22        }
23    }
24
```

圖 2.7　變更字型顏色

雖然我更喜歡透過編寫程式碼來自訂控制元件的屬性，但是你也可以使用設計畫布來編輯它們。預設上，預覽是在 Live 模式下執行，要編輯視圖的屬性，你必須先切換到 Selectable 模式，然後按住 command 鍵不放，並點選文字來帶出彈出選單（Pop-Over Menu），選擇「Show SwiftUI Inspector」，然後你可以編輯 text/font 屬性，如圖 2.8 所示。很棒的是，當你更改字型屬性時，程式碼會自動更新。

圖 2.8　使用「Show SwiftUI Inspector」功能來編輯文字屬性

處理多行文字

Text 預設支援多行文字,所以它可以顯示一段文字,而不需要使用任何其他修飾器。將你目前的程式碼用下列這段替換:

```
Text("Your time is limited, so don't waste it living someone else's life. Don't be trapped by
dogma-which is living with the results of other people's thinking. Don't let the noise of
others' opinions drown out your own inner voice. And most important, have the courage to
follow your heart and intuition.")
    .fontWeight(.bold)
    .font(.title)
    .foregroundColor(.gray)
```

你可以將這段文字換成你自己的文字,只要確認內容長度夠長即可。當你做完變更後,設計畫布將會渲染一個多行文字標籤,如圖 2.9 所示。

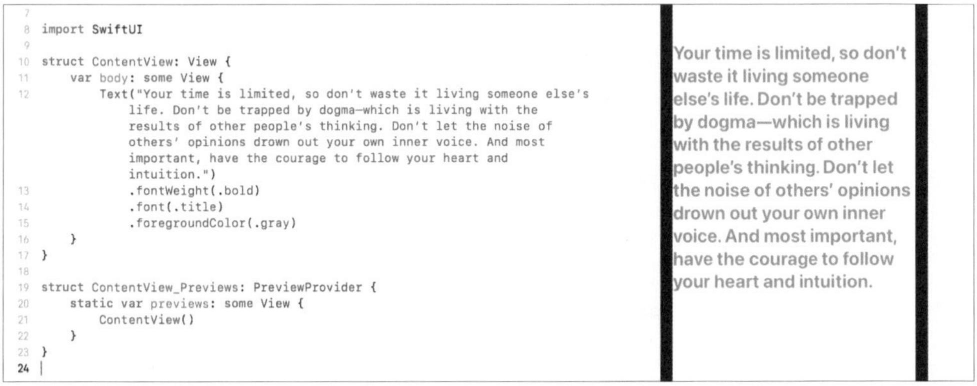

```
7
8  import SwiftUI
9
10 struct ContentView: View {
11     var body: some View {
12         Text("Your time is limited, so don't waste it living someone else's
             life. Don't be trapped by dogma-which is living with the
             results of other people's thinking. Don't let the noise of
             others' opinions drown out your own inner voice. And most
             important, have the courage to follow your heart and
             intuition.")
13             .fontWeight(.bold)
14             .font(.title)
15             .foregroundColor(.gray)
16     }
17 }
18
19 struct ContentView_Previews: PreviewProvider {
20     static var previews: some View {
21         ContentView()
22     }
23 }
24 |
```

Your time is limited, so don't waste it living someone else's life. Don't be trapped by dogma—which is living with the results of other people's thinking. Don't let the noise of others' opinions drown out your own inner voice. And most important, have the courage to follow your heart and intuition.

圖 2.9　顯示多行文字

要置中對齊文字,則在 .foreground 修飾器之後插入 multilineTextAlignment 修飾器,並設定其值為「.center」,如下所示:

```
.multilineTextAlignment(.center)
```

在某些情況下,你可能想要將行數限制為特定數量,則使用 lineLimit 修飾器來控制它。以下是一個例子:

```
.lineLimit(3)
```

另一個 truncationMode 修飾器指定在文字視圖內截斷文字的位置，你可以在文字視圖的開頭、中間或結尾截斷。預設上，系統是設定為使用「尾部截斷」（tail truncation）。要修改文字的截斷模式，則使用 truncationMode 修飾器，並設定其值為「.head」或「.middle」，如下所示：

```
.truncationMode(.head)
```

變更完成之後，你的文字會如圖 2.10 所示。

圖 2.10　使用 .head 截斷模式

先前我提到 Text 控制元件預設是顯示多行文字，原因是 SwiftUI 框架設定 lineLimit 修飾器的預設值為「nil」，你可以將 .lineLimit 的值設定為「nil」，並查看結果：

```
.lineLimit(nil)
```

2.5 設定間距與行距

一般而言，預設行距足以應付大多數的情況。要修改預設的設定，則可以使用 lineSpacing 修飾器來調整間距：

```
.lineSpacing(10)
```

如你所見，文字太靠近左右兩側的邊緣了，要給它更多的間距的話，則可以使用padding 修飾器，它會在文字的每一邊增加一些額外的間距。在 lineSpacing 修飾器後面插入下列這行程式碼：

```
.padding()
```

現在你的設計畫布應該如圖 2.11 所示。

圖 2.11　設定文字的間距與行距

2.6 旋轉文字

SwiftUI 框架提供了可讓你輕易旋轉文字的修飾器。你使用 rotateEffect 修飾器並傳送旋轉角度，如下所示：

```
.rotationEffect(.degrees(45))
```

如果你在 padding() 後面插入上列這行程式碼，你將會看到文字旋轉 45 度，如圖 2.12 所示。

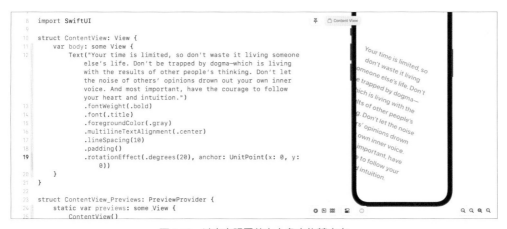

```
 8  import SwiftUI
 9
10  struct ContentView: View {
11      var body: some View {
12          Text("Your time is limited, so don't waste it living someone
                else's life. Don't be trapped by dogma—which is living
                with the results of other people's thinking. Don't let
                the noise of others' opinions drown out your own inner
                voice. And most important, have the courage to follow
                your heart and intuition.")
13              .fontWeight(.bold)
14              .font(.title)
15              .foregroundColor(.gray)
16              .multilineTextAlignment(.center)
17              .lineSpacing(10)
18              .padding()
19              .rotationEffect(.degrees(45))|
20          }
21      }
22
23  struct ContentView_Previews: PreviewProvider {
24      static var previews: some View {
25          ContentView()
26          }
```

圖 2.12　旋轉文字

預設上，會以文字視圖爲中心來旋轉，如果你想將文字以特定點來旋轉（例如：左上角），則將程式碼編寫如下：

```
.rotationEffect(.degrees(20), anchor: UnitPoint(x: 0, y: 0))
```

我們傳送另外的 anchor 參數來指定旋轉點，如圖 2.13 所示。

```
 8  import SwiftUI
 9
10  struct ContentView: View {
11      var body: some View {
12          Text("Your time is limited, so don't waste it living someone
                else's life. Don't be trapped by dogma—which is living
                with the results of other people's thinking. Don't let
                the noise of others' opinions drown out your own inner
                voice. And most important, have the courage to follow
                your heart and intuition.")
13              .fontWeight(.bold)
14              .font(.title)
15              .foregroundColor(.gray)
16              .multilineTextAlignment(.center)
17              .lineSpacing(10)
18              .padding()
19              .rotationEffect(.degrees(20), anchor: UnitPoint(x: 0, y:
                    0))
20          }
21      }
22
23  struct ContentView_Previews: PreviewProvider {
24      static var previews: some View {
25          ContentView()
```

圖 2.13　以文字視圖的左上角來旋轉文字

你不僅可以 2D 旋轉文字，SwiftUI 還提供 rotation3DEffect 修飾器，可以讓你建立一些令人驚豔的 3D 效果。這個修飾器有「旋轉角度」與「旋轉軸」等兩個參數，例如：你要建立透視文字特效，則將程式碼編寫如下：

```
.rotation3DEffect(.degrees(60), axis: (x: 1, y: 0, z: 0))
```

只要一行程式碼，你就建立了星際大戰透視文字（Star Wars Perspective Text），如圖2.14所示。

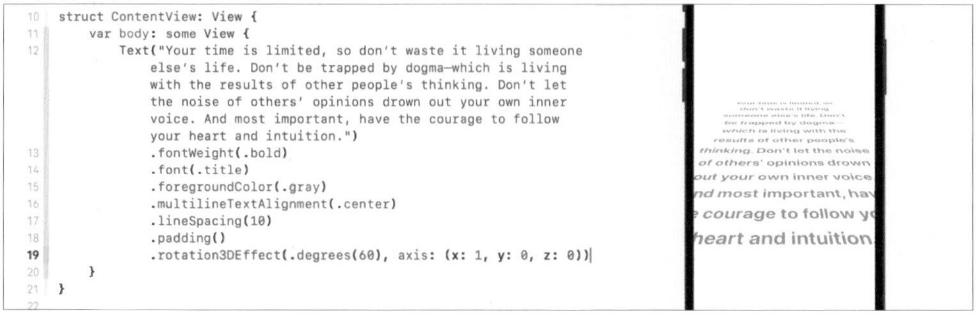

```
10   struct ContentView: View {
11       var body: some View {
12           Text("Your time is limited, so don't waste it living someone
                 else's life. Don't be trapped by dogma—which is living
                 with the results of other people's thinking. Don't let
                 the noise of others' opinions drown out your own inner
                 voice. And most important, have the courage to follow
                 your heart and intuition.")
13           .fontWeight(.bold)
14           .font(.title)
15           .foregroundColor(.gray)
16           .multilineTextAlignment(.center)
17           .lineSpacing(10)
18           .padding()
19           .rotation3DEffect(.degrees(60), axis: (x: 1, y: 0, z: 0))|
20       }
21   }
22
```

圖 2.14　使用 3D 旋轉建立驚艷的文字效果

你還可以插入下列這行程式碼，來對透視文字建立下拉式陰影（Drop Shadow）效果：

```
.shadow(color: .gray, radius: 2, x: 0, y: 15)
```

這個 shadow 修飾器將對文字應用陰影效果，你只需要指定顏色與陰影半徑。另外，你也可以告訴系統 x 與 y 值來指定陰影位置，如圖 2.15 所示。

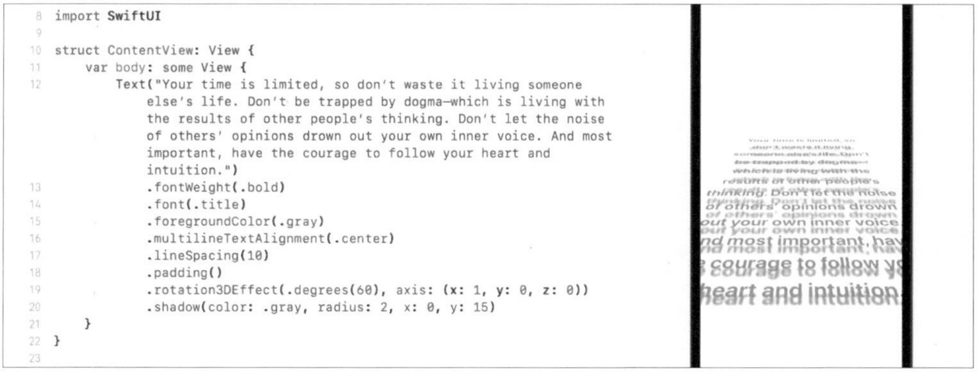

```
 8   import SwiftUI
 9
10   struct ContentView: View {
11       var body: some View {
12           Text("Your time is limited, so don't waste it living someone
                 else's life. Don't be trapped by dogma—which is living with
                 the results of other people's thinking. Don't let the noise
                 of others' opinions drown out your own inner voice. And most
                 important, have the courage to follow your heart and
                 intuition.")
13           .fontWeight(.bold)
14           .font(.title)
15           .foregroundColor(.gray)
16           .multilineTextAlignment(.center)
17           .lineSpacing(10)
18           .padding()
19           .rotation3DEffect(.degrees(60), axis: (x: 1, y: 0, z: 0))
20           .shadow(color: .gray, radius: 2, x: 0, y: 15)
21       }
22   }
23
```

圖 2.15　應用下拉式陰影效果

2.7 使用自訂字型

在預設情況下，所有文字都使用系統字型來顯示。例如：你在 Google Fonts 上找到了一款免費字型（如 https://fonts.google.com/specimen/Nunito），那麼如何在 App 中使用自訂字型呢？

假設你已經下載了字型檔，則你應該先將它加到你的 Xcode 專案中。你只需要將字型檔拖到專案導覽器中，並將它們放進「SwiftUIText」資料夾下。對於這個範例，我只加入了常規字型檔（即 Nunito-Regular.ttf），如圖 2.16 所示。如需使用粗體或斜體字型，則請加入相應的字型檔。

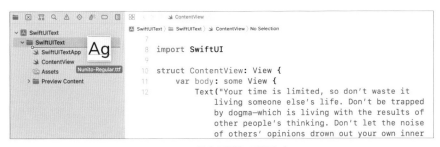

圖 2.16　將字型檔加到專案中

當你加入字型，Xcode 會提示你一個選項對話方塊，請確保啟用了「Copy items if needed」，並檢查勾選了「SwiftUIText」目標，如圖 2.17 所示。

圖 2.17　選擇加入檔案的選項

加入字型檔後，你還無法直接使用字型。 Xcode 要求開發者在專案設定中註冊字型。在專案導覽器中選擇「SwiftUIText」，然後點擊 Targets 下的「SwiftUIText」，選擇顯示專案設定的「Info」頁籤。

你可以在「Bundle name」上按右鍵，並選擇「Add row」。將鍵名設定爲「Fonts provided by application」，接著點擊揭示指示器（Disclosure Indicator）來展開項目。對於「item 0」，將值設定爲「Nunito-Regular.ttf」，這是你剛才加入的字型檔，如圖 2.18 所示。如果你有多個字型檔，則可以點擊「+」按鈕來增加另一個項目。

圖 2.18　在專案設定中設定字型檔

現在你可以回到 ContentView.swift。要使用自訂字型，則你可以將下列這行程式碼：

```
.font(.title)
```

替換爲：

```
.font(.custom("Nunito", size: 25))
```

上面的程式碼沒有使用系統字型樣式，而是使用 .custom 並指定喜愛的字型名稱。 字型名稱可以在「Font Book」App 中找到。你可以開啓「Finder → Application」，然後點擊「Font Book」來啓動該 App。

```
10    struct ContentView: View {
11        var body: some View {
12            Text("Your time is limited, so don't waste it
                 living someone else's life. Don't be trapped
                 by dogma—which is living with the results of
                 other people's thinking. Don't let the noise
                 of others' opinions drown out your own inner
                 voice. And most important, have the courage
                 to follow your heart and intuition.")
13                .fontWeight(.bold)
14                .font(.custom("Nunito", size: 25))
15                .foregroundColor(.gray)
16                .multilineTextAlignment(.center)
17                .lineSpacing(10)
18                .padding()
19                .rotation3DEffect(.degrees(60), axis: (x: 1,
                     y: 0, z: 0))
20                .shadow(color: .gray, radius: 2, x: 0, y: 15)
21        }
```

圖 2.19　使用自訂字型

2.8 顯示 Markdown 文字

說明

Markdown 是一種輕量級的標記式語言，可用於將格式化的元素加到純文字檔案中。Markdown 由 John Gruber（https://daringfireball.net/projects/markdown/）於 2004 年所開發，現在已是世界上最受歡迎的標記式語言之一。

SwiftUI 內建了對渲染 Markdown 的支援。如果你不知道 Markdown 是什麼，它讓你使用易於閱讀的格式來設計純文字的樣式。要了解有關 Markdown 的更多資訊，你可以閱讀這本指南：https://www.markdownguide.org/getting-started/。

要使用 Markdown 來渲染文字，則你需要做的是在 Markdown 中編寫文字，Text 視圖會自動爲你渲染文字。以下是一個例子：

```
Text("**This is how you bold a text**. *This is how you make text italic.* You can [click
this link](https://www.appcoda.com) to go to appcoda.com")
    .font(.title)
```

如果你在 ContentView 中編寫程式碼，你將看到所給文字的渲染方式。要測試超連結的話，你必須在模擬器中執行該 App，當你點擊該連結時，iOS 將重新導向至行動版 Safari，並開啓該 URL。

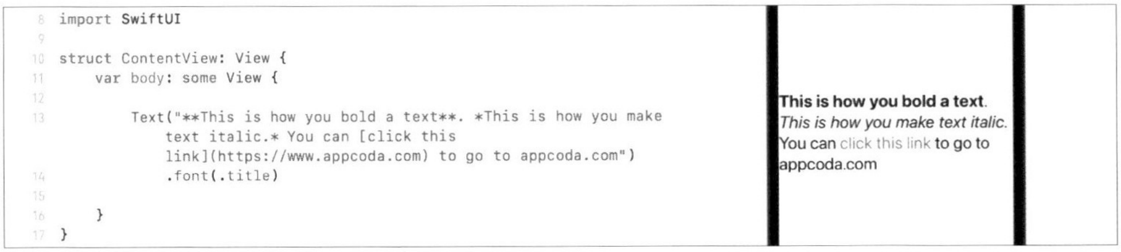

```
 8  import SwiftUI
 9
10  struct ContentView: View {
11      var body: some View {
12
13          Text("**This is how you bold a text**. *This is how you make
              text italic.* You can [click this
              link](https://www.appcoda.com) to go to appcoda.com")
14              .font(.title)
15
16      }
17  }
```

This is how you bold a text. *This is how you make text italic.* You can click this link to go to appcoda.com

圖 2.20　使用 Markdown

2.9 本章小結

　　你喜歡以SwiftUI來建立使用者介面嗎？我希望你會喜歡，SwiftUI的宣告式語法讓程式碼的可讀性更高，且更容易理解。正如你所經歷的那樣，你只需要在SwiftUI中編寫幾行程式碼，就可以建立3D樣式的酷炫文字。

　　在本章所準備的範例檔中，有最後完整的文字專案，您可以至下列網址下載：

- 範例專案：https://www.appcoda.com/resources/swiftui4/SwiftUIText.zip。

03

處理圖片與標籤

現在你應該對於 SwiftUI 有了基本的了解，並知道如何顯示文字內容，在本章中我們會學習如何顯示圖片，我們還將探索 Label 的用法，Label 是最常見的使用者介面元件之一。

除了文字之外，圖片是你將在 iOS App 開發中使用的另一個基本元件。SwiftUI 提供一個名為「Image」的視圖，來讓開發者將圖片渲染在螢幕上。和上一章的內容相似，我會建立一個簡單的 App，以示範如何進行圖片的處理。本章可歸納為以下幾個主題：

- 什麼是 SF Symbol？如何顯示一個系統圖片？
- 如何顯示我們自己的圖片？
- 如何調整圖片大小？
- 如何使用 ignoresSafeArea 來顯示一個全螢幕的圖片？
- 如何建立一個圓形圖片？
- 如何在圖片上應用重疊？

3.1 建立新專案來運用圖片

首先開啟 Xcode，並使用「App」模板（在 iOS 下）建立一個新專案，然後輸入專案名稱為「SwiftUIImage」。關於組織名稱，你可以設定為你的公司或組織名稱，同樣的，這裡我使用「com.appcoda」，但你應該使用自己的值。要使用 SwiftUI，請確保「Interface」選項是選擇「SwiftUI」，然後點選「Next」按鈕，選擇一個資料夾來建立專案，如圖 3.1 所示。

圖 3.1　建立一個新專案

專案儲存完成之後，Xcode 即會載入 ContentView.swift 檔，並顯示一個「設計 / 預覽」
畫布，如圖 3.2 所示。

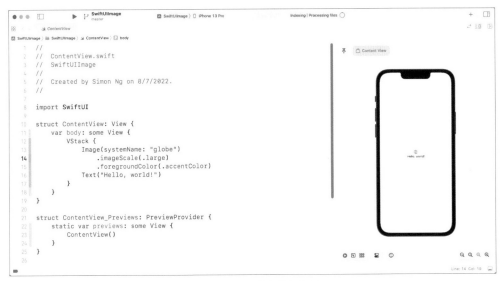

圖 3.2　預覽所產生的程式碼

認識 SF Symbols

 說明

SF Symbols 是擁有超過 4,000 個標誌的標誌庫，用來與 Apple 平台的系統字型 San Francisco 無縫整
合。這些標誌都有九種粗細和三種比例，並可自動與文字標籤對齊，它們可使用向量圖形編輯器工具
進行輸出及編輯它們，以建立具有共享設計特色與輔助功能的自訂標誌。SF Symbols 4 提供 700 多個
新標誌、可變顏色、自動渲染與新的統一圖層註解。

在教你如何在螢幕上顯示圖片之前，我們先談一下關於圖片的來源。當然，你可以在
App 中提供自己的圖片。從 iOS 13 開始，Apple 導入名為「SF Symbols」的大量系統圖片，
可讓開發者在任何 App 中使用。隨著 iOS 16 的發布，Apple 發布了 SF Symbols 4 來進一
步改良圖片集，它提供 700 多個新標誌，並支援可變顏色。

這些圖片是作為標誌用，由於它整合了內建的 San Francisco 字型，因此使用這些標誌，並不需要額外的安裝，只要你的 App 是部署在執行 iOS 13（或之後的版本）的裝置，你就可以直接取得這些標誌，但你應該注意的是現在有六組不同的標誌需要考慮：

- **SF Symbols v1.1**：適用於 iOS/iPadOS/tvOS/Mac Catalyst 13.0、watchOS 6.0 和 macOS 11.0。

- **SF Symbols v2.0**：適用於 iOS/iPadOS/tvOS/Mac Catalyst 14.0、watchOS 7.0 和 macOS 11.0。

- **SF Symbols v2.1**：適用於 iOS/iPadOS/tvOS/Mac Catalyst 14.2、watchOS 7.1 和 macOS 11.0。

- **SF Symbols v2.2**：適用於 iOS/iPadOS/tvOS/Mac Catalyst 14.5、watchOS 7.4 和 macOS 11.3。

- **SF Symbols v3.0**：適用於 iOS/iPadOS/tvOS/Mac Catalyst 15.0、watchOS 8.0 和 macOS 12.0。

- **SF Symbols v4.0**：適用於 iOS/iPadOS/tvOS/Mac Catalyst 16.0、watchOS 9.0 和 macOS 13.0。

要使用這些標誌時，你只需使用標誌名稱即可。Apple 發布一個名為「SF Symbols」（https://developer.apple.com/sf-symbols/）的 App，超過 4,000 個標誌可供你使用，因此你可以輕鬆瀏覽這些標誌並找到適合你需要的標誌。我強烈建議你在繼續下一節之前，先安裝這個 App。

圖 3.3　SF Symbols App

3.3 顯示系統圖片

想要在螢幕上顯示系統圖片（標誌）的話，你可以初始化一個 Image 視圖，加上 systemName 參數，如下所示：

```
Image(systemName: "cloud.heavyrain")
```

這將會建立一個圖片視圖，並載入指定的系統圖片。如前所述，SF Symbols 與 San Francisco 字型無縫整合，你可以很容易地應用 font 修飾器來進行圖片的縮放。

```
Image(systemName: "cloud.heavyrain")
    .font(.system(size: 100))
```

考慮到圖片是字型系列的一部分，你可以使用 size 參數來變更字型大小，就像我們在上一章中所做的那樣，如圖 3.4 所示。

```
7
8    import SwiftUI
9
10   struct ContentView: View {
11       var body: some View {
12           Image(systemName: "cloud.heavyrain")
13               .font(.system(size: 100))
14       }
15   }
16
17   struct ContentView_Previews: PreviewProvider {
18       static var previews: some View {
19           ContentView()
20       }
21   }
22
```

圖 3.4　顯示系統圖片

同樣的，由於系統圖片實際上是一種字型，你可以應用你在上一章中學到的修飾器（例如：foregroundColor）來更改其外觀。例如：要變更標誌的顏色為藍色，你可以編寫程式碼如下：

```
Image(systemName: "cloud.heavyrain")
    .font(.system(size: 100))
    .foregroundColor(.blue)
```

要加入下拉式陰影效果，則你可使用 shadow 修飾器：

```
Image(systemName: "cloud.heavyrain")
```

```
.font(.system(size: 100))
.foregroundColor(.blue)
.shadow(color: .gray, radius: 10, x: 0, y: 10)
```

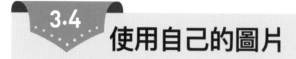

3.4 使用自己的圖片

顯然的，除了使用系統圖片之外，你在建立 App 時還需要使用自己的圖片，我們來看看如何使用 Image 視圖來載入圖片。

 提示

你可以任意使用自己的圖片，若是你沒有合適的圖片，也可以至 unsplash.com 下載圖片（https://unsplash.com/photos/Q0-fOL2nqZc），以方便繼續後面的內容。圖片下載完成之後，請將檔名改成「paris.jpg」。

在你的專案能夠使用圖片之前，你必須先將圖片匯入素材目錄（如 Assets）。假設你已經準備好圖片（如 paris.jpg），則在 Xcode 中按下 command + O 鍵來開啓專案導覽器（Project Navigator），然後選取 Assets。現在開啓 Finder，並將圖片拖曳至大綱視圖（Outline View），如圖 3.5 所示。

圖 3.5　加入圖片至素材目錄

如果你是 iOS App 開發新手，這個素材目錄是你儲存應用程式資源（如圖片、顏色與資料）的地方。當你將圖片放入素材目錄時，你可以參照它的名稱來下載圖片。另外，你可以設定要載入圖片的裝置（例如：只限 iPhone）。

要在螢幕上顯示圖片，可編寫程式碼如下：

```
Image("paris")
```

你只需要指定圖片名稱，可在預覽畫布中看到圖片。然而，由於圖片是高解析度圖片（4437×6656 像素），你只能看到部分圖片，如圖 3.6 所示。

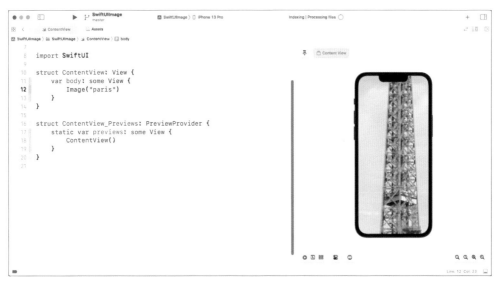

圖 3.6　載入自訂的圖片

3.5　調整圖片大小

想要調整圖片大小，可使用 resizable 修飾器：

```
Image("paris")
    .resizable()
```

預設上，圖片大小調整是使用「延伸」（stretch）模式。這表示原始圖片將會被放大到填滿整個螢幕畫面（除了頂部與底部區域之外），如圖 3.7 所示。

就技術上而言，這個圖片填滿了整個 iOS 所定義的安全區域（Safe Area）。安全區域的觀念已經存在一段頗長的時間了，其定義為安全佈局 UI 元件的視圖區域。舉例而言，這個安全區域不包含頂部列（Top Bar）（即狀態列）與底部列（Bottom Bar）的視圖區域。安全區域可以避免你不小心隱藏了系統 UI 元件，例如：狀態列（Status Bar）、導覽列（Navigation Bar）與標籤列（Tab Bar）。

圖 3.7　以 resizable 修飾器調整圖片大小

若是你想要顯示全螢幕圖片，可透過設定 ignoresSafeArea 修飾器來忽略安全區域，如圖 3.8 所示。

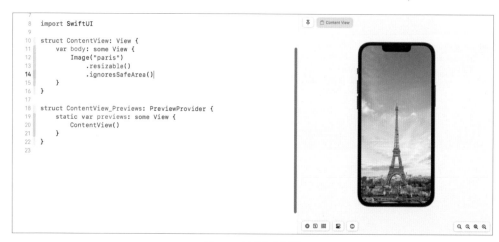

圖 3.8　忽略安全區域

你還可以選擇忽略特定邊緣的安全區域。想要忽略頂部邊緣的安全區域，但保留底部邊緣的安全區域，則可以指定參數 .bottom 如下：

```
.ignoresSafeArea(.container, edges: .bottom)
```

3.6 Aspect Fit 與 Aspect Fill

　　如果你查看上一小節的兩張圖片，並與原始圖片進行比較，你會發現長寬比（aspect ratio）有些失真，延伸模式不會去管原始圖片的長寬比，它會延伸每一邊來填滿安全區域。如圖 3.9 所示，要保持原來的長寬比的話，你可以像這樣應用 scaledToFit 修飾器：

```
Image("paris")
    .resizable()
    .scaledToFit()
```

```
7
8    import SwiftUI
9
10   struct ContentView: View {
11       var body: some View {
12           Image("paris")
13               .resizable()
14               .scaledToFit()
15       }
16   }
17
18   struct ContentView_Previews: PreviewProvider {
19       static var previews: some View {
20           ContentView()
21       }
22   }
23
```

圖 3.9　縮放圖片保持原來的長寬比

　　另外，你可以使用 aspectRatio 修飾器，並設定內容模式（Content Mode）為「.fit」，這將達成同樣的結果。

```
Image("paris")
    .resizable()
    .aspectRatio(contentMode: .fit)
```

　　在某些情況下，你可能想要保持圖片的長寬比，但將圖片儘可能延伸，則你可以應用「.fill」內容模式：

```
Image("paris")
    .resizable()
    .aspectRatio(contentMode: .fill)
```

為了更加理解這兩種模式的區別，我們來限制圖片的大小，而 frame 修飾器可以讓你控制視圖的大小。設定框架（frame）的寬度為「300 點」時，圖片的寬度將會限制為 300 點，如圖 3.10 所示。

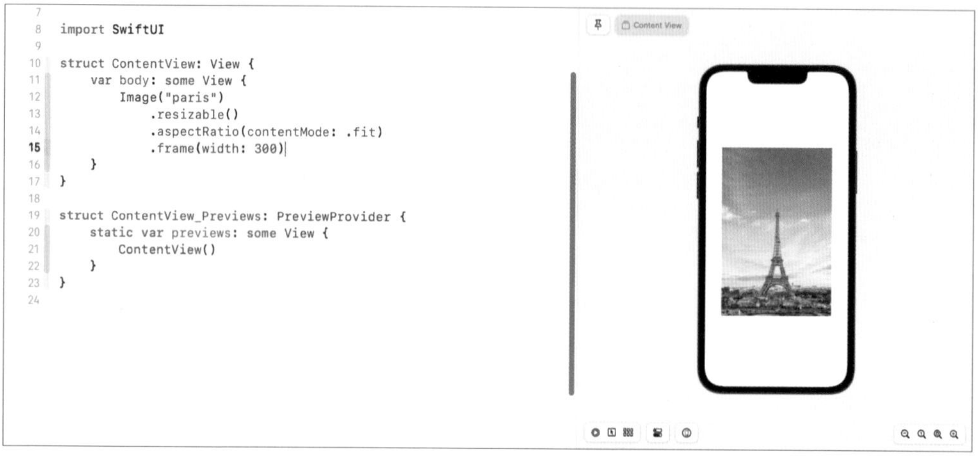

圖 3.10　使用 frame 修飾器限制圖片的寬度

現在將 Image 程式碼以下列的程式碼取代：

```
Image("paris")
    .resizable()
    .aspectRatio(contentMode: .fill)
    .frame(width: 300)
```

圖片將依比例縮小，但是仍保持原始長寬比。如果你將內容模式更改為「.fill」，圖片看起來與圖 3.7 幾乎相同，但是如果你切換至 Selectable 模式，並仔細查看圖片，原始圖片的長寬比會保持不變。

```
7
8    import SwiftUI
9
10   struct ContentView: View {
11       var body: some View {
12           Image("paris")
13               .resizable()
14               .aspectRatio(contentMode: .fill)
15               .frame(width: 300)
16       }
17   }
18
19   struct ContentView_Previews: PreviewProvider {
20       static var previews: some View {
21           ContentView()
22       }
23   }
24
```

圖 3.11　使用 .fill 內容模式

你可能會注意到圖片的寬度依然占滿整個螢幕寬度。要正確縮放的話,你可使用
clipped 修飾器來消除視圖的額外部分 (左右邊緣),如圖 3.12 所示。

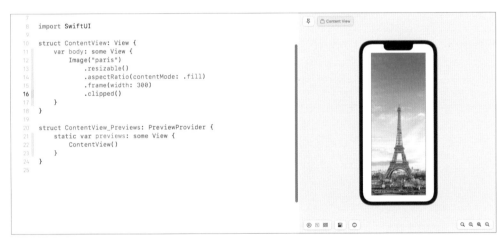

```
7
8    import SwiftUI
9
10   struct ContentView: View {
11       var body: some View {
12           Image("paris")
13               .resizable()
14               .aspectRatio(contentMode: .fill)
15               .frame(width: 300)
16               .clipped()
17       }
18   }
19
20   struct ContentView_Previews: PreviewProvider {
21       static var previews: some View {
22           ContentView()
23       }
24   }
25
```

圖 3.12　使用 .clipped 來裁切視圖

建立圓形圖片

　　除了將圖片裁切為矩形之外，SwiftUI 提供其他的修飾器來讓你將圖片裁成不同的形狀（如圓形、橢圓形、膠囊形）。舉例而言，如果你想要建立一個圓形圖片，你可以像這樣使用 clipShape 修飾器：

```
Image("paris")
    .resizable()
    .aspectRatio(contentMode: .fill)
    .frame(width: 300)
    .clipShape(Circle())
```

　　這裡我們指定將圖片裁成圓形。你可以傳送不同參數來建立不同形狀的圖片，圖 3.13 為一些範例。

Circle()

Ellipse()

Capsule()

圖 3.13　使用 .clipShape 修飾器來建立不同形狀的圖片

3.8 調整不透明度

SwiftUI 內建一個名為「opacity」的修飾器,你可以使用這個修飾器來控制圖片(或者任何視圖)的不透明度。你傳送一個介於 0 與 1 的值來指定圖片的不透明度,「0」代表視圖完全透明,「1」則代表完全不透明。

舉例而言,如果你對圖片視圖應用了 opacity 修飾器,並設定其值為「0.5」,則這個圖片將會呈現半透明,如圖 3.14 所示。

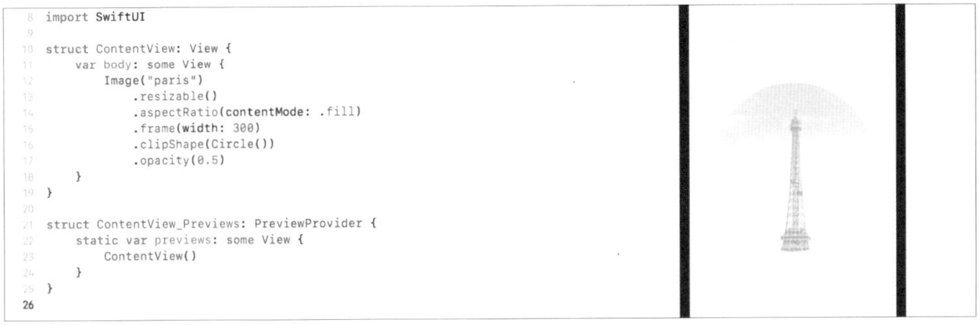

```
 8  import SwiftUI
 9
10  struct ContentView: View {
11      var body: some View {
12          Image("paris")
13              .resizable()
14              .aspectRatio(contentMode: .fill)
15              .frame(width: 300)
16              .clipShape(Circle())
17              .opacity(0.5)
18      }
19  }
20
21  struct ContentView_Previews: PreviewProvider {
22      static var previews: some View {
23          ContentView()
24      }
25  }
26
```

圖 3.14　調整不透明度為 50%

3.9 應用圖片重疊

在設計 App 時,你可能需要在圖片視圖之上放置另一個圖片或文字。SwiftUI 框架提供一個名為「overlay」的修飾器,可供開發者將「重疊」(Overlay)應用於圖片上。例如:你想要在現有圖片上重疊一個系統圖片(如 heart.fill),則可以編寫程式碼如下:

```
Image("paris")
    .resizable()
    .aspectRatio(contentMode: .fill)
    .frame(width: 300)
    .clipShape(Circle())
    .overlay(
```

```
Image(systemName: "heart.fill")
    .font(.system(size: 50))
    .foregroundColor(.black)
    .opacity(0.5)
)
```

.overlay 修飾器帶入一個 View 作爲參數。在上列的程式碼中，我們建立另一個圖片（如 heart.fill），並將其重疊在現有圖片（如 Paris）上，如圖 3.15 所示。

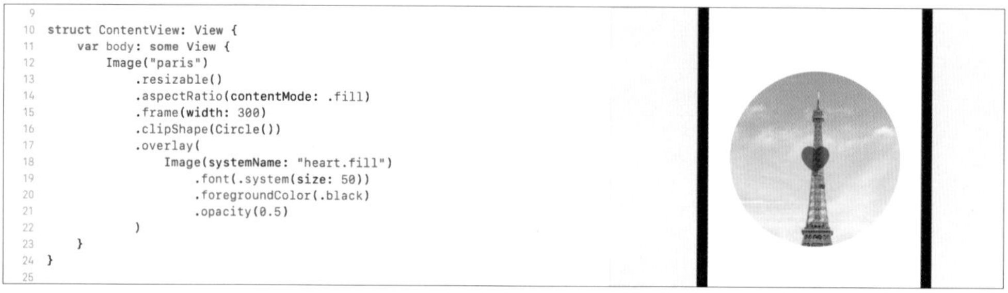

圖 3.15　在現有圖片上應用重疊

實際上，你可以應用任何視圖來做重疊，例如：你可以在圖片上重疊一個 Text 視圖，如下所示：

```
Image("paris")
    .resizable()
    .aspectRatio(contentMode: .fit)
    .overlay(

        Text("If you are lucky enough to have lived in Paris as a young man, then wherever you
        go for the rest of your life it stays with you, for Paris is a moveable feast.\n\n- Ernest
        Hemingway")
            .fontWeight(.heavy)
            .font(.system(.headline, design: .rounded))
            .foregroundColor(.white)
            .padding()
            .background(Color.black)
            .cornerRadius(10)
            .opacity(0.8)
            .padding(),

        alignment: .top

    )
```

在 overlay 修飾器中，你建立一個 Text 視圖，而這個文字視圖將作爲圖片上的重疊物件。正如我們在上一章介紹過，你應該熟悉了 Text 視圖的修飾器。要變更文字，我們只需更改字型及其顏色，除此之外，我們可以加入一些間距，並應用背景顏色。我想特別強調說明的是 alignment 參數，對於 overlay 修飾器，你可以提供一個可選値（Optional Value）來調整視圖的對齊方式。預設上是置中對齊，這裡我們想要將文字重疊於圖片之上，你可以將值從「.center」更改爲「.top」來查看其工作原理，如圖 3.16 所示。

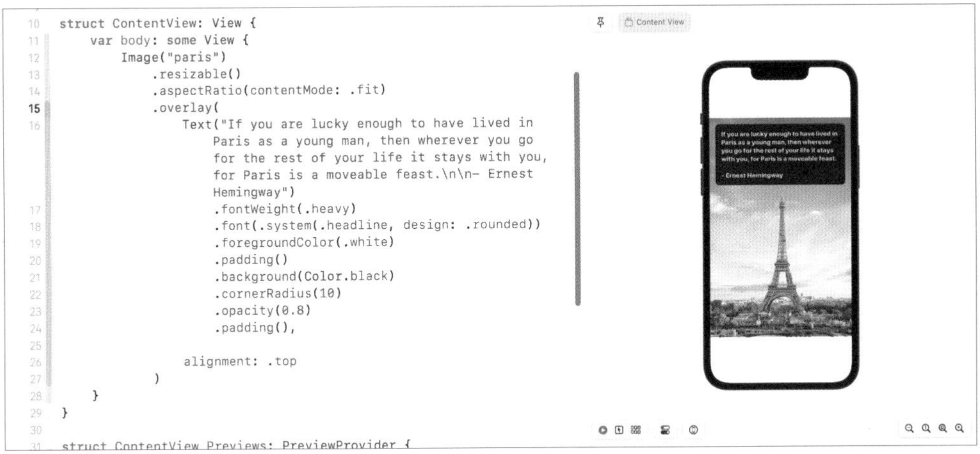

圖 3.16　在目前的圖片上應用重疊

3.10 應用重疊使圖片變暗

你不僅可以將圖片或文字重疊在另一個圖片上，還可以應用重疊來使圖片變暗。將 Image 程式碼替換成下列的程式碼來查看效果：

```
Image("paris")
    .resizable()
    .aspectRatio(contentMode: .fit)
    .overlay(
        Rectangle()
            .foregroundColor(.black)
            .opacity(0.4)
    )
```

我們在圖片上畫一個矩形，並將其前景色設定爲「black」。爲了應用變暗效果，我們設定不透明度爲「0.4」，使其不透明度爲 40%，圖片現在應該變暗了。

或者，你可以重寫程式碼如下，來達到相同的效果：

```
Image("paris")
    .resizable()
    .aspectRatio(contentMode: .fit)
    .overlay(
        Color.black
            .opacity(0.4)
    )
```

在 SwiftUI 中，Color 也是一個視圖，這就是爲什麼我們可以使用 Color.black 作爲上層，來使下面的圖片變暗。

當你想在明亮的圖片上重疊一些淺色文字，並要讓文字看起來清楚，則此技術非常有用。替換 Image 程式碼如下：

```
Image("paris")
    .resizable()
    .aspectRatio(contentMode: .fit)
    .frame(width: 300)
    .overlay(
        Color.black
            .opacity(0.4)
            .overlay(
                Text("Paris")
                    .font(.largeTitle)
                    .fontWeight(.black)
                    .foregroundColor(.white)
                    .frame(width: 200)
            )
    )
```

如前所述，overlay 修飾器不侷限於 Image，你也可以將其應用於任何其他視圖。在上列的程式碼中，我們使用 Color.black 來使圖片變暗；另外，我們應用 overlay 修飾器，在其上放置一個 Text 視圖。如果你更改正確的話，則你應該會看到白色粗體的「Paris」文字放置在變暗的圖片上，如圖 3.17 所示。

圖 3.17　使圖片變暗並應用文字重疊

y

3.11 將多色套用於 SF Symbols

從 iOS 15 開始，SF Symbols 提供了四種渲染模式，可以在為標誌套用顏色時啓用多個選項。根據你所選擇的模式，你可以將單色或多色套用於標誌。例如：cloud.sun.rain 是一個支援「Palette Rendering」的標誌，你可以為標誌應用兩種或多種對比色。圖 3.18 顯示了如何使用 SF Symbols App 測試調色板渲染。

圖 3.18　在 SF Symbols 中使用調色板渲染

在 SwiftUI 中，你可以加入 symbolRenderingMode 修飾器來更改模式。要建立具有多色的相同標誌，你可以編寫程式碼如下：

```
Image(systemName: "cloud.sun.rain")
    .symbolRenderingMode(.palette)
    .foregroundStyle(.indigo, .yellow, .gray)
```

我們在程式碼中指定使用 palette 模式，然後使用 foregroundStyle 修飾器來套用顏色。

3.12　可變顏色

在 iOS 16 中，SF Symbols 增加了一個名為「可變顏色」（Variable Color）的新功能。你可以透過更改百分比值來調整標誌的顏色，當你使用某些標誌來顯示進度時，這特別有用。

你可以使用 SF Symbols 4（https://developer.apple.com/sf-symbols/）來輕鬆測試此新功能。安裝完 App 後，選擇「Variable」類別，並選擇其中一個標誌。在檢閱器中，你可以點擊「Variable Color」按鈕來啟用該功能，當你更改百分比值時，標誌會對更改做出反應，並填滿其中的一部分。以 slowmo 標誌為例，當你將百分比值設定為「60%」時，只有一些長條會被填滿，以顯示進度。

圖 3.19　在 SF Symbols 中使用可變顏色

可變顏色可用於 SF Symbols 內可用的每種渲染模式，你可以更改為其他渲染模式來查看效果。

而要在程式碼中設定百分比值，你可以使用附加的 variableValue 參數來實例化 Image
視圖時，並將百分比值傳送給它：

```
Image(systemName: "slowmo", variableValue: 0.6)
    .symbolRenderingMode(.palette)
    .foregroundStyle(.indigo)
    .font(.largeTitle)
```

3.13 本章小結

　　在本章中，我介紹了如何以 SwiftUI 處理圖片。SwiftUI 讓開發者很容易顯示圖片，並
且可以使用不同的修飾器來產生各種的圖片效果。如果你是獨立開發者，那麼這些新導入
的 SF Symbols 會節省你尋找第三方圖示的時間。

　　在本章所準備的範例檔中，有完整的圖片專案可以下載：

● 範例專案：https://www.appcoda.com/resources/swiftui4/SwiftUIImage.zip。

04

使用堆疊佈局使用者介面

SwiftUI中的「堆疊」（Stack）類似於UIKit中的堆疊視圖，透過組合水平堆疊與垂直堆疊中的視圖，你可以爲App建立複雜的使用者介面。對於UIKit，使用自動佈局（Auto Layout）建立適合所有螢幕大小的介面是不可避免的。對於一些初學者而言，自動佈局是一個複雜的主題，難以學習，但好消息是你不再需要在SwiftUI中使用自動佈局，所有東西都是堆疊，包括VStack、HStack與ZStack。

在本章中，我將會介紹所有類型的堆疊，並使用堆疊來建立網格佈局（Grid Layout），那麼，你將進行什麼專案呢？參考圖4.1，我們會逐步佈局一個簡單的網格介面。學習完本章的內容之後，你將能夠組合視圖與堆疊，並建立想要的UI。

圖 4.1　範例 App

4.1 認識 VStack、HStack 與 ZStack

SwiftUI爲開發者提供了三種不同類型的堆疊，以在不同方向上組合視圖。依據你如何去排列視圖，而可以使用：

- **HStack**：水平排列視圖。
- **Vstack**：垂直排列視圖。
- **ZStack**：將一個視圖重疊在另一個視圖之上。

圖 4.2 展示了如何使用這些堆疊來組織視圖。

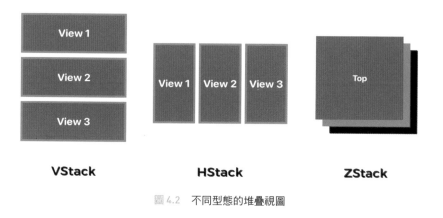

圖 4.2　不同型態的堆疊視圖

啟用 SwiftUI 建立新專案

　　首先開啓 Xcode，並使用 iOS 頁籤下的「App」模板來建立一個新專案。在下一個畫面中輸入專案的名稱，我將其設定爲「SwiftUIStacks」，但你可以自由使用其他的名稱，務必確保「Interface」中選擇「SwiftUI」選項，如圖 4.3 所示。

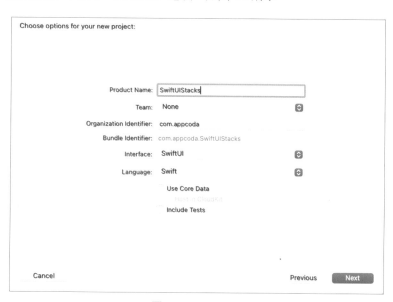

圖 4.3　建立新專案

當你儲存專案後，Xcode 將載入 ContentView.swift 檔，並在設計畫布中顯示預覽畫面。若是未顯示預覽畫面，則在畫布中點選「Resume」按鈕。

4.3 使用 VStack

我們將建立如圖 4.1 所示的 UI，不過我們先把 UI 分成幾個小部分來製作。我們將從如圖 4.4 所示的標題部分來開始。

圖 4.4　標題

目前，Xcode 應該已經產生了下列程式碼來顯示「Hello World」標籤：

```
struct ContentView: View {
    var body: some View {
        VStack {
            Image(systemName: "globe")
                .imageScale(.large)
                .foregroundColor(.accentColor)
            Text("Hello, world!")
        }
    }
}
```

為了顯示如圖 4.4 所示的文字，我們將在一個 VStack 中組合兩個 Text 視圖，如下所示：

```
struct ContentView: View {
    var body: some View {
        VStack {
            Text("Choose")
                .font(.system(.largeTitle, design: .rounded))
                .fontWeight(.black)
            Text("Your Plan")
```

```
            .font(.system(.largeTitle, design: .rounded))
            .fontWeight(.black)
        }
    }
}
```

當你在 VStack 嵌入視圖，視圖將會垂直排列，如圖 4.5 所示。

圖 4.5　使用 VStack 來組合兩個文字視圖

　預設上，嵌入堆疊的視圖是對齊中心位置。當要將兩個視圖靠左對齊時，你可以指定 alignment 參數，並將其值設定為「.leading」，如下所示：

```
VStack(alignment: .leading, spacing: 2) {
    Text("Choose")
        .font(.system(.largeTitle, design: .rounded))
        .fontWeight(.black)
    Text("Your Plan")
        .font(.system(.largeTitle, design: .rounded))
        .fontWeight(.black)
}
```

　此外，你可以使用 spacing 參數來調整嵌入視圖的間距。上列的程式碼加入了 spacing 參數至 VStack 中，並設定其值為「2」，圖 4.6 顯示了產生的視圖。

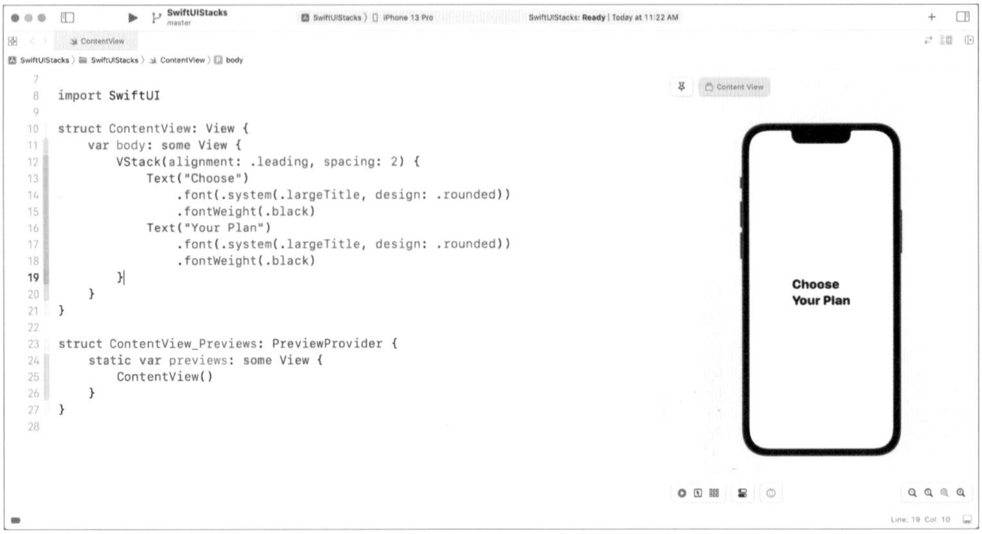

```
  7
  8   import SwiftUI
  9
 10   struct ContentView: View {
 11       var body: some View {
 12           VStack(alignment: .leading, spacing: 2) {
 13               Text("Choose")
 14                   .font(.system(.largeTitle, design: .rounded))
 15                   .fontWeight(.black)
 16               Text("Your Plan")
 17                   .font(.system(.largeTitle, design: .rounded))
 18                   .fontWeight(.black)
 19           }
 20       }
 21   }
 22
 23   struct ContentView_Previews: PreviewProvider {
 24       static var previews: some View {
 25           ContentView()
 26       }
 27   }
 28
```

圖 4.6　變更 VStack 的對齊方式

4.4 使用 HStack

　　接下來，我們來佈局前兩個售價方案。如果你比較「Basic」與「Pro」方案，就會發現這兩個元件的外觀和感覺非常相似。以「Basic」方案為例，要實現想要的佈局，你可以使用 VStack 組合三個文字視圖，如圖 4.7 所示。

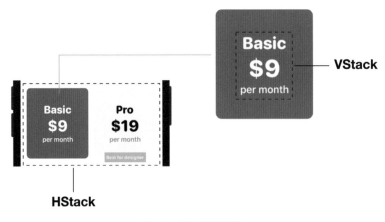

圖 4.7　佈局售價方案

「Basic」與「Pro」元件是並排排列。透過使用 HStack，你可以水平佈局視圖。堆疊可以使用巢狀結構，以致於你能夠在堆疊視圖之中放入另一個堆疊視圖。由於售價方案區塊位於標題視圖的下方，因此我們會使用另外一個 VStack 來嵌入一個垂直堆疊（即 Choose Your Plan）與一個水平堆疊（即售價方案區塊），如圖 4.8 所示。

圖 4.8　使用 VStack 來嵌入其他堆疊視圖

現在，你對「如何使用 VStack 與 HStack 來實作 UI」有了一些基本觀念，讓我們進入程式碼部分。

要將目前的 VStack 嵌入另外一個 VStack，則按住 command 鍵，並點選 VStack 關鍵字，這會帶出一個顯示所有可用選項的內容選單（Content Menu），選擇「Embed in VStack」來嵌入 VStack，如圖 4.9 所示。

圖 4.9　在 VStack 嵌入

Xcode 將產生嵌入到此堆疊的所需程式碼，你的程式碼應如下所示：

```
struct ContentView: View {
    var body: some View {
        VStack {
```

```
        VStack(alignment: .leading, spacing: 2) {
            Text("Choose")
                .font(.system(.largeTitle, design: .rounded))
                .fontWeight(.black)
            Text("Your Plan")
                .font(.system(.largeTitle, design: .rounded))
                .fontWeight(.black)
        }
    }
  }
}
```

4.4.1 取出視圖

在我們繼續佈局 UI 之前，讓我教你一個讓程式碼更易編寫的技巧。當你要建立一個包含多個元件的更複雜 UI 時，ContentView 中的程式碼最後會變成一個大而冗長的程式碼區塊，而難以檢視與除錯，因此將大塊程式碼分拆成小塊是較佳的作法，如此程式碼才能更易閱讀與維護。

Xcode 內建了重構 SwiftUI 程式碼的功能。按住 command 鍵不放，並點選存放文字視圖（即第 13 行）的 VStack，然後選擇「Extract Subview」來取出程式碼，如圖 4.10 所示。

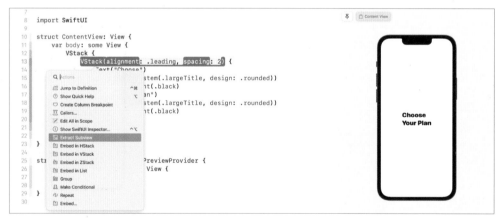

圖 4.10　取出子視圖

Xcode 取出程式碼區塊，並建立一個名為「ExtractedView」的預設結構，然後將「ExtractedView」重新命名為「HeaderView」，為它取一個更有意義的名稱，如圖 4.11 所示。

```
11    struct ContentView: View {
12        var body: some View {
13            VStack {
14                HeaderView()
15            }
16        }
17    }
18
19    struct ContentView_Previews: PreviewProvider {
20        static var previews: some View {
21            ContentView()
22        }
23    }
24
25    struct HeaderView: View {
26        var body: some View {
27            VStack(alignment: .leading, spacing: 2) {
28                Text("Choose")
29                    .font(.system(.largeTitle, design: .rounded))
30                    .fontWeight(.black)
31                Text("Your Plan")
32                    .font(.system(.largeTitle, design: .rounded))
33                    .fontWeight(.black)
34            }
35        }
36    }
37
```

圖 4.11　取出子視圖

　　UI 仍然相同，不過請查看 ContentView 中的程式碼區塊，現在它變得更爲簡潔且易於閱讀。

　　我們繼續實作售價方案的 UI。首先爲「Basic」方案建立 UI，更新 ContentView 如下：

```
struct ContentView: View {
    var body: some View {
        VStack {
            HeaderView()

            VStack {
                Text("Basic")
                    .font(.system(.title, design: .rounded))
                    .fontWeight(.black)
                    .foregroundColor(.white)
                Text("$9")
                    .font(.system(size: 40, weight: .heavy, design: .rounded))
                    .foregroundColor(.white)
                Text("per month")
                    .font(.headline)
                    .foregroundColor(.white)
            }
```

```
            .padding(40)
            .background(Color.purple)
            .cornerRadius(10)
        }
    }
}
```

這裡我們在 HeaderView 下加入另一個 VStack。這個 VStack 是用來存放三個文字視圖，以顯示「Basic」方案。我將不再詳細介紹 padding、background 與 cornerRadius，因為我們已經在前面的章節中討論過這些修飾器了。

圖 4.12　Basic 方案

接下來，我們將實作「Pro」方案的 UI。這個「Pro」方案應該要放在「Basic」方案的旁邊，為此你需要將「Basic」方案的 VStack 嵌入在 HStack 中。按住 command 鍵不放，並點選 VStack 關鍵字，選擇「Embed in HStack」，如圖 4.13 所示。

圖 4.13　嵌入 HStack 中

Xcode 應該插入 HStack 的程式碼，並在水平堆疊中嵌入所選的 VStack，如下所示：

```
HStack {
    VStack {
        Text("Basic")
            .font(.system(.title, design: .rounded))
            .fontWeight(.black)
            .foregroundColor(.white)
        Text("$9")
            .font(.system(size: 40, weight: .heavy, design: .rounded))
            .foregroundColor(.white)
        Text("per month")
            .font(.headline)
            .foregroundColor(.white)
    }
    .padding(40)
    .background(Color.purple)
    .cornerRadius(10)
}
```

現在我們已準備好建立「Pro」方案的 UI。除了背景顏色與文字顏色之外，這個程式碼和「Basic」方案的程式碼非常相似。在 cornerRadius(10) 的下方插入下列的程式碼：

```
VStack {
    Text("Pro")
        .font(.system(.title, design: .rounded))
        .fontWeight(.black)
    Text("$19")
        .font(.system(size: 40, weight: .heavy, design: .rounded))
    Text("per month")
        .font(.headline)
        .foregroundColor(.gray)
}
.padding(40)
.background(Color(red: 240/255, green: 240/255, blue: 240/255))
.cornerRadius(10)
```

當你插入程式碼後，你應該會在畫布中見到如圖 4.14 所示的佈局。

```
10   struct ContentView: View {
11       var body: some View {
                         foregroundColor(.white)
24               Text("per month")
25                   .font(.headline)
26                   .foregroundColor(.white)
27           }
28           .padding(40)
29           .background(Color.purple)
30           .cornerRadius(10)
31
32           VStack {
33               Text("Pro")
34                   .font(.system(.title, design: .rounded))
35                   .fontWeight(.black)
36               Text("$19")
37                   .font(.system(size: 40, weight: .heavy, design:
                         .rounded))
38               Text("per month")
39                   .font(.headline)
40                   .foregroundColor(.gray)
41           }
42           .padding(40)
43           .background(Color(red: 240/255, green: 240/255, blue: 240/255))
44           .cornerRadius(10)
45       }
46   }
```

圖 4.14　使用 HStack 水平佈局兩個視圖

售價區塊的目前尺寸大小看起來很相似，不過實際上每一個區塊會根據文字的長度而自行調整。例如：如果將「Pro」這個字改成「Professional」，灰色區域將會擴大，以適應變化。簡而言之，這個視圖定義自己的尺寸大小，並且該尺寸大小剛好足夠容納其內容。

圖 4.15　Pro 區塊的尺寸大小變寬

如果你再次參考圖 4.1，兩個售價方案都具有相同的大小。要將這兩個區塊調整爲相同的大小，你可以使用 .frame 修飾器來將 maxWidth 設定爲「.infinity」，如下所示：

```
.frame(minWidth: 0, maxWidth: .infinity, minHeight: 100)
```

.frame 修飾器可讓你定義框架的尺寸，你可以指定尺寸大小爲固定值。舉例而言，在上列的程式碼中，我們將 minHeight 設定爲「100點」，當你設定 maxWidth 爲「.infinity」時，視圖將自行調整來填滿最大寬度。例如：如果只有一個售價區塊，它將占滿整個螢幕寬度，如圖 4.16 所示。

圖 4.16　設定 maxWidth 為「.infinity」

對於這兩個售價區塊，當 maxWidth 設定為「.infinity」時，iOS 將平均填滿區塊。現在將上列程式碼插入至每個售價區塊中，你的結果應該如圖 4.17 所示。

要給水平堆疊一些間距，則你可以加入一個 .padding 修飾器，如圖 4.18 所示。.horizontal 參數表示我們要為 HStack 的前緣（leading）及後緣（trailing）加入一些間距。

```
10   struct ContentView: View {
11       var body: some View {
24               Text("per month")
25                   .font(.headline)
26                   .foregroundColor(.white)
27           }
28           .frame(minWidth: 0, maxWidth: .infinity, minHeight: 100)
29           .padding(40)
30           .background(Color.purple)
31           .cornerRadius(10)
32
33           VStack {
34               Text("Pro")
35                   .font(.system(.title, design: .rounded))
36                   .fontWeight(.black)
37               Text("$19")
38                   .font(.system(size: 40, weight: .heavy, design:
                         .rounded))
39               Text("per month")
40                   .font(.headline)
41                   .foregroundColor(.gray)
42           }
43           .frame(minWidth: 0, maxWidth: .infinity, minHeight: 100)
44           .padding(40)
45           .background(Color(red: 240/255, green: 240/255, blue: 240/255))
46           .cornerRadius(10)
47       }
```

圖 4.17　以等寬來排列兩個售價區塊

```
10   struct ContentView: View {
11       var body: some View {
                 VStack {
34               Text("Pro")
35                   .font(.system(.title, design: .rounded))
36                   .fontWeight(.black)
37               Text("$19")
38                   .font(.system(size: 40, weight: .heavy, design:
                         .rounded))
39               Text("per month")
40                   .font(.headline)
41                   .foregroundColor(.gray)
42           }
43           .frame(minWidth: 0, maxWidth: .infinity, minHeight: 100)
44           .padding(40)
45           .background(Color(red: 240/255, green: 240/255, blue: 240/255))
46           .cornerRadius(10)
47           }
48           .padding(.horizontal)
49       }
50   }
51 }
52
53   struct ContentView_Previews: PreviewProvider {
54       static var previews: some View {
55           ContentView()
56       }
```

圖 4.18　為堆疊視圖加入一些間距

整理程式碼

同樣的，在我們佈局其餘的 UI 元件之前，我們先重構目前的程式碼，以使其更有條理。如果你同時查看用來佈局「Basic」與「Pro」售價方案的這兩個堆疊，其程式碼除了下列的項目之外，其他都很相似：

- 售價方案的名稱。
- 售價。
- 文字顏色。
- 售價區塊的背景顏色。

要簡化這個程式碼，並提高可重用性（reusability），我們可以取出 VStack 程式碼區塊，並讓它適應不同售價方案的值。

回到程式碼編輯器，按住 command 鍵，並點選「Basic」方案的 VStack。當 Xcode 取出程式碼後，將子視圖從「ExtractedView」重新命名為「PricingView」。

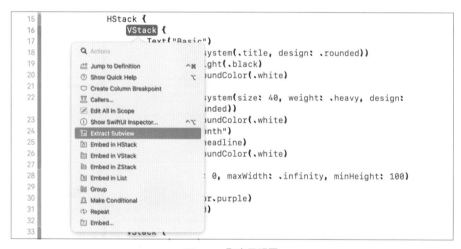

圖 4.19　取出子視圖

如前所述，PricingView 應該可彈性顯示不同的售價方案，我們將會在 PricingView 結構中加入四個變數，更新 PricingView 如下：

```
struct PricingView: View {
```

```
    var title: String
    var price: String
    var textColor: Color
    var bgColor: Color

    var body: some View {
        VStack {
            Text(title)
                .font(.system(.title, design: .rounded))
                .fontWeight(.black)
                .foregroundColor(textColor)
            Text(price)
                .font(.system(size: 40, weight: .heavy, design: .rounded))
                .foregroundColor(textColor)
            Text("per month")
                .font(.headline)
                .foregroundColor(textColor)
        }
        .frame(minWidth: 0, maxWidth: .infinity, minHeight: 100)
        .padding(40)
        .background(bgColor)
        .cornerRadius(10)
    }
}
```

我們為售價區塊的標題、售價、文字與背景顏色加入變數。另外，我們在程式碼中使用這些變數來相應更新標題、售價、文字與背景顏色。

當你更改後會看到一個錯誤訊息，指出 PricingView 缺少了一些參數，如圖 4.20 所示。

圖 4.20　Xcode 指出 PricingView 中的錯誤

之前，我們在視圖中導入了四個變數。呼叫 PricingView 時，我們必須能提供這些參數的值，因此更新 PriceView() 的初始化設定，並加入參數如下：

```
PricingView(title: "Basic", price: "$9", textColor: .white, bgColor: .purple)
```

另外，你可以使用 PricingView 取代「Pro」方案的 VStack，如下所示：

```
PricingView(title: "Pro", price: "$19", textColor: .black, bgColor: Color(red: 240/255, green:
240/255, blue: 240/255))
```

售價區塊的佈局雖然相同，但是底層程式碼（underlying code）更加簡潔且易於閱讀了，如圖 4.21 所示。

圖 4.21　重構程式碼後的 ContentView

4.6 使用 ZStack

現在你已經佈局了售價區塊，並且重構了程式碼，不過對於「Pro」售價仍有一件事情漏掉了，我們想要在售價區塊上重疊一條黃色訊息。為此，我們使用 ZStack 視圖，讓你可重疊一個視圖在現有視圖之上。

在 ZStack 中嵌入「Pro」方案的 PricingView，並加入 Text 視圖，如下所示：

```
ZStack {
    PricingView(title: "Pro", price: "$19", textColor: .black, bgColor: Color(red: 240/255,
green: 240/255, blue: 240/255))

    Text("Best for designer")
        .font(.system(.caption, design: .rounded))
        .fontWeight(.bold)
```

```
        .foregroundColor(.white)
        .padding(5)
        .background(Color(red: 255/255, green: 183/255, blue: 37/255))
}
```

ZStack 中嵌入的視圖順序決定了視圖之間的重疊方式。對於上列的程式碼，Text 視圖會重疊在售價視圖之上。在畫布中，你應該會看到如圖 4.22 所示的售價佈局。

圖 4.22　使用 Zstack 重疊視圖

要調整文字的位置，你可以使用 .offset 修飾器。在 Text 視圖的結尾處插入下列這行程式碼：

```
.offset(x: 0, y: 87)
```

這個「Best for designer」標籤將會移動到區塊的底部，如圖 4.23 所示。如果你要重新調整標籤的位置，將 y 設定為負值，則標籤會移動到頂部。

```
10  struct ContentView: View {
11      var body: some View {
13          HeaderView()
14
15          HStack {
16              PricingView(title: "Basic", price: "$9", textColor: .white,
                    bgColor: .purple)
17
18              ZStack {
19                  PricingView(title: "Pro", price: "$19", textColor: .black,
                        bgColor: Color(red: 240/255, green: 240/255, blue:
                        240/255))
20
21                  Text("Best for designer")
22                      .font(.system(.caption, design: .rounded))
23                      .fontWeight(.bold)
24                      .foregroundColor(.white)
25                      .padding(5)
26                      .background(Color(red: 255/255, green: 183/255, blue:
                            37/255))
27                      .offset(x: 0, y: 87)|
28                  }
29
30              }
31              .padding(.horizontal)
32          }
33
```

圖 4.23　使用 .offset 來放置文字視圖

另外，如果你想要調整「Basic」與「Pro」售價區塊之間的間距，則可以在 HStack 中指定 spacing 參數，如下所示：

```
HStack(spacing: 15) {
  ...
}
```

我們還沒有完成，我想要討論一下我們如何在 SwiftUI 中處理可選型別，並介紹另一個名為「留白」（Spacer）的視圖元件。然而，在繼續往下之前，我們來做一個簡單的作業，你的任務是佈局「Team」售價方案，如圖 4.24 所示。我使用的圖片是來自 SF Symbols、名為「wand.and.rays」的系統圖片。

圖 4.24　加入 Team 方案

請先不要看解答，試著開發自己的解決方案。

SwiftUI 中處理可選型別

你是否有試著想出 4.7 小節的作業解決方案？這個「Team」方案的佈局與「Basic & Pro」方案很類似，你可以複製這兩個方案的 VStack，並建立「Team」方案。但是，讓我來介紹一個更優雅的解決方案。

我們可以重新使用 PricingView 來建立「Team」方案。但是，如你所知，「Team」方案有個圖示位於標題上方，為了佈局這個圖示，我們需要修改 PricingView 來容納一個圖示。由於這個圖示對於售價方案不是強制性的，我們在 PricingView 中宣告一個可選型別：

```
var icon: String?
```

如果你是 Swift 的新手，可選型別（Optional）表示變數可能有值或沒有值。在上面的範例中，我們定義一個名為「icon」的變數，其型別為 String。如果售價方案需要顯示圖示，則對該方法的呼叫應傳送圖片名稱，否則此變數預設為「nil」（空值）。

那麼，你如何在 SwiftUI 中處理可選型別呢？在 Swift 中，有好幾種方式可解開（unwrap）可選型別，一種方式是檢查可選型別是否具有一個非空值，然後使用驚嘆號來解開其值。舉例而言，我們需要在顯示圖片之前檢查 icon 是否有值，程式碼可撰寫如下：

```
if icon != nil {

    Image(systemName: icon!)
        .font(.largeTitle)
        .foregroundColor(textColor)

}
```

處理可選型別的較佳且常見的作法是使用 if let。同一段程式碼可以改寫如下：

```
if let icon = icon {

    Image(systemName: icon)
        .font(.largeTitle)
        .foregroundColor(textColor)

}
```

要支援圖示的渲染，PricingView 的最後程式碼應更新如下：

```
struct PricingView: View {

    var title: String
    var price: String
    var textColor: Color
    var bgColor: Color
    var icon: String?

    var body: some View {
        VStack {

            if let icon = icon {

                Image(systemName: icon)
                    .font(.largeTitle)
                    .foregroundColor(textColor)

            }

            Text(title)
                .font(.system(.title, design: .rounded))
                .fontWeight(.black)
                .foregroundColor(textColor)
            Text(price)
                .font(.system(size: 40, weight: .heavy, design: .rounded))
                .foregroundColor(textColor)
            Text("per month")
                .font(.headline)
                .foregroundColor(textColor)
        }
        .frame(minWidth: 0, maxWidth: .infinity, minHeight: 100)
        .padding(40)
        .background(bgColor)
        .cornerRadius(10)
    }
}
```

當你更改後，可以使用 ZStack 與 PricingView 建立「Team」方案。你將程式碼放入 ContentView 中，並在 .padding(.horiontal) 後插入：

```
ZStack {
    PricingView(title: "Team", price: "$299", textColor: .white, bgColor: Color(red: 62/255,
green: 63/255, blue: 70/255), icon: "wand.and.rays")
        .padding()

    Text("Perfect for teams with 20 members")
        .font(.system(.caption, design: .rounded))
        .fontWeight(.bold)
        .foregroundColor(.white)
        .padding(5)
        .background(Color(red: 255/255, green: 183/255, blue: 37/255))
        .offset(x: 0, y: 110)
}
```

4.9 使用留白

將你目前的 UI 與圖 4.1 進行比較，你有看出什麼不同嗎？你可能會發現到一些差異：

- 「Choose Your Plan」標籤沒有靠左對齊。

- 「Choose Your Plan」標籤與售價方案應該要對齊螢幕的頂部。

在 UIKit 中，你可定義自動佈局約束條件來放置視圖。SwiftUI 沒有自動佈局，而是提供一個名為「Spacer」的視圖，來讓你建立複雜的佈局。

 說明

彈性空間（flexible space）沿著堆疊佈局內的長軸（major axis）來擴展，或者如果不在堆疊中，則沿著兩軸擴展。　　— SwiftUI 文件（https://developer.apple.com/documentation/swiftui/spacer）

要修復靠左對齊，我們更新 HeaderView 如下：

```
struct HeaderView: View {
    var body: some View {
        HStack {
            VStack(alignment: .leading, spacing: 2) {
                Text("Choose")
                    .font(.system(.largeTitle, design: .rounded))
                    .fontWeight(.black)
```

```
            Text("Your Plan")
                .font(.system(.largeTitle, design: .rounded))
                .fontWeight(.black)
        }

        Spacer()
    }
    .padding()
    }
}
```

這裡我們將原來的 VStack 與一個 Spacer 嵌入到 HStack 中。透過使用 Spacer，我們將 VStack 往左推，圖 4.25 說明了留白的運作。

圖 4.25　在 HStack 中使用留白

現在你可能知道如何修復第二個差異。解決方案是在 ContentView 的 VStack 結尾處加入一個留白，如下所示：

```
struct ContentView: View {
    var body: some View {
        VStack {
            HeaderView()

            HStack(spacing: 15) {
                ...
            }
            .padding(.horizontal)

            ZStack {
                ...
            }

            // 加入一個留白
            Spacer()
```

```
10    struct ContentView: View {
11        var body: some View {
31                .padding(.horizontal)
32
33            ZStack {
34                PricingView(title: "Team", price: "$299", textColor: .white,
                        bgColor: Color(red: 62/255, green: 63/255, blue: 70/255),
                        icon: "wand.and.rays")
35                    .padding()
36
37                Text("Perfect for teams with 20 members")
38                    .font(.system(.caption, design: .rounded))
39                    .fontWeight(.bold)
40                    .foregroundColor(.white)
41                    .padding(5)
42                    .background(Color(red: 255/255, green: 183/255, blue:
                        37/255))
43                    .offset(x: 0, y: 110)
44            }
45
46            // Add a spacer
47            Spacer()
48        }
49    }
50 }
51
```

留白

圖 4.26　在 VStack 中使用留白

4.10　作業②：建立新佈局

現在你已經知道 VStack、HStack 與 ZStack 的用法，你的最後作業是建立一個如圖 4.28 所示的佈局。對於圖示，我使用來自 SF Symbols 的系統圖片，你可以自由選擇任何的圖片，而不必按照我的方式。

 提示

你可以使用 .scale 修飾器來縮放視圖，例如：如果將 .scale(0.5) 加到視圖，它會自動將視圖調整為原來大小的一半。

在本章所準備的範例檔中，有完整的專案與作業解答可以下載：

● 範例專案：https://www.appcoda.com/resources/swiftui4/SwiftUIStacks.zip。

● 作業②的解答：https://www.appcoda.com/resources/swiftui4/SwiftUIStacksExercise.zip。

圖 4.27 你的作業－建立新佈局

了解滾動視圖及
建立輪播式UI

從上一章中，我相信你現在應該了解如何使用堆疊建立一個複雜的 UI。當然，在你能夠熟練 SwiftUI 的運用之前，需要大量的練習才行，因此在我們深入研究 ScrollView 來讓視圖滾動之前，我們先進行一個挑戰來作為本章的開始，你的任務是建立一個卡片視圖（card view），如圖 5.1 所示。

圖 5.1　卡片視圖

透過使用堆疊、圖片與文字視圖，你應該能夠建立 UI。雖然我會逐步示範如何實作，但請先花一些時間來思考如何完成這個任務，以及找出自己的解決方案。

當你完成卡片視圖的建立之後，我將與你討論 ScrollView，並使用卡片視圖建立一個可滾動的介面，圖 5.2 即是完成後的 UI。

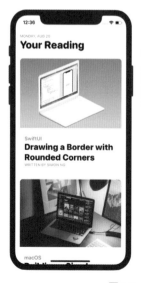

圖 5.2　使用 ScrollView 建立一個滾動式 UI

建立卡片式 UI

如果你還沒有開啓 Xcode，請啓動它並使用「App」模板（在 iOS 下）來建立一個新專案，接著在下一個畫面中設定專案名稱爲「SwiftUIScrollView」（或是任何你喜歡的名稱），並塡入所有必需的值，然後請確保在「Interface」選項中選擇「SwiftUI」。

到目前爲止，我們已經在 ContentView.swift 檔中編寫了使用者介面，你也許在那裡編寫了解決方案的程式碼，這完全沒有問題，但是我想要介紹一種整理程式碼的較佳方式。爲了實作卡片視圖，我們建立一個單獨檔案，然後在專案導覽器中右鍵點擊 SwiftUIScrollView，並選擇「New File...」，如圖 5.3 所示。

圖 5.3　建立一個新檔案

在「User Interface」區塊中選取「SwiftUI View」模板，然後點擊「Next」按鈕來建立檔案。將檔案命名爲「CardView」，然後儲存在專案資料夾中，如圖 5.4 所示。

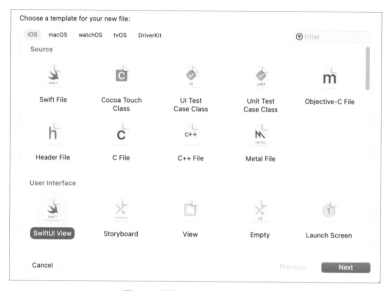

圖 5.4　選取 SwiftUI View 模板

　　CardView.swift 中的程式碼與 ContentView.swift 中的程式碼看起來非常相似。同樣的，你可以在畫布中預覽 UI，如圖 5.5 所示。

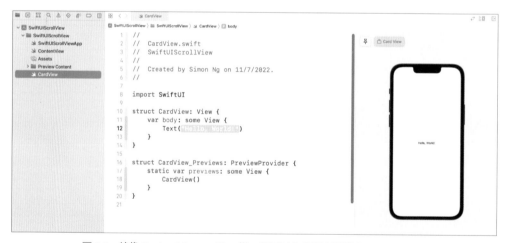

圖 5.5　就像 ContentView.swift 一樣，你可以在畫布中預覽 CardView.swift

5.1.1　準備圖檔

　　現在我們準備要編寫卡片視圖的程式碼，但你需要先準備圖檔，並將其匯入素材目錄。如果你不想要準備自己的圖片，則可以到下列網址來下載範例圖檔：https://www.

appcoda.com/resources/swiftui/SwiftUIScrollViewImages.zip，接著將圖檔解壓縮後，選取
「Assets」，並將所有圖片拖曳至素材目錄中。

圖 5.6　將圖檔加入素材目錄

5.1.2　實作卡片視圖

現在切回 CardView.swift 檔，若你再看一下圖 5.1，這個卡片視圖是由兩個部分所組成，
視圖上部是圖片，而視圖下部是文字敘述。

讓我們從圖片開始。我將使圖片可調整大小，並縮放來填滿螢幕，同時保持長寬比。
你可以編寫程式碼如下：

```
struct CardView: View {
    var body: some View {
        Image("swiftui-button")
            .resizable()
            .aspectRatio(contentMode: .fit)
    }
}
```

如果你忘記這兩個修飾器的作用，請返回並閱讀有關 Image 視圖的章節。接下來，我們
來實作文字敘述部分，你可以編寫程式碼如下：

```
VStack(alignment: .leading) {
    Text("SwiftUI")
        .font(.headline)
        .foregroundColor(.secondary)
    Text("Drawing a Border with Rounded Corners")
        .font(.title)
        .fontWeight(.black)
        .foregroundColor(.primary)
        .lineLimit(3)
    Text("Written by Simon Ng".uppercased())
        .font(.caption)
        .foregroundColor(.secondary)
}
```

　　你需要使用 Text 來建立文字視圖，由於我們在敘述中實際上有三個垂直排列的文字視圖，因此我們使用一個 VStack 來嵌入它們。對於 VStack，我們指定對齊方式為「.leading」，這會將文字視圖對齊堆疊視圖的左側。

　　這些文字的修飾器皆在關於 Text 物件的章節討論過，如果你對任何修飾器有疑惑的話，可以回去參考。但是，這裡會特別提到有關 .primary 與 .secondary 顏色的主題。

　　雖然你可在 foregroundColor 修飾器指定標準顏色，如 .black 與 .purple，但 iOS 提供了一套系統顏色，其中包含主色（primary color）、輔色（secondary color）、第三級色（tertiary color）等變化，透過使用這些顏色變化，你的 App 可以輕鬆支援淺色模式與深色模式。舉例而言，文字視圖的主色在淺色模式下預設設定為黑色，而當 App 切換到深色模式時，主色將調整為白色，這是由 iOS 自動調整，因此你無須另外額外編寫支援深色模式的程式碼，我們將在後面的章節中深入探討深色模式。

　　為了將圖片與這些文字視圖垂直排列，我們使用 VStack 來嵌入它們，目前的佈局如圖 5.7 所示。

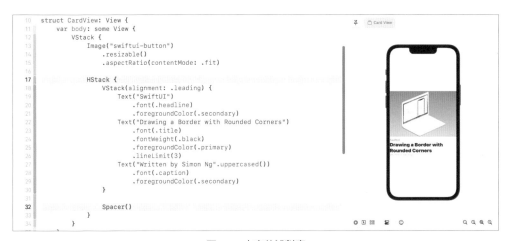

```
  8   import SwiftUI
  9
 10   struct CardView: View {
 11       var body: some View {
 12           VStack {
 13               Image("swiftui-button")
 14                   .resizable()
 15                   .aspectRatio(contentMode: .fit)
 16
 17               VStack(alignment: .leading) {
 18                   Text("SwiftUI")
 19                       .font(.headline)
 20                       .foregroundColor(.secondary)
 21                   Text("Drawing a Border with Rounded Corners")
 22                       .font(.title)
 23                       .fontWeight(.black)
 24                       .foregroundColor(.primary)
 25                       .lineLimit(3)
 26                   Text("Written by Simon Ng".uppercased())
 27                       .font(.caption)
 28                       .foregroundColor(.secondary)
 29               }
 30           }
 31       }
 32   }
 33
```

圖 5.7　將圖片與文字視圖嵌入到 VStack 中

我們尚未完成，還有一些事情需要實作。首先，文字敘述區塊應該靠左對齊到圖片的邊緣，該如何做呢？

根據我們所學，我們可以將文字視圖的 VStack 嵌入到 HStack，然後我們將使用 Spacer 把 VStack 向左推，我們來看看這是否可行。

如果你已經變更程式碼，如圖 5.8 所示，這個文字視圖的 VStack 會對齊螢幕的左側。

```
 10   struct CardView: View {
 11       var body: some View {
 12           VStack {
 13               Image("swiftui-button")
 14                   .resizable()
 15                   .aspectRatio(contentMode: .fit)
 16
 17               HStack {
 18                   VStack(alignment: .leading) {
 19                       Text("SwiftUI")
 20                           .font(.headline)
 21                           .foregroundColor(.secondary)
 22                       Text("Drawing a Border with Rounded Corners")
 23                           .font(.title)
 24                           .fontWeight(.black)
 25                           .foregroundColor(.primary)
 26                           .lineLimit(3)
 27                       Text("Written by Simon Ng".uppercased())
 28                           .font(.caption)
 29                           .foregroundColor(.secondary)
 30                   }
 31
 32                   Spacer()
 33               }
 34           }
```

圖 5.8　文字敘述對齊

如圖 5.9 的第 34 行程式碼所示，最好在 HStack 周圍加入一些間距（padding）。插入 padding 修飾器如下：

```
15              .aspectRatio(contentMode: .fit)
16
17          HStack {
18              VStack(alignment: .leading) {
19                  Text("SwiftUI")
20                      .font(.headline)
21                      .foregroundColor(.secondary)
22                  Text("Drawing a Border with Rounded Corners")
23                      .font(.title)
24                      .fontWeight(.black)
25                      .foregroundColor(.primary)
26                      .lineLimit(3)
27                  Text("Written by Simon Ng".uppercased())
28                      .font(.caption)
29                      .foregroundColor(.secondary)
30              }
31
32              Spacer()
33          }
34          .padding()
35      }
36  }
37 }
```

圖 5.9　為文字敘述加入一些間距

　　最後是邊框部分。我們在前面的章節中討論過如何繪製圓角邊框，我們使用 overlay 修飾器，並使用 RoundedRectangle 來繪製邊框。以下是完整的程式碼：

```
struct CardView: View {
    var body: some View {
        VStack {
            Image("swiftui-button")
                .resizable()
                .aspectRatio(contentMode: .fit)

            HStack {
                VStack(alignment: .leading) {
                    Text("SwiftUI")
                        .font(.headline)
                        .foregroundColor(.secondary)
                    Text("Drawing a Border with Rounded Corners")
                        .font(.title)
                        .fontWeight(.black)
                        .foregroundColor(.primary)
                        .lineLimit(3)
                    Text("Written by Simon Ng".uppercased())
                        .font(.caption)
                        .foregroundColor(.secondary)
                }

                Spacer()

            }
```

```
                .padding()
        }
        .cornerRadius(10)
        .overlay(
            RoundedRectangle(cornerRadius: 10)
                .stroke(Color(.sRGB, red: 150/255, green: 150/255, blue: 150/255, opacity:
0.1), lineWidth: 1)
        )
        .padding([.top, .horizontal])
    }
}
```

除了邊框之外，我們還為頂部、左側、右側加入了一些間距。現在你已經完成了卡片視圖的佈局，如圖 5.10 所示。

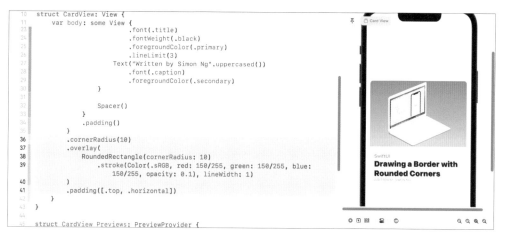

圖 5.10　加入邊框與圓角

5.1.3　讓卡片視圖更具彈性

雖然目前卡片視圖看起來沒問題，但我們將圖片與文字寫死（hard code）在程式中，為了讓它更具彈性，我們要重構程式碼。首先，在 CardView 中宣告 image、category、heading 與 author 這些變數：

```
var image: String
var category: String
var heading: String
var author: String
```

接下來，將 Image 與 Text 視圖的值以下列變數替代：

```
VStack {
    Image(image)
        .resizable()
        .aspectRatio(contentMode: .fit)

    HStack {
        VStack(alignment: .leading) {
            Text(category)
                .font(.headline)
                .foregroundColor(.secondary)
            Text(heading)
                .font(.title)
                .fontWeight(.black)
                .foregroundColor(.primary)
                .lineLimit(3)
            Text("Written by \(author)".uppercased())
                .font(.caption)
                .foregroundColor(.secondary)
        }

        Spacer()
    }
    .padding()
}
```

當你更改後，將在 CardView_Previews 結構中看到錯誤訊息，如圖 5.11 所示，這是因為我們在 CardView 中導入了一些變數，當使用它時必須指定參數給它。

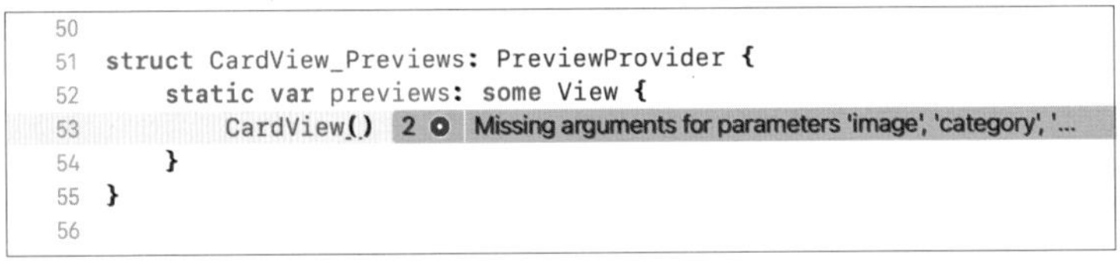

```
50
51  struct CardView_Previews: PreviewProvider {
52      static var previews: some View {
53          CardView()  2 ⊘  Missing arguments for parameters 'image', 'category', '...
54      }
55  }
56
```

圖 5.11　呼叫 CardView 時缺少參數

修改程式碼如下：

```
struct CardView_Previews: PreviewProvider {
    static var previews: some View {
        CardView(image: "swiftui-button", category: "SwiftUI", heading: "Drawing a Border with
Rounded Corners", author: "Simon Ng")
```

```
        }
    }
```

這應該可以修正錯誤，很棒！你已經建立一個可接受不同圖片及文字的彈性 CardView。

5.2　ScrollView 介紹

再看一下圖 5.2，這就是我們要實作的使用者介面。首先，你可能認為我們可以使用 VStack 嵌入四個卡片視圖，你可以切換到 ContentView.swift，並插入下列程式碼：

```
VStack {
    CardView(image: "swiftui-button", category: "SwiftUI", heading: "Drawing a Border with
Rounded Corners", author: "Simon Ng")
    CardView(image: "macos-programming", category: "macOS", heading: "Building a Simple Editing
App", author: "Gabriel Theodoropoulos")
    CardView(image: "flutter-app", category: "Flutter", heading: "Building a Complex Layout
with Flutter", author: "Lawrence Tan")
    CardView(image: "natural-language-api", category: "iOS", heading: "What's New in Natural
Language API", author: "Sai Kambampati")
}
```

如果你這樣做的話，卡片視圖將被擠壓，以適合螢幕，因為 VStack 是不可滾動的，如圖 5.12 所示。

圖 5.12　在 VStack 中嵌入卡片視圖

為了支援可滾動的內容，SwiftUI 提供一個名為「ScrollView」的視圖，當內容嵌入到 ScrollView 時，它就可以滾動。你需要做的是將 VStack 嵌入 ScrollView 內，以使視圖可以滾動。在預覽畫布中，你拖曳視圖來滾動內容。

```swift
import SwiftUI

struct ContentView: View {
    var body: some View {
        ScrollView {
            VStack {
                CardView(image: "swiftui-button", category: "SwiftUI",
                    heading: "Drawing a Border with Rounded Corners", author:
                    "Simon Ng")
                CardView(image: "macos-programming", category: "macOS",
                    heading: "Building a Simple Editing App", author:
                    "Gabriel Theodoropoulos")
                CardView(image: "flutter-app", category: "Flutter", heading:
                    "Building a Complex Layout with Flutter", author:
                    "Lawrence Tan")
                CardView(image: "natural-language-api", category: "iOS",
                    heading: "What's New in Natural Language API", author:
                    "Sai Kambampati")
            }
        }
    }
}

struct ContentView_Previews: PreviewProvider {
```

圖 5.13　使用 ScrollView

5.3　作業①：加入標題至現有滾動視圖

你的任務是加入標題（Header）至現有滾動視圖（Scroll View）中，結果如圖 5.14 所示。如果你完全了解 VStack 與 HStack，則應該能夠建立這個佈局。

圖 5.14　作業①：加入標題至現有滾動視圖

5.4 使用水平滾動視圖建立輪播式 UI

預設上，ScrollView 允許你以垂直方向滾動內容。另外，它還支援水平方向的可滾動內容。我們來了解如何進行一些修改，來將目前的佈局轉換為輪播式（carousel）UI。

更新 ContentView 如下：

```swift
struct ContentView: View {
    var body: some View {

        ScrollView(.horizontal) {

            // 你的作業①程式碼

            HStack {
                CardView(image: "swiftui-button", category: "SwiftUI", heading: "Drawing a
Border with Rounded Corners", author: "Simon Ng")
                    .frame(width: 300)
                CardView(image: "macos-programming", category: "macOS", heading: "Building a
Simple Editing App", author: "Gabriel Theodoropoulos")
                    .frame(width: 300)
                CardView(image: "flutter-app", category: "Flutter", heading: "Building a
Complex Layout with Flutter", author: "Lawrence Tan")
                    .frame(width: 300)
                CardView(image: "natural-language-api", category: "iOS", heading: "What's New
in Natural Language API", author: "Sai Kambampati")
                    .frame(width: 300)
            }
        }

    }
}
```

我們在上列的程式碼中做了三個變更：

- 我們在 ScrollView 中透過傳送 .horizontal 值來指定使用水平滾動視圖。
- 由於我們使用水平滾動視圖，因此我們還需要將堆疊視圖從 VStack 變更為 HStack。
- 對於每個卡片視圖，我們將框架的寬度設定為「300 點」，這是必須的，因為圖片太寬會無法顯示。

更改程式碼後，你會看到卡片視圖水平排列且可以滾動，如圖 5.15 所示。

```
10  struct ContentView: View {
11      var body: some View {
28              .padding([.top, .horizontal])
29
30          HStack {
31              CardView(image: "swiftui-button", category: "SwiftUI",
                    heading: "Drawing a Border with Rounded Corners", author:
                    "Simon Ng")
32                  .frame(width: 300)
33              CardView(image: "macos-programming", category: "macOS",
                    heading: "Building a Simple Editing App", author:
                    "Gabriel Theodoropoulos")
34                  .frame(width: 300)
35              CardView(image: "flutter-app", category: "Flutter", heading:
                    "Building a Complex Layout with Flutter", author:
                    "Lawrence Tan")
36                  .frame(width: 300)
37              CardView(image: "natural-language-api", category: "iOS",
                    heading: "What's New in Natural Language API", author:
                    "Sai Kambampati")
38                  .frame(width: 300)
39          }
40      }
41
42  }
```

圖 5.15　輪播式 UI

5.5 隱藏滾動指示器

當你滾動視圖時，你是否注意到螢幕底部附近有一個滾動指示器呢？預設是顯示這個指示器，如果你想要隱藏它，你可以透過加入 showsIndicators: false 來變更 ScrollView：

```
ScrollView(.horizontal, showsIndicators: false)
```

透過設定 showIndicators 為「false」，iOS 將不再顯示該指示器。

5.6 群組視圖內容

如果你再次閱讀該程式碼，會發現所有的 CardView 都有一個 .frame 修飾器來限制其寬度為 300 點，是否有其他方式可以簡化它並刪除重複的程式碼呢？SwiftUI 框架為開發者提供一個 Group 視圖，用來對相關內容進行分組。更重要的是，你可以將修飾器加入群組，以將變更皆應用於每個嵌入群組中的視圖。

舉例而言，你可以像這樣重寫 Hstack 中的程式碼來獲得相同的結果：

```
HStack {
    Group {
        CardView(image: "swiftui-button", category: "SwiftUI", heading: "Drawing a Border with
Rounded Corners", author: "Simon Ng")
        CardView(image: "macos-programming", category: "macOS", heading: "Building a Simple
Editing App", author: "Gabriel Theodoropoulos")
        CardView(image: "flutter-app", category: "Flutter", heading: "Building a Complex Layout
with Flutter", author: "Lawrence Tan")
        CardView(image: "natural-language-api", category: "iOS", heading: "What's New in
Natural Language API", author: "Sai Kambampati")
    }
    .frame(width: 300)
}
```

5.7 自動調整文字大小

如圖 5.15 所示，第一張卡片的標題被截斷了，你該如何修正這個問題呢？在 SwiftUI 中，你可以使用 .minimumScaleFactor 修飾器來自動縮小文字。切換至 CardView.swift，並加入以下修飾器至 Text(heading)：

```
.minimumScaleFactor(0.5)
```

SwiftUI 會自動縮小文字，以適合可用空間。該值設定視圖允許的最小縮放量，在這個範例中，SwiftUI 可以繪製小至原始字型大小 50% 的文字。

5.8 作業②：重新排列視圖

這是最後的作業，修改目前的程式碼並重新排列，如圖 5.16 所示。請注意，當使用者滾動卡片視圖時，需要能看到標題與日期。

在本章所準備的範例檔中，有完整的滾動視圖專案可以下載：

● 範例專案：https://www.appcoda.com/resources/swiftui4/SwiftUIScrollView.zip。

圖 5.16 視圖靠上對齊

06

使用SwiftUI按鈕、
標籤與漸層

我想應該不需要去解釋什麼是按鈕,它是一個非常基本的 UI 控制元件,你可以在所有的 App 中找到它,按鈕可處理使用者的觸控動作,並觸發特定的動作。倘若你之前有學過 iOS 程式設計的話,SwiftUI 的 Button 與 UIKit 的 UIButton 非常相似,但更具有彈性與可客製化,待會你將會了解我的意思。在本章中,我會詳細介紹 SwiftUI 控制元件,你將學到下列的技術:

- 如何建立一個簡單的按鈕,並處理使用者的選擇。
- 如何自訂按鈕的背景、間距與字型。
- 如何為按鈕加入邊框。
- 如何建立包含圖片和文字的按鈕。
- 如何建立具有漸層背景與陰影的按鈕。
- 如何建立全寬度(full-width)的按鈕。
- 如何建立可重複使用的按鈕樣式。
- 如何加入點擊動畫。

6.1 啟用 SwiftUI 建立新專案

好的,讓我們從基礎開始,使用 SwiftUI 建立一個簡單的按鈕。首先開啟 Xcode,並使用「App」模板建立一個新專案,在下一個畫面中輸入專案名稱,我將其設定為「SwiftUIButton」,但是你可以自由使用其他的名稱,你需要確保在「Interface」選項中選擇「SwiftUI」,如圖 6.1 所示。

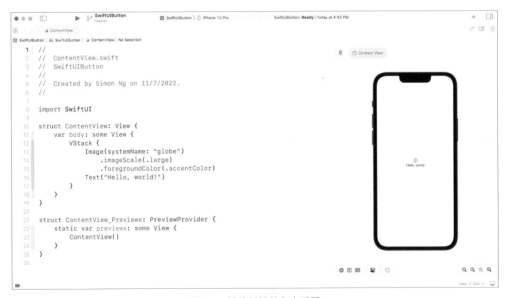

圖 6.1　建立一個新專案

當你儲存專案後，Xcode 應載入 ContentView.swift 檔，並顯示預覽，如圖 6.2 所示。

圖 6.2　預覽預設的內容視圖

使用 SwiftUI 建立按鈕非常簡單。基本上，你使用下列的程式碼片段來建立按鈕：

```
Button {
    // 所需執行的內容
} label: {
    // 按鈕的外觀設定
}
```

建立按鈕時，你需要提供兩個程式碼區塊：

● **所需執行的內容**：使用者點擊或選擇按鈕後執行的程式碼。

● **按鈕的外觀設定**：描述外觀的程式碼區塊。

舉例而言，如果你只是想將「Hello World」標籤變成一個按鈕，則可以更新程式碼如下：

```
struct ContentView: View {
    var body: some View {
        Button {
            print("Hello World tapped!")
        } label: {
            Text("Hello World")
        }
    }
}
```

此外，你也可以將程式碼編寫如下：

```
struct ContentView: View {
    var body: some View {
        Button(action: {
            print("Hello World tapped!")
        }) label: {
            Text("Hello World")
        }
    }
}
```

順帶說明一下，你也可以編寫程式碼如下：

```
struct ContentView: View {
    var body: some View {
        Button(action: {
```

```
        print("Hello World tapped!")
    }) label: {
        Text("Hello World")
    }
  }
}
```

兩段程式碼完全相同，只是程式碼風格的問題。在本書中，我們更喜歡使用第一種方式。

當你實作按鈕時，「Hello World」文字就變成你在畫布中看到的可點擊按鈕，如圖6.3所示。

```
9
10    struct ContentView: View {
11        var body: some View {
12
13            Button {                                                    Hello World
14                print("Hello World tapped!")
15            } label: {
16                Text("Hello World")
17            }
18
19        }
```

圖 6.3　建立一個簡單的按鈕

print 敘述會輸出訊息至主控台，要測試它的話，你必須在模擬器中執行這個App。點擊「Play」按鈕來啟動模擬器，當你點擊按鈕時，你應該會在主控台上看到「Hello World tapped」訊息，如圖6.4所示。如果你看不到主控台，則到Xcode選單，並選擇「View → Debug Area → Activate Console」。

圖 6.4　主控台訊息顯示在主控台

6.2 自訂按鈕的字型與背景

現在你知道如何建立一個簡單的按鈕，我們來使用內建的修飾器自訂其外觀。要改變背景與文字顏色，你可以使用 background 與 foregroundColor 修飾器，如下所示：

```
Text("Hello World")
    .background(Color.purple)
    .foregroundColor(.white)
```

如果你要變更字型，則可使用 font 修飾器，並指定字型樣式（例如：.title），如下所示：

```
Text("Hello World")
    .background(Color.purple)
    .foregroundColor(.white)
    .font(.title)
```

更改後，你的按鈕應該如圖 6.5 所示。

圖 6.5　自訂按鈕的背景色與前景色

如你所見，這個按鈕看起來不怎麼好看，如果能在文字周圍加入一些間距不是很好嗎？為此，你可以像這樣使用 padding 修飾器：

```
Text("Hello World")
    .padding()
    .background(Color.purple)
    .foregroundColor(.white)
    .font(.title)
```

變更完成後，畫布會相應更新按鈕，按鈕現在看起來好看多了，如圖 6.6 所示。

圖 6.6　對按鈕加入間距

6.2.1　修飾器順序的重要性

我想強調的一件事是「padding 修飾器應該放在 background 修飾器之前」。如果你編寫程式碼如下，最終結果將會不同。

```
3    //   SwiftUIButton
4    //
5    //  Created by Simon Ng on 11/7/2022.
6    //
7
8    import SwiftUI
9
10   struct ContentView: View {
11       var body: some View {
12
13           Button {
14               print("Hello World tapped!")
15           } label: {
16               Text("Hello World")
17                   .background(Color.purple)
18                   .foregroundColor(.white)
19                   .font(.title)
20                   .padding()
21                   |
22           }
23
24       }
25   }
26
27   struct ContentView_Previews: PreviewProvider {
28       static var previews: some View {
29           ContentView()
30       }
```

圖 6.7　將 padding 修飾器放置於 background 修飾器之後

如果你將 padding 修飾器放在 background 修飾器之後，你仍然可以對按鈕加入一些間距，但是間距沒有套用所選的背景色。如果你想知道原因，則可如下解讀修飾器：

```
Text("Hello World")
    .background(Color.purple)       // 1. 將背景色更改為紫色
    .foregroundColor(.white)        // 2. 將前景色 / 字型顏色設定為白色
    .font(.title)                   // 3. 變更字型樣式
    .padding()                      // 4. 使用主色來加入間距（即白色）
```

反之，如果 padding 修飾器放在 background 修飾器之前，則修飾器會像這樣工作：

```
Text("Hello World")
    .padding()                  // 1. 加入間距
    .background(Color.purple)    // 2. 將背景色更改為紫色（包含間距）
    .foregroundColor(.white)     // 3. 將前景色 / 字型顏色設定為白色
    .font(.title)               // 4. 變更字型樣式
```

6.3 按鈕加上邊框

padding 修飾器並非應該始終放在最前面，而是取決於你的按鈕設計，例如：你要建立一個帶邊框的按鈕，如圖 6.8 所示。

圖 6.8　帶邊框的按鈕

你可以像下面這樣更改 Text 控制元件的程式碼：

```
Text("Hello World")
    .foregroundColor(.purple)
    .font(.title)
    .padding()
    .border(Color.purple, width: 5)
```

這裡我們設定前景色為「紫色」，然後在文字周圍加入一些空白的間距。border 修飾器是用來定義邊框的寬度與顏色，請更改 width 參數的值來查看其工作原理。

我再舉一個例子，例如：設計師向你展示如圖 6.9 所示的按鈕設計，你打算如何利用目前所學的內容來實作它呢？在閱讀下一個段落之前，請花幾分鐘來思考解決方案。

圖 6.9　帶有背景及邊框的按鈕

那麼，解答的程式碼如下：

```
Text("Hello World")
    .fontWeight(.bold)
    .font(.title)
    .padding()
    .background(Color.purple)
    .foregroundColor(.white)
    .padding(10)
    .border(Color.purple, width: 5)
```

我們使用兩個 padding 修飾器來建立按鈕設計。第一個 padding 與 background 修飾器一起用來建立帶有間距及紫色背景的按鈕，padding(10) 修飾器在按鈕周圍加入額外的間距，而 border 修飾器則指定紫色的圓角邊框。

我們來看一個更複雜的範例。如果你想要設計如圖 6.10 所示的圓角邊框按鈕，該如何做呢？

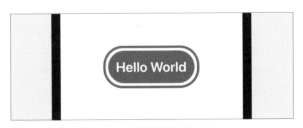

圖 6.10　帶圓角邊框的按鈕

SwiftUI 內建一個名為「cornerRadius」的修飾器，可讓你輕鬆建立圓角。要使用圓角渲染按鈕的背景，則你只需使用修飾器並指定圓角半徑：

```
.cornerRadius(40)
```

要做出圓角邊框，需要多花一點工夫，因為 border 修飾器無法讓你建立圓角，所以我們需要繪製邊框，並將其疊在按鈕上。下面是最終的程式碼：

```
Text("Hello World")
    .fontWeight(.bold)
    .font(.title)
    .padding()
    .background(.purple)
    .cornerRadius(40)
    .foregroundColor(.white)
    .padding(10)
    .overlay {
        RoundedRectangle(cornerRadius: 40)
            .stroke(.purple, lineWidth: 5)
    }
```

overlay 修飾器可讓你將另一個視圖疊在目前的視圖之上。在程式碼中，我們使用 RoundedRectangle 物件的 stroke 修飾器來繪製一個圓角邊框，而 stroke 修飾器可讓你設定框線的顏色與線寬。

6.4 建立帶有圖片與文字的按鈕

到目前為止，我們只使用了文字按鈕。在真實的專案中，你或你的設計師可能想要顯示具有圖片的按鈕，而建立圖片按鈕的語法完全相同，除了你是使用 Image 控制元件而不是 Text 控制元件，如下所示：

```
Button(action: {
    print("Delete button tapped!")
}) {
    Image(systemName: "trash")
        .font(.largeTitle)
        .foregroundColor(.red)
}
```

為了方便起見，我們使用內建的 SF Symbols（如垃圾桶圖示）來建立圖片按鈕。我們在 font 修飾器中指定「.largeTitle」，以使圖片變大一點，你的按鈕應該如圖 6.11 所示。

圖 6.11　圖片按鈕

同樣的，如果你想要建立一個具有純背景色的圓形圖片按鈕，則可以應用我們之前討論過的修飾器，圖 6.12 展示了一個範例。

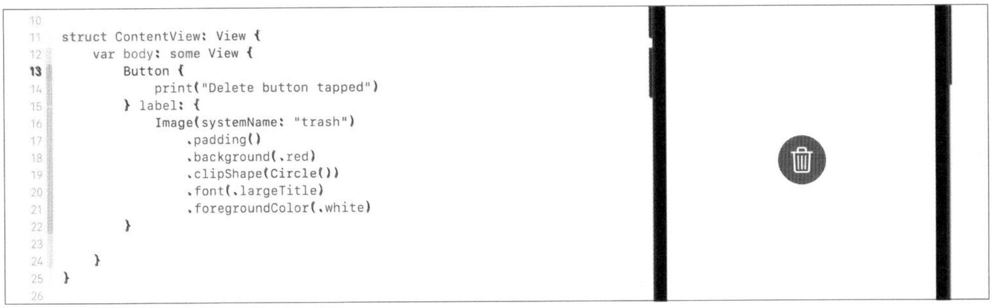

```
10
11    struct ContentView: View {
12        var body: some View {
13            Button {
14                print("Delete button tapped")
15            } label: {
16                Image(systemName: "trash")
17                    .padding()
18                    .background(.red)
19                    .clipShape(Circle())
20                    .font(.largeTitle)
21                    .foregroundColor(.white)
22            }
23        }
24    }
25  }
26
```

圖 6.12　圓形圖片按鈕

你可以使用文字與圖片來建立按鈕。例如：你想要將「Delete」文字放在圖示旁邊，則將程式碼替換如下：

```
Button {
    print("Delete button tapped")
} label: {
    HStack {
        Image(systemName: "trash")
            .font(.title)
        Text("Delete")
            .fontWeight(.semibold)
            .font(.title)
    }
    .padding()
    .foregroundColor(.white)
    .background(Color.red)
    .cornerRadius(40)
}
```

這裡我們將圖片與文字控制元件嵌入到一個水平堆疊中，這將使垃圾桶圖示與「Delete」文字並排放置。應用於 HStack 的修飾器設定了背景色、間距與按鈕的圓角，圖6.13 顯示了最後結果的按鈕。

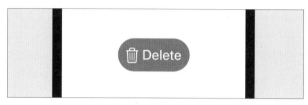

圖 6.13　帶有圖示與文字的按鈕

6.5　使用標籤

從 iOS 14 開始，SwiftUI 框架導入一個名為「Label」的新視圖，可讓你並排放置圖片與文字，因此你可以使用 Label 建立相同的佈局，而不必使用 HStack。

```
Button {
    print("Delete button tapped")
} label: {
    Label(
        title: {
            Text("Delete")
                .fontWeight(.semibold)
                .font(.title)
        },
        icon: {
            Image(systemName: "trash")
                .font(.title)
        }
    )
    .padding()
    .foregroundColor(.white)
    .background(.red)
    .cornerRadius(40)
}
```

6.6 建立帶有漸層背景與陰影的按鈕

使用 SwiftUI，你可以輕鬆設計按鈕的漸層背景樣式。你不僅可為 background 修飾器定義特定顏色，還可以輕鬆為任何按鈕應用漸層效果，你只需將下列這行程式碼：

```
.background(.red)
```

替代為：

```
.background(LinearGradient(gradient: Gradient(colors: [Color.red, Color.blue]), startPoint:
.leading, endPoint: .trailing))
```

SwiftUI 框架有幾個內建的漸層效果，上列的程式碼應用了由左（.leading）至右（.trailing）的線性漸層，其從左側的紅色開始，至右側的藍色結束，如圖 6.14 所示。

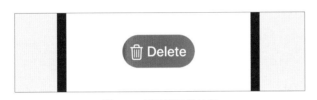

圖 6.14　漸層背景的按鈕

如果你想要由上而下應用漸層效果，則可以將「.leading」替換為「.top」、「.trailing」替換為「.bottom」，如下所示：

```
.background(LinearGradient(gradient: Gradient(colors: [Color.red, Color.blue]), startPoint:
.top, endPoint: .bottom))
```

你可以自由使用自己喜好的顏色來渲染漸層效果。例如：你的設計師告訴你使用了如圖 6.15 所示的漸層。

圖 6.15　uigradients.com 的漸層範例

有多種方式可以將色碼（color code）從十六進制（hex）轉換為 Swift 相容的格式，這裡我將展示其中一種方式。在專案導覽器中，選取素材目錄（即 Assets），然後在空白區域（AppIcon 下方）按右鍵，並選擇「New Color Set」，如圖 6.16 所示。

圖 6.16　在素材目錄定義一個新顏色集

接下來，為「Any Appearance」選擇合適的顏色，並點選「Show inspector」按鈕，然後點選屬性檢閱器（Attributes Inspector）圖示來顯示顏色集的屬性。在「Name」欄位中，將名稱設定為「DarkGreen」，接著在「Color」區塊中更改「Input Method」（輸入方法）欄位為「8-bit Hexadecimal」，如圖 6.17 所示。

圖 6.17　編輯顏色集的屬性

現在你可以在「Hex」欄位設定色碼。對於此範例，輸入「#11998e」來定義顏色，將顏色集命名為「DarkGreen」。重複相同的步驟來定義另一個顏色集，輸入「#38ef7d」作為附加顏色，將此顏色命名為「LightGreen」，如圖 6.18 所示。

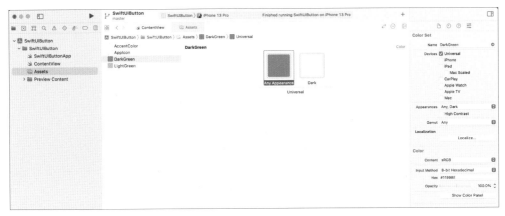

圖 6.18 定義兩個顏色集

現在你已經定義了兩個顏色集，我們回到 ContentView.swift 並更新色碼。要使用顏色集，你只需像這樣指定顏色集的名稱：

```
Color("DarkGreen")
Color("LightGreen")
```

要使用「DarkGreen」與「LightGreen」顏色集來渲染漸層，你只需要更新 background 修飾器，如下所示：

```
.background(LinearGradient(gradient: Gradient(colors: [Color("DarkGreen"), Color(
"LightGreen")]), startPoint: .leading, endPoint: .trailing))
```

如果你正確進行修改，則你的按鈕應該有很漂亮的漸層背景，如圖 6.19 所示。

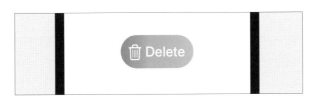

圖 6.19 使用自己喜愛的顏色來產生漸層

在本小節中，我還要介紹另一個修飾器，shadow 修飾器可以讓你在按鈕（或任何視圖）周圍繪製陰影，只需在 cornerRadius 修飾器之後加入下列這行程式碼，即可看到陰影：

```
.shadow(radius: 5.0)
```

此外，你可以控制陰影的顏色、半徑與位置。下面是範例程式碼：

```
.shadow(color: .gray, radius: 20.0, x: 20, y: 10)
```

建立全寬度按鈕

較大的按鈕通常可以吸引使用者的注意，有時你可能需要建立一個占滿螢幕寬度的全寬度按鈕。frame 修飾器是設計用來控制視圖的大小，無論你是想要建立固定大小的按鈕，還是可變化寬度的按鈕，都可以使用這個修飾器。要建立全寬度按鈕，你可以變更 Button 程式碼，如下所示：

```
Button(action: {
    print("Delete tapped!")
}) {
    HStack {
        Image(systemName: "trash")
            .font(.title)
        Text("Delete")
            .fontWeight(.semibold)
            .font(.title)
    }
    .frame(minWidth: 0, maxWidth: .infinity)
    .padding()
    .foregroundColor(.white)
    .background(LinearGradient(gradient: Gradient(colors: [Color("DarkGreen"), Color(
"LightGreen")]), startPoint: .leading, endPoint: .trailing))
    .cornerRadius(40)
}
```

這與我們剛才編寫的程式碼非常相似，除了我們在 padding 之前加入 frame 修飾器。這裡我們為按鈕定義了彈性寬度，並設定 maxWidth 參數為「.infinity」，這將導致按鈕填滿容器視圖的寬度，你現在應該在畫布中看到一個全寬度按鈕，如圖 6.20 所示。

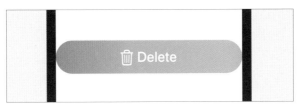

圖 6.20　全寬度按鈕

透過將 maxWidth 定義為「.infinity」，按鈕寬度將根據裝置的螢幕寬度來自動調整。若是你想要給此按鈕更多水平空間的話，則在 .cornerRadius(40) 之後插入 padding 修飾器：

```
.padding(.horizontal, 20)
```

6.8 使用 ButtonStyle 設計按鈕樣式

在真實的 App 中，相同的按鈕設計將用於多個按鈕上，例如：你建立了「Delete」、「Edit」與「Share」等三個按鈕，它們都具有相同的按鈕樣式，如圖 6.21 所示。

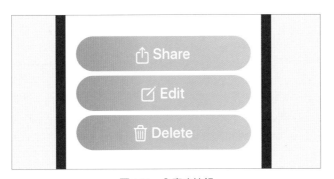

圖 6.21　全寬度按鈕

你可能會這樣編寫程式碼：

```
struct ContentView: View {
    var body: some View {
        VStack {
            Button {
                print("Share button tapped")
            } label: {
```

```
Label(
    title: {
        Text("Share")
            .fontWeight(.semibold)
            .font(.title)
    },
    icon: {
        Image(systemName: "square.and.arrow.up")
            .font(.title)
    }
)
.frame(minWidth: 0, maxWidth: .infinity)
.padding()
.foregroundColor(.white)
.background(LinearGradient(gradient: Gradient(colors: [Color("DarkGreen"),
Color("LightGreen")]), startPoint: .leading, endPoint: .trailing))
.cornerRadius(40)
.padding(.horizontal, 20)
}

Button {
    print("Edit button tapped")
} label: {
    Label(
        title: {
            Text("Edit")
                .fontWeight(.semibold)
                .font(.title)
        },
        icon: {
            Image(systemName: "square.and.pencil")
                .font(.title)
        }
    )
    .frame(minWidth: 0, maxWidth: .infinity)
    .padding()
    .foregroundColor(.white)
    .background(LinearGradient(gradient: Gradient(colors: [Color("DarkGreen"),
Color("LightGreen")]), startPoint: .leading, endPoint: .trailing))
    .cornerRadius(40)
    .padding(.horizontal, 20)
}
```

```
Button {
    print("Delete button tapped")
} label: {
    Label(
        title: {
            Text("Delete")
                .fontWeight(.semibold)
                .font(.title)
        },
        icon: {
            Image(systemName: "trash")
                .font(.title)
        }
    )
    .frame(minWidth: 0, maxWidth: .infinity)
    .padding()
    .foregroundColor(.white)
    .background(LinearGradient(gradient: Gradient(colors: [Color("DarkGreen"),
Color("LightGreen")]), startPoint: .leading, endPoint: .trailing))
    .cornerRadius(40)
    .padding(.horizontal, 20)
    }
    }

    }
}
```

　　從上列的程式碼中可以看到，你需要為每個按鈕複製所有的修飾器。當你或你的設計師想要修改按鈕樣式時怎麼辦？你需要修改所有的修飾器，這會是一個相當繁瑣的工作，而且並非是程式設計的最佳實踐，那麼你如何歸納樣式並重複使用呢？

　　SwiftUI 提供了一個名為「ButtonStyle」的協定，讓你建立自己的按鈕樣式。要為我們的按鈕建立可以重複使用的樣式，則建立一個名為「GradientBackgroundStyle」的新結構，該結構遵循 ButtonStyle 協定。在 struct ContentPreview_Previews 的上方插入下列的程式碼片段：

```
struct GradientBackgroundStyle: ButtonStyle {

    func makeBody(configuration: Self.Configuration) -> some View {
        configuration.label
```

```
        .frame(minWidth: 0, maxWidth: .infinity)
        .padding()
        .foregroundColor(.white)
        .background(LinearGradient(gradient: Gradient(colors: [Color("DarkGreen"),
Color("LightGreen")]), startPoint: .leading, endPoint: .trailing))
        .cornerRadius(40)
        .padding(.horizontal, 20)
    }
}
```

該協定要求我們提供可接受 configuration 參數的 makeBody 函數的實作，configuration 參數包含一個 label 屬性，應用修飾器來變更按鈕的樣式。在上列的程式碼中，我們應用了之前所使用的同一個修飾器。

那麼，你如何將自訂樣式應用於按鈕上呢？ SwiftUI 提供了一個名為「.buttonStyle」的修飾器，你可以像這樣應用按鈕樣式：

```
Button {
    print("Delete button tapped")
} label: {
    Label(
        title: {
            Text("Delete")
                .fontWeight(.semibold)
                .font(.title)
        },
        icon: {
            Image(systemName: "trash")
                .font(.title)
        }
    )
}
.buttonStyle(GradientBackgroundStyle())
```

很酷，是吧？程式碼現在已經被簡化了，你只需要一行程式碼，就可以輕鬆應用按鈕樣式於任何按鈕上。

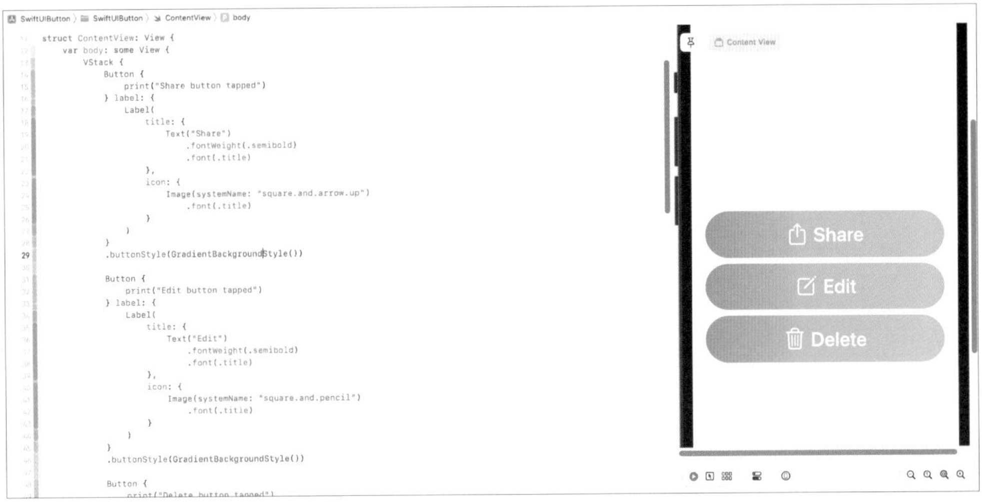

圖 6.22　使用 .buttonStyle 修飾器來應用自訂樣式

你也可以透過 isPressed 屬性來確認按鈕是否有被按下，這讓你在使用者點擊按鈕時更改按鈕的樣式。舉例而言，我們想要在某人按下按鈕時，讓按鈕變小一點，你可以加入一行程式碼，如圖 6.23 所示。

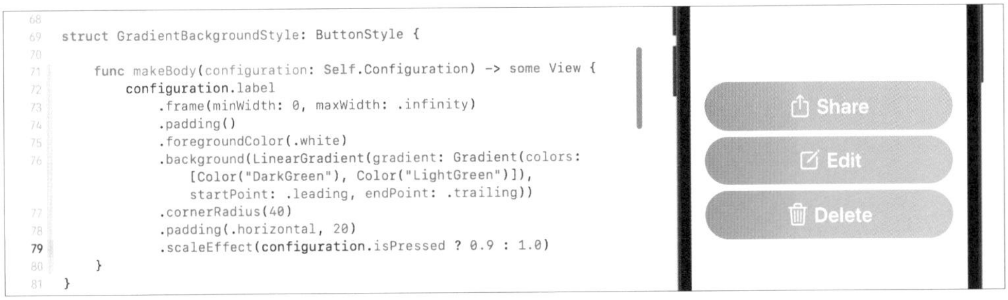

圖 6.23　使用 .buttonStyle 修飾器來自訂樣式

scaleEffect 修飾器可讓你縮放按鈕（或任何視圖）。要放大按鈕時，則提供大於 1.0 的值；而要使按鈕變小，則輸入小於 1.0 的值。

```
.scaleEffect(configuration.isPressed ? 0.9 : 1.0)
```

因此，這行程式碼的作用是當按下按鈕時，會縮小按鈕（即 0.9），而當使用者放開手指後，會縮放回原來的大小（即 1.0）。執行這個 App，當按鈕縮放時，你應該會看到一個漂亮的動畫效果，這就是 SwiftUI 的強大之處，你不需要額外編寫程式碼，它設有內建的動畫。

6.9 作業：旋轉圖示

作業內容是建立一個具有「＋」圖示的動畫按鈕，當使用者按下按鈕時，「＋」圖示將旋轉（順時針 / 逆時針）成一個「╳」圖示，如圖 6.24 所示。

＋圖示　　　　　　　　　╳圖示

圖 6.24　當使用者按下時旋轉圖示

提示

rotationEffect 修飾器可用來旋轉按鈕（或者其他視圖）。

6.10 設計按鈕樣式

我相信你已經知道如何實作如圖 6.25 所示的按鈕。

圖 6.25　圓角按鈕

在 iOS 15 中，Apple 為 Button 視圖導入了許多修飾器。要建立按鈕，你可以編寫程式碼如下：

```
Button {

} label: {
```

```
    Text("Buy me a coffee")
}
.tint(.purple)
.buttonStyle(.borderedProminent)
.buttonBorderShape(.roundedRectangle(radius: 5))
.controlSize(.large)
```

tint 修飾器指定按鈕的顏色。透過應用 .borderedProminent 樣式，iOS 以紫色背景渲染按鈕，並以白色顯示文字。.buttonBorderShape 修飾器可讓你設定按鈕的邊框形狀，這裡我們將其設定爲「.roundedRectangle」，以使按鈕變爲圓角。

.controlSize 可讓你變更按鈕的大小，預設大小是 .regular，其他有效值包括 .large、.small、.mini。圖 6.26 顯示了按鈕在不同尺寸下的外觀。

圖 6.26　不同控制大小的按鈕

除了使用 .roundedRectangle 之外，SwiftUI 還提供了另一種名爲「.capsule」的邊框形狀，供開發者建立膠囊形狀的按鈕。

```
Button(action: {}) {
    Text("Buy me a coffee")
}
.tint(.purple)
.buttonStyle(.borderedProminent)
.buttonBorderShape(.capsule)
.controlSize(.large)
```

圖 6.27　使用膠囊形狀

你還可以使用 .automatic 選項讓系統調整按鈕的形狀。到目前爲止，我們使用的是 .borderProminent 按鈕樣式。新版 SwiftUI 提供其他的內建樣式，包括 .bordered、.borderless、.plain。.bordered 樣式是常用的樣式，圖 6.28 顯示了一個使用 .bordered 樣式的範例按鈕。

```
Button(action: {}) {
    Text("Buy me a coffee")
}
.tint(.purple)
.buttonStyle(.bordered)
.buttonBorderShape(.capsule)
.controlSize(.large)
```

圖 6.28　使用邊框樣式

6.11　將樣式應用於多個按鈕

使用按鈕樣式，你可以輕鬆將相同的樣式應用於一組按鈕，如下面的使用範例：

```
VStack {
    Button(action: {}) {
        Text("Add to Cart")
            .font(.headline)
    }

    Button(action: {}) {
        Text("Discover")
            .font(.headline)
            .frame(maxWidth: 300)
    }

    Button(action: {}) {
        Text("Check out")
            .font(.headline)
    }
}
.tint(.purple)
.buttonStyle(.bordered)
.controlSize(.large)
```

6.12 使用按鈕角色

從 iOS 15 開始，SwiftUI 框架為 Button 導入了一個新的「role」選項，此選項描述了按鈕的語義角色。根據指定的角色，iOS 會自動為按鈕渲染合適的外觀。

例如：如果你將角色定義為 .destructive，如下所示：

```
Button("Delete", role: .destructive) {
    print("Delete")
}
.buttonStyle(.borderedProminent)
.controlSize(.large)
```

iOS 會自動以紅色顯示「Delete」按鈕。圖 6.29 顯示了不同角色和樣式的按鈕外觀。

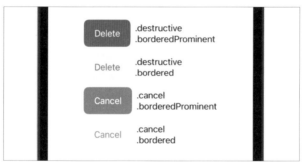

圖 6.29　不同角色和樣式的按鈕外觀

6.13 本章小結

在本章中，我們介紹了 SwiftUI 中建立按鈕的基本觀念。按鈕在任何 App UI 中扮演著關鍵角色，良好設計的按鈕不僅可以使你的 UI 更具吸引力，還可以提升你的 App 的使用者體驗。如你所學，透過結合 SF Symbols、漸層與動畫的應用，你可以輕鬆建立一個有吸引力且實用的按鈕。

在本章所準備的範例檔中，有完整的按鈕專案可以下載：

● 範例專案：https://www.appcoda.com/resources/swiftui4/SwiftUIButton.zip。

了解狀態與綁定

「狀態管理」（State Management）是每個開發者在 App 開發中必須處理的事情。想像一下，你正在開發一個音樂播放器 App，當使用者點擊「播放」（Play）按鈕時，該按鈕將自行更改為「停止」（Stop）按鈕。在你的實作中，必須有某些方式來追蹤 App 狀態，以讓你知道何時更改按鈕的外觀。

圖 7.1　「停止」與「播放」按鈕

SwiftUI 內建了一些用於狀態管理的功能，特別是它導入了一個名為「@State」的屬性包裹器（Property Wrapper）。當你使用 @State 來標註屬性時，SwiftUI 會自動將其儲存在你的 App 中的某處。此外，使用該屬性的視圖會自動監聽屬性值的變更，當狀態改變時，SwiftUI 將重新計算這些視圖，並更新 App 的外觀。

聽起來不錯吧？或者你對於狀態管理覺得困惑？

透過本章的範例程式碼以及我為你準備的一些作業，你將對狀態與綁定有更多的了解，請花一些時間來完成這些作業，這將幫助你掌握 SwiftUI 這個重要觀念。

7.1　啟用 SwiftUI 建立新專案

我們從剛才提到的簡單範例來開始，以了解如何追蹤 App 的狀態在「播放」與「停止」按鈕之間切換。首先開啟 Xcode，使用「App」模板來建立一個新專案，設定專案名稱為「SwiftUIState」，但是你可自由使用其他的名稱，並請確保在「Interface」選項中選擇「SwiftUI」，如圖 7.2 所示。

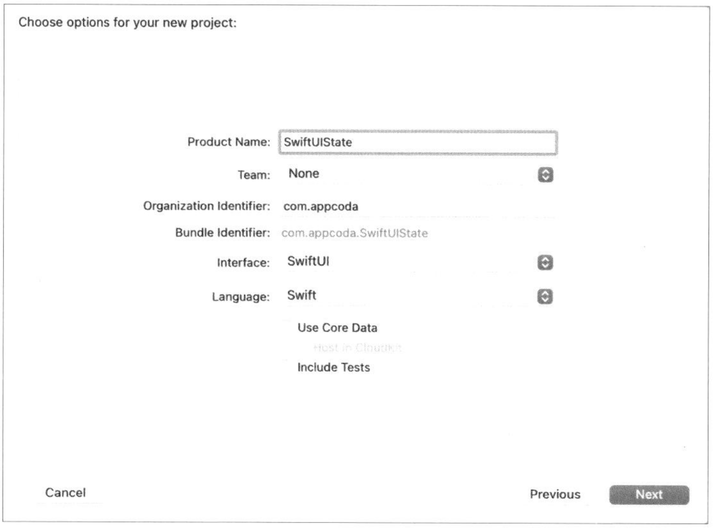

Choose options for your new project:

Product Name: SwiftUIState

Team: None

Organization Identifier: com.appcoda

Bundle Identifier: com.appcoda.SwiftUIState

Interface: SwiftUI

Language: Swift

Use Core Data

Host in CloudKit

Include Tests

Cancel   Previous   Next

圖 7.2　建立一個新專案

當你儲存專案後，Xcode 載入 ContentView.swift 檔，並在預覽畫布中顯示預覽。建立
「播放」按鈕，如下所示：

```
Button {
    // 在「播放」與「停止」按鈕之間切換
} label: {
    Image(systemName: "play.circle.fill")
        .font(.system(size: 150))
        .foregroundColor(.green)
}
```

我們使用系統圖片 play.circle.fill，並將按鈕著色為綠色，如圖 7.3 所示。

```
8    import SwiftUI
9
10   struct ContentView: View {
11       var body: some View {
12           Button {
13               // Switch between the play and stop button
14           } label: {
15               Image(systemName: "play.circle.fill")
16                   .font(.system(size: 150))
17                   .foregroundColor(.green)
18           }
19
20       }
21   }
22
23   struct ContentView_Previews: PreviewProvider {
24       static var previews: some View {
25           ContentView()
26       }
27   }
28
```

圖 7.3　預覽「播放」按鈕

7.2　控制按鈕的狀態

　　按鈕的動作是空的，當有人點擊按鈕時，我們想要將按鈕的外觀從「播放」改為「停止」；當顯示「停止」按鈕時，按鈕的顏色也應該更改為紅色。

　　那麼，我們要如何實作呢？顯然的，我們需要一個變數來追蹤按鈕的狀態。我們將其命名為「isPlaying」，它是一個布林變數，指示 App 是否處於「播放」狀態，如果將變數 isPlaying 設定為「true」，則 App 應顯示「停止」按鈕；反之，如果將 isPlaying 設定為「false」，App 應顯示「播放」按鈕。程式碼如下所示：

```
struct ContentView: View {
    private var isPlaying = false

    var body: some View {
        Button {
            // 在「播放」與「停止」按鈕之間切換
        } label: {
            Image(systemName: isPlaying ? "stop.circle.fill" : "play.circle.fill")
                .font(.system(size: 150))
                .foregroundColor(isPlaying ? .red : .green)
        }
```

```
        }
    }
```

我們參照 isPlaying 變數的值來變更圖片的名稱與顏色。如果你更新專案中的程式碼，則應該會在預覽畫布中看到一個「播放」按鈕，但是如果你將 isPlaying 的預設值設定爲「true」，則會看到「停止」按鈕。

現在的問題是 App 如何監聽狀態（即 isPlaying）的變化，並自動更新按鈕呢？使用 SwiftUI，你需要做的就是在 isPlaying 屬性前面加上 @State 前綴。

```
@State private var isPlaying = false
```

當我們宣告屬性爲狀態變數時，SwiftUI 就會管理 isPlaying 的儲存區，並監聽其值的變化。當 isPlaying 的值更改時，SwiftUI 會參照 isPlaying 狀態來自動重新計算視圖。

 說明

只能從視圖的 body（或者從它呼叫的函數）內部存取狀態屬性。出於這個原因，你應該宣告你的狀態屬性爲 private，以防止你的視圖的用戶端存取它。

— Apple 的官方文件（https://developer.apple.com/documentation/swiftui/state）

我們還沒有實作按鈕的動作，因此修改程式碼如下：

```
Button {
    // 在「播放」與「停止」按鈕之間切換
    isPlaying.toggle()
} label: {
    Image(systemName: isPlaying ? "stop.circle.fill" : "play.circle.fill")
        .font(.system(size: 150))
        .foregroundColor(isPlaying ? .red : .green)
}
```

在 action 閉包（closure）中，我們呼叫 toggle() 方法來將布林值從「false」切換爲「true」，或者從「true」切換爲「false」。在預覽畫布中點擊「Play」圖示，以在「播放」與「停止」按鈕之間切換，如圖 7.4 所示。

```
  8  import SwiftUI
  9
 10  struct ContentView: View {
 11
 12      @State private var isPlaying = false
 13
 14      var body: some View {
 15          Button {
 16              // Switch between the play and stop button
 17              isPlaying.toggle()
 18          } label: {
 19              Image(systemName: isPlaying ? "stop.circle.fill" :
                     "play.circle.fill")
 20                  .font(.system(size: 150))
 21                  .foregroundColor(isPlaying ? .red : .green)
 22          }
 23
 24      }
 25  }
 26
 27  struct ContentView_Previews: PreviewProvider {
 28      static var previews: some View {
 29          ContentView()
 30      }
 31  }
 32
```

圖 7.4　在「播放」與「停止」按鈕之間切換

　　當你在按鈕之間切換時，你是否注意到 SwiftUI 會渲染一個淡入淡出動畫？這個動畫是內建且自動為你產生的，我們將在後續的章節中討論更多有關動畫的內容。不過，如你所見，SwiftUI 讓所有的開發者對 UI 動畫可立即上手。

7.3 作業①：建立計數器按鈕

　　你的作業是建立一個顯示點擊次數的計數器按鈕。當使用者點擊按鈕時，計數器會加1，並顯示總點擊次數，如圖 7.5 所示。

圖 7.5　計數器按鈕

7.4 使用綁定

你是否成功建立了計數器按鈕呢？我們不將布林變數宣告為狀態，而是使用一個整數狀態變數來追蹤計數。當點擊按鈕時，計數器將增加1，圖7.6顯示了實作的程式碼片段。

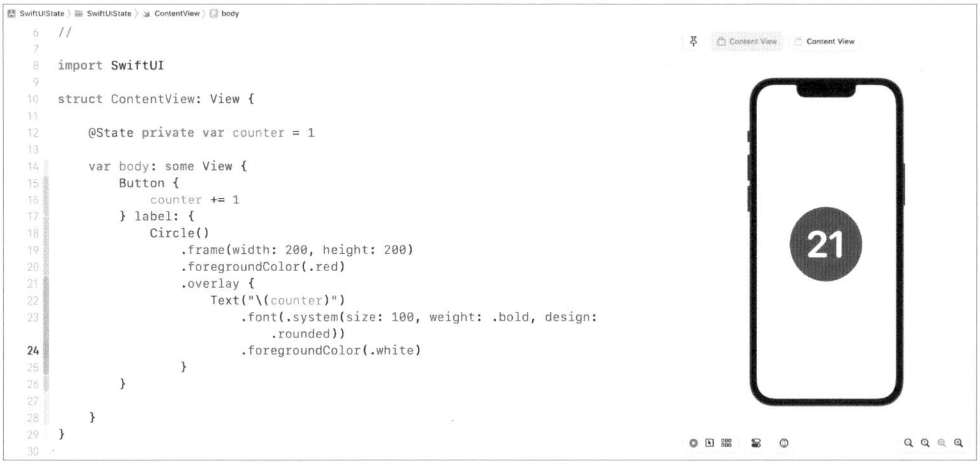

```
6    //
7
8    import SwiftUI
9
10   struct ContentView: View {
11
12       @State private var counter = 1
13
14       var body: some View {
15           Button {
16               counter += 1
17           } label: {
18               Circle()
19                   .frame(width: 200, height: 200)
20                   .foregroundColor(.red)
21                   .overlay {
22                       Text("\(counter)")
23                           .font(.system(size: 100, weight: .bold, design:
                                 .rounded))
24                           .foregroundColor(.white)
25                   }
26           }
27
28       }
29   }
30
```

圖 7.6　計數器按鈕

現在我們將進一步修改程式碼，以顯示三個計數器按鈕，如圖7.7所示。這三個按鈕共享同一個計數器，無論點擊哪一個按鈕，計數器都會增加1，並且所有的按鈕會一起顯示更新後的計數。

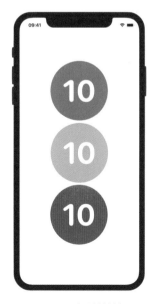

圖 7.7　三個計數按鈕

如你所見，所有的按鈕都具有相同的外觀和感覺，就如我在前面章節中所說明的，與其複製程式碼，較好的作法是取出一個共用視圖作為可重複使用的子視圖，因此我們可以取出 Button 視圖來建立一個獨立的子視圖，如下所示：

```
struct CounterButton: View {
    @Binding var counter: Int

    var color: Color

    var body: some View {
        Button {
            counter += 1
        } label: {
            Circle()
                .frame(width: 200, height: 200)
                .foregroundColor(color)
                .overlay {
                    Text("\(counter)")
                        .font(.system(size: 100, weight: .bold, design: .rounded))
                        .foregroundColor(.white)
                }
        }
    }
}
```

CounterButton 視圖接收 counter 與 color 兩個參數，你可以像這樣建立一個紅色按鈕：

```
CounterButton(counter: $counter, color: .red)
```

你應該會注意到 counter 變數用 @Binding 做標註。當你建立 CounterButton 實例時，counter 參數的值是以 $ 符號作為前綴。

這是什麼意思呢？

我們取出按鈕至獨立的視圖後，CounterButton 變成 ContentView 的子視圖。現在計數器遞增是在 CounterButton 視圖中執行的，而不是在 ContentView 中執行。CounterButton 必須有辦法管理 ContentView 中的狀態變數。

@Binding 關鍵字指示呼叫者必須提供狀態變數的綁定，這就像在 ContentView 的 counter 及 CounterButton 的 counter 之間建立雙向連接。更新 CounterButton 視圖中的 counter，會將其值傳送回 ContentView 中的 counter 狀態。

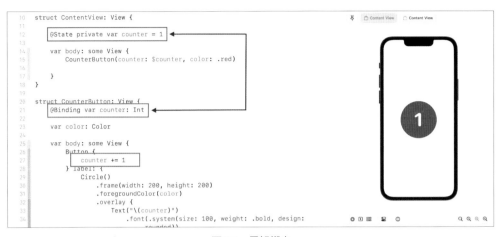

圖 7.8　了解綁定

那麼，$ 符號是什麼呢？在 SwiftUI 中，你使用 $ 前綴運算子從狀態變數取得綁定。

現在你了解綁定的原理，可以繼續建立其他兩個按鈕，並使用 VStack 來垂直對齊，如下所示：

```
struct ContentView: View {

    @State private var counter = 1

    var body: some View {
        VStack {
            CounterButton(counter: $counter, color: .blue)
            CounterButton(counter: $counter, color: .green)
            CounterButton(counter: $counter, color: .red)
        }
    }
}
```

更改後，執行 App 進行測試，點擊任何按鈕，將使計數增加 1，如圖 7.9 所示。

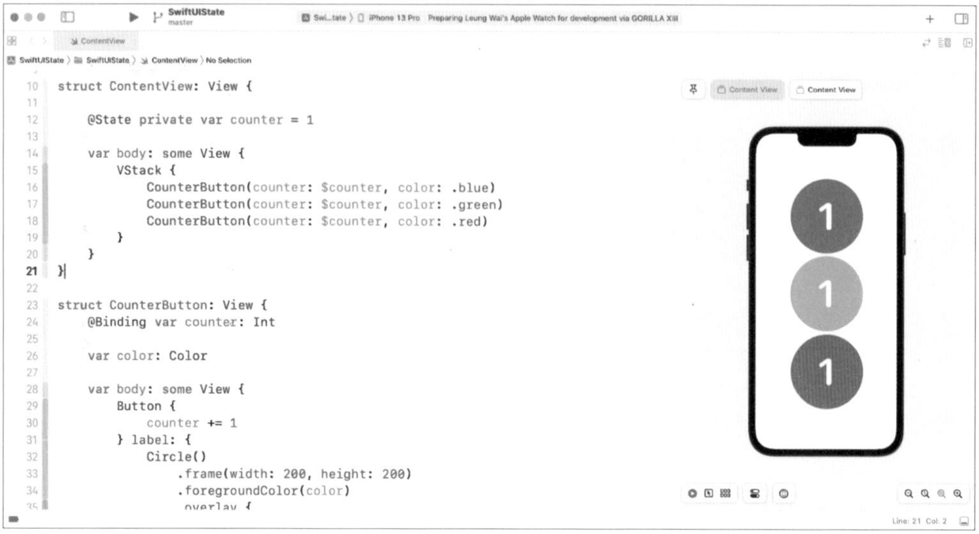

```
 10    struct ContentView: View {
 11
 12        @State private var counter = 1
 13
 14        var body: some View {
 15            VStack {
 16                CounterButton(counter: $counter, color: .blue)
 17                CounterButton(counter: $counter, color: .green)
 18                CounterButton(counter: $counter, color: .red)
 19            }
 20        }
 21    }
 22
 23    struct CounterButton: View {
 24        @Binding var counter: Int
 25
 26        var color: Color
 27
 28        var body: some View {
 29            Button {
 30                counter += 1
 31            } label: {
 32                Circle()
 33                    .frame(width: 200, height: 200)
 34                    .foregroundColor(color)
 35                    overlay {
```

圖 7.9　測試三個計數器按鈕

作業②：使每個按鈕都有自己的計數器

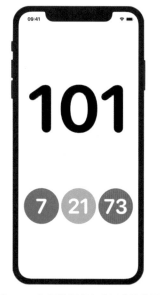

　　目前所有的按鈕共享相同的計數，而本作業需要修改程式碼，以使每個按鈕都有自己的計數器。當使用者點擊藍色按鈕時，App 中只有藍色按鈕的計數器會加 1。除此之外，你需要提供一個匯總所有按鈕計數器的土計數器，圖 7.10 為本作業的示範佈局。

圖 7.10　每個按鈕都有自己的計數器

本章小結

在 SwiftUI 中，狀態的支援簡化了 App 開發中的狀態管理。了解 @State 與 @Binding 的含義很重要，因為它們在 SwiftUI 中扮演著狀態管理與 UI 更新的重要角色。本章介紹了 SwiftUI 中狀態管理的基礎概念，之後你將學習到更多有關如何在視圖動畫使用 @State，以及如何管理多個視圖之間的共享狀態。

在本章所準備的範例檔中，有完整的狀態專案與作業解答可以下載：

- 範例專案：https://www.appcoda.com/resources/swiftui4/SwiftUICounter.zip。
- 作業解答：https://www.appcoda.com/resources/swiftui4/SwiftUIMasterCounter.zip。

08

實作路徑與形狀
來繪製線條與圓餅圖

對於有經驗的開發者，你可能使用過 Core Graphics API 來繪製形狀與物件，這是一個非常強大的框架，可用於建立向量圖。SwiftUI 還提供多個向量繪圖 API，供開發者繪製線條與形狀。

在本章中，你將學習如何使用 Path 與內建的 Shape（如 Circle 與 RoundedRectangle）來繪製線條、圓弧、圓餅圖與環圈圖。以下是我們將說明的主題：

- 了解 Path 以及如何繪製線條。
- 什麼是 Shape 協定？如何遵循協定來繪製自訂的形狀？
- 如何繪製圓餅圖（pie chart）？
- 如何建立具有開口圓環（open circle）的進度指示器？
- 如何繪製環圈圖（donut chart）？

圖 8.1 顯示了我們將在本章中建立的一些形狀與圖表。

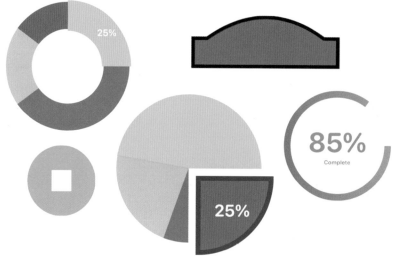

圖 8.1　範例形狀與圖形

8.1 了解 Path

在 SwiftUI 中，你可使用 Path 繪製線條與形狀。如果你參考 Apple 的文件（https://developer.apple.com/documentation/swiftui/path），Path 是一個包含 2D 形狀輪廓的結構，基本上，路徑就是設定一個原點，然後從一點到另一點畫線，我來舉個例子。

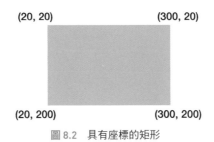

圖 8.2　具有座標的矩形

如果你要口頭告訴我如何逐步繪製矩形，你可能會提供下列的描述：

● 移動點 (20, 20)。

● 從 (20, 20) 畫一條線至 (300, 20)。

● 從 (300, 20) 畫一條線至 (300, 200)。

● 從 (300, 200) 畫一條線至 (20, 200)。

● 以綠色填滿整個區域。

這就是 Path 的用法，我們來將你的口頭描述寫成程式碼：

```
Path() { path in
    path.move(to: CGPoint(x: 20, y: 20))
    path.addLine(to: CGPoint(x: 300, y: 20))
    path.addLine(to: CGPoint(x: 300, y: 200))
    path.addLine(to: CGPoint(x: 20, y: 200))
}
.fill(.green)
```

你初始化 Path，並在閉包中提供詳細的說明。你可以呼叫 move(to:) 方法移動至一個特定的座標，而要從目前的點畫一條線到特定的點，則呼叫 addLine(to:) 方法。預設上，iOS 使用預設的前景色（即黑色）來填滿路徑，當想要用不同的顏色填滿路徑，則可以使用 .fill 修飾器並設定不同的顏色。

透過使用「App」模板建立一個新專案來測試程式碼，將專案命名為「SwiftUIShape」
（或你喜歡的任何名稱），然後在 body 中輸入上列的程式碼片段，預覽畫布應該會顯示一
個綠色矩形，如圖 8.3 所示。

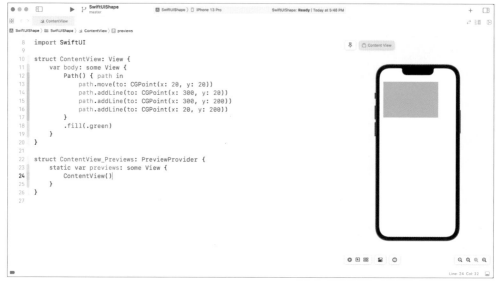

圖 8.3　使用路徑繪製矩形

你不需要用顏色填滿整個區域，如果你只想繪製線條的話，可以使用 .stroke 修飾器，
並指定線條的寬度與顏色，如圖 8.4 所示。

```
    import SwiftUI

    struct ContentView: View {
        var body: some View {
            Path() { path in
                path.move(to: CGPoint(x: 20, y: 20))
                path.addLine(to: CGPoint(x: 300, y: 20))
                path.addLine(to: CGPoint(x: 300, y: 200))
                path.addLine(to: CGPoint(x: 20, y: 200))
            }
            .stroke(.green, lineWidth: 10)
        }
    }

    struct ContentView_Previews: PreviewProvider {
        static var previews: some View {
            ContentView()
        }
    }
```

圖 8.4　使用 Stroke 繪製線條

　　因爲我們沒有指定將線條繪製到原點的步驟，所以它顯示爲一個開放路徑。要封閉路徑的話，你可以在 Path 閉包的結尾處呼叫 closeSubpath() 方法，這會自動將目前的點與原點連接起來。

```
    import SwiftUI

    struct ContentView: View {
        var body: some View {
            Path() { path in
                path.move(to: CGPoint(x: 20, y: 20))
                path.addLine(to: CGPoint(x: 300, y: 20))
                path.addLine(to: CGPoint(x: 300, y: 200))
                path.addLine(to: CGPoint(x: 20, y: 200))
                path.closeSubpath()
            }
            .stroke(.green, lineWidth: 10)
        }
    }

    struct ContentView_Previews: PreviewProvider {
        static var previews: some View {
            ContentView()
        }
    }
```

圖 8.5　使用 closeSubpath() 封閉路徑

8.3　繪製曲線

　　Path 提供了多個內建的 API 來幫助你繪製不同的形狀。你不只能夠畫出直線，還可以使用 addQuadCurve、addCurve 與 addArc 方法來繪製出曲線與圓弧。例如：你想要在矩形頂部繪製出一個圓頂，如圖 8.6 所示。

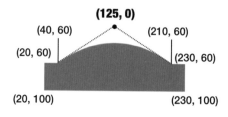

圖 8.6　具有矩形底座的圓頂

　　程式碼可以編寫如下：

```
Path() { path in
    path.move(to: CGPoint(x: 20, y: 60))
    path.addLine(to: CGPoint(x: 40, y: 60))
    path.addQuadCurve(to: CGPoint(x: 210, y: 60), control: CGPoint(x: 125, y: 0))
    path.addLine(to: CGPoint(x: 230, y: 60))
    path.addLine(to: CGPoint(x: 230, y: 100))
    path.addLine(to: CGPoint(x: 20, y: 100))
}
.fill(Color.purple)
```

　　addQuadCurve 方法可以讓你透過定義一個控制點（control point）來繪製曲線。參考圖 8.6，(40, 60) 與 (210, 60) 就是所謂的「錨點」（anchor point），(125, 0) 則是計算建立圓頂形狀的控制點，我不打算在這裡討論有關繪製曲線的數學，你可嘗試更改控制點的值來查看效果。簡單而言，該控制點控制如何繪製曲線。如果將控制點放在更靠近矩形頂部的位置（例如：125, 30），則會繪製出不圓的外觀。

Fill 與 Stroke

　　如果你要畫出形狀的邊框，並同時為形狀填滿顏色，該怎麼做呢？fill 與 stroke 修飾器不能並行使用，你可以使用 ZStack 來達到相同的效果，程式碼如下所示：

```
ZStack {
    Path() { path in
        path.move(to: CGPoint(x: 20, y: 60))
        path.addLine(to: CGPoint(x: 40, y: 60))
```

```
        path.addQuadCurve(to: CGPoint(x: 210, y: 60), control: CGPoint(x: 125, y: 0))
        path.addLine(to: CGPoint(x: 230, y: 60))
        path.addLine(to: CGPoint(x: 230, y: 100))
        path.addLine(to: CGPoint(x: 20, y: 100))
    }
    .fill(Color.purple)

    Path() { path in
        path.move(to: CGPoint(x: 20, y: 60))
        path.addLine(to: CGPoint(x: 40, y: 60))
        path.addQuadCurve(to: CGPoint(x: 210, y: 60), control: CGPoint(x: 125, y: 0))
        path.addLine(to: CGPoint(x: 230, y: 60))
        path.addLine(to: CGPoint(x: 230, y: 100))
        path.addLine(to: CGPoint(x: 20, y: 100))
        path.closeSubpath()
    }
    .stroke(Color.black, lineWidth: 5)
}
```

我們建立兩個具有相同路徑的 Path 物件，並使用 ZStack 將一個 Path 物件疊在另一個
Path 物件之上。下面是使用 fill 填滿紫色的圓頂矩形，並以黑色邊框疊在上面，如圖 8.7
所示。

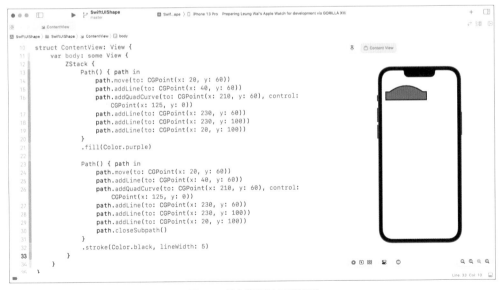

圖 8.7　具有邊框的圓頂矩形

8.5 繪製圓弧與圓餅圖

SwiftUI為開發者提供一個方便的API來繪製圓弧，該API對於組合各種形狀和物件（包含圓餅圖）非常有用。要繪製圓弧，像這樣編寫程式碼：

```
Path { path in
    path.move(to: CGPoint(x: 200, y: 200))
    path.addArc(center: .init(x: 200, y: 200), radius: 150, startAngle: .degrees(0), endAngle: .degrees(90), clockwise: true)
}
.fill(.green)
```

在body中輸入此程式碼，你將在預覽畫布中看到一個填滿綠色的圓弧，如圖8.8所示。

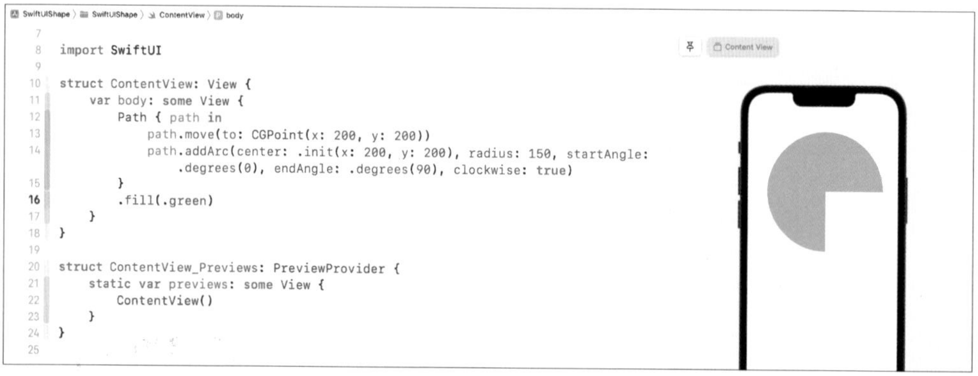

圖 8.8　圓弧範例

在程式碼中，我們先移動到起點(200, 200)，然後呼叫addArc來建立圓弧。addArc方法接受幾個參數：

- **center**：圓的中心點。
- **radius**：用於建立圓弧的圓半徑。
- **startAngle**：圓弧的起點角度。
- **endAngle**：圓弧的終點角度。
- **clockwise**：繪製圓弧的方向。

如果只看「startAngle」與「endAngle」兩個參數名稱，你可能會對其含義有點困惑，圖8.9可讓你更加了解這些參數的工作原理。

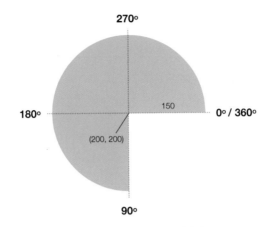

圖 8.9　了解起點角度與終點角度

透過使用 addArc，你可以輕鬆建立不同色扇形的圓餅圖，只需要使用 ZStack 來重疊不同的扇形即可。組成其圖的各個扇形都有不同 startAngle 值與 endAngle 值，以下是範例程式碼：

```
ZStack {
    Path { path in
        path.move(to: CGPoint(x: 187, y: 187))
        path.addArc(center: .init(x: 187, y: 187), radius: 150, startAngle: .degrees(0),
endAngle: .degrees(190), clockwise: true)
    }
    .fill(.yellow)

    Path { path in
        path.move(to: CGPoint(x: 187, y: 187))
        path.addArc(center: .init(x: 187, y: 187), radius: 150, startAngle: .degrees(190),
endAngle: .degrees(110), clockwise: true)
    }
    .fill(.teal)

    Path { path in
        path.move(to: CGPoint(x: 187, y: 187))
        path.addArc(center: .init(x: 187, y: 187), radius: 150, startAngle: .degrees(110),
endAngle: .degrees(90), clockwise: true)
    }
    .fill(.blue)
```

```
Path { path in
    path.move(to: CGPoint(x: 187, y: 187))
    path.addArc(center: .init(x: 187, y: 187), radius: 150, startAngle: .degrees(90),
endAngle: .degrees(360), clockwise: true)
    }
    .fill(.purple)

}
```

這將渲染出一個具有四個扇形的圓餅圖,如果你想要更多的扇形,只需建立具有不同角度值的其他路徑物件。順帶一提,我使用的顏色是來自 iOS 中提供的標準顏色物件。你可以至下列的網址來查看完整的顏色物件集:https://developer.apple.com/documentation/uikit/uicolor/standard_colors。

有時,你可能想從圓餅圖切分出來,來突顯特定的扇形。舉例而言,要以紫色突顯扇形時,你可以應用 offset 修飾器來改變扇形的位置:

```
Path { path in
    path.move(to: CGPoint(x: 187, y: 187))
    path.addArc(center: .init(x: 187, y: 187), radius: 150, startAngle: .degrees(90),
endAngle: .degrees(360), clockwise: true)
}
.fill(.purple)
.offset(x: 20, y: 20)
```

或者,你可以疊加邊框來進一步吸引人們的目光。如果你要在突顯的扇形上加入標籤,則可以疊上 Text 視圖,如下所示:

```
Path { path in
    path.move(to: CGPoint(x: 187, y: 187))
    path.addArc(center: .init(x: 187, y: 187), radius: 150, startAngle: .degrees(90),
endAngle: .degrees(360), clockwise: true)
    path.closeSubpath()
}
.stroke(Color(red: 52/255, green: 52/255, blue: 122/255), lineWidth: 10)
.offset(x: 20, y: 20)
.overlay(
    Text("25%")
        .font(.system(.largeTitle, design: .rounded))
        .bold()
```

```
                .foregroundColor(.white)
                .offset(x: 80, y: -110)
    )
```

該路徑有與紫色扇形相同的起點角度與終點角度，但是它只繪製邊框，並加入文字視圖，以使扇形突出，圖 8.10 顯示了最後的結果。

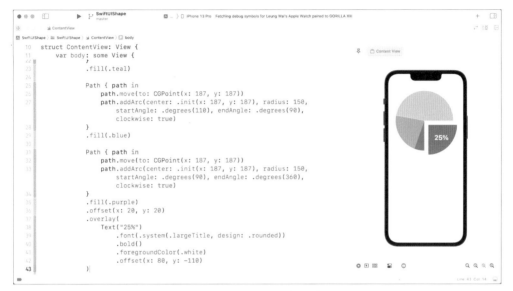

圖 8.10　突出扇形的分裂式圓餅圖

8.6 了解 Shape 協定

在我們深入了解 Shape 協定之前，我們先從一個簡單的作業來開始。根據所學，使用 Path 繪製下列的形狀，如圖 8.11 所示。

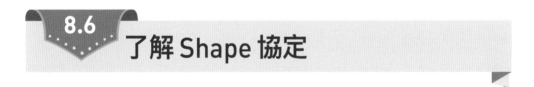

(0, 0)　　　　　　　　　　　　　　　　　(200, 0)

(0, 40)　　　　　　　　　　　　　　　　(200, 40)

圖 8.11　你的作業－使用 Path 來繪製形狀

請先不要看解答，試著自己做看看。

好，要建立一個像這樣的形狀，你可使用 addLine 與 addQuadCurve 來建立 Path：

```
Path() { path in
    path.move(to: CGPoint(x: 0, y: 0))
    path.addQuadCurve(to: CGPoint(x: 200, y: 0), control: CGPoint(x: 100, y: -20))
    path.addLine(to: CGPoint(x: 200, y: 40))
    path.addLine(to: CGPoint(x: 200, y: 40))
    path.addLine(to: CGPoint(x: 0, y: 40))
}
.fill(Color.green)
```

如果你閱讀過 Path 的文件，則可能發現另一個名為「addRect」的函式，該函式可以讓你以特定的寬度與高度來繪製矩形，我們使用它來建立相同的形狀：

```
Path() { path in
    path.move(to: CGPoint(x: 0, y: 0))
    path.addQuadCurve(to: CGPoint(x: 200, y: 0), control: CGPoint(x: 100, y: -20))
    path.addRect(CGRect(x: 0, y: 0, width: 200, height: 40))
}
.fill(Color.green)
```

我們來討論一下 Shape 協定，這個協定非常簡單，只有一個要求，當你使用它時，你必須實作下列函式：

```
func path(in rect: CGRect) -> Path
```

那麼，我們何時需要使用 Shape 協定呢？要回答這個問題，我們先假設你要建立一個圓頂形狀、但大小彈性的按鈕，是否可以重新使用你剛才建立的 Path 呢？

再看一下上列的程式碼，你以絕對座標與尺寸來建立一個路徑。為了建立相同但大小可變的形狀，則可以建立一個結構來採用 Shape 協定，並實作 path(in:) 函式。當 path(in:) 函式被框架呼叫時，你將獲得 rect 的大小，然後可在 rect 中繪製路徑。

在下面這段程式碼中，我們使用 path(in:) 函式來建立圓頂形狀：

```
struct Dome: Shape {
    func path(in rect: CGRect) -> Path {
        var path = Path()

        path.move(to: CGPoint(x: 0, y: 0))
        path.addQuadCurve(to: CGPoint(x: rect.size.width, y: 0), control: CGPoint(x: rect.size.
```

```
width/2, y: -(rect.size.width * 0.1)))
        path.addRect(CGRect(x: 0, y: 0, width: rect.size.width, height: rect.size.height))


        return path
    }
}
```

使用該協定後，我們獲得用於繪製路徑的矩形區城，我們從 rect 可以取得矩形區域的寬度與高度來計算控制點，並繪製矩形底座。

使用動態形狀，你可以建立各種 SwiftUI 控制元件。例如：你可以建立一個圓頂形狀的按鈕，如下所示：

```
Button(action: {
    // 執行動作
}) {
    Text("Test")
        .font(.system(.title, design: .rounded))
        .bold()
        .foregroundColor(.white)
        .frame(width: 250, height: 50)
        .background(Dome().fill(Color.red))
}
```

我們應用圓頂形狀作為按鈕的背景，其寬度與高度是基於指定的框架大小。

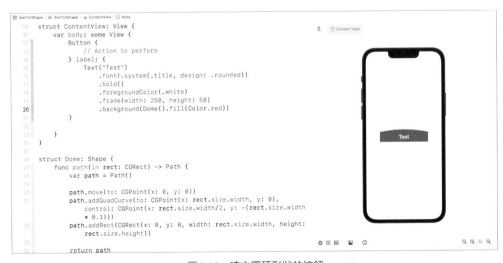

圖 8.12　建立圓頂形狀的按鈕

使用內建形狀

在前面，我們使用 Shape 協定建立一個自訂形狀。而 SwiftUI 其實有幾種內建形狀，如圓形（Circle）、矩形（Rectangle）、圓角矩形（RoundedRectangle）與橢圓（Ellipse）等，如果你不需要花俏的東西，這些形狀足以讓你建立一些常見的物件了。

圖 8.13　「停止」按鈕

舉例而言，你要建立一個如圖 8.13 所示的「停止」按鈕，此按鈕是由一個圓角矩形與一個圓形所組成，你可以編寫程式碼如下：

```
Circle()
    .foregroundColor(.green)
    .frame(width: 200, height: 200)
    .overlay(
        RoundedRectangle(cornerRadius: 5)
            .frame(width: 80, height: 80)
            .foregroundColor(.white)
    )
```

這裡我們初始化一個 Circle 視圖，然後將一個 RoundedRectangle 視圖疊在上面。

混搭形狀建立進度指示器

透過內建形狀的混搭，你可以為你的 App 建立各種類型的向量式 UI 控制元件。我再舉另一個例子，圖 8.14 顯示一個使用 Circle 建立的進度指示器。

圖 8.14　進度指示器

這個進度指示器其實是由兩個圓形所組成，下方是一個灰色圓環，而在灰色圓環的上方是一個指示完成進度的開口圓環。在你的專案中，像這樣在 ContentView 中編寫程式碼：

```
struct ContentView: View {

    private var purpleGradient = LinearGradient(gradient: Gradient(colors: [ Color(red:
207/255, green: 150/255, blue: 207/255), Color(red: 107/255, green: 116/255, blue: 179/255) ]),
startPoint: .trailing, endPoint: .leading)

    var body: some View {

        ZStack {
            Circle()
                .stroke(Color(.systemGray6), lineWidth: 20)
                .frame(width: 300, height: 300)

        }
    }
}
```

我們使用 stroke 修飾器來繪製灰色圓環的輪廓，若是你喜歡較粗（或較細）的線條，則可以調整 lineWidth 參數的值。而 purpleGradient 屬性定義了紫色漸層，我們稍後在繪製開口圓環時會使用它。

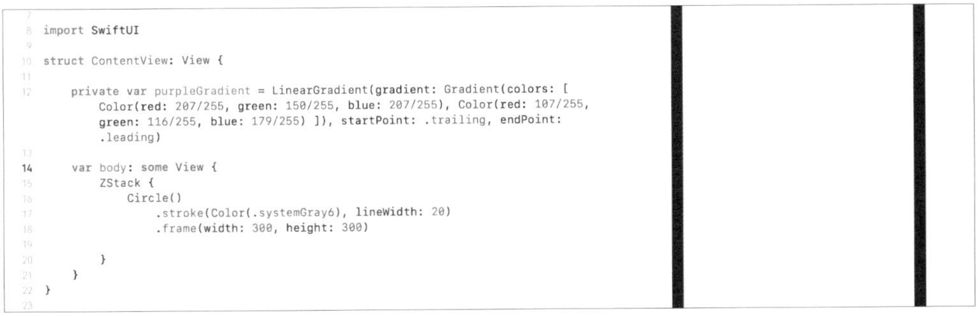

```
7
8  import SwiftUI
9
10 struct ContentView: View {
11
12     private var purpleGradient = LinearGradient(gradient: Gradient(colors: [
           Color(red: 207/255, green: 150/255, blue: 207/255), Color(red: 107/255,
           green: 116/255, blue: 179/255) ]), startPoint: .trailing, endPoint:
           .leading)
13
14     var body: some View {
15         ZStack {
16             Circle()
17                 .stroke(Color(.systemGray6), lineWidth: 20)
18                 .frame(width: 300, height: 300)
19
20         }
21     }
22 }
23
```

圖 8.15　繪製灰色圓環

現在，在 ZStack 中插入下列的程式碼，以建立開口圓環：

```
Circle()
    .trim(from: 0, to: 0.85)
    .stroke(purpleGradient, lineWidth: 20)
```

```
        .frame(width: 300, height: 300)
        .overlay {
            VStack {
                Text("85%")
                    .font(.system(size: 80, weight: .bold, design: .rounded))
                    .foregroundColor(.gray)
                Text("Complete")
                    .font(.system(.body, design: .rounded))
                    .bold()
                    .foregroundColor(.gray)
            }
        }
```

　要建立一個開口圓環，則加入 trim 修飾器，你可指定 from 值與 to 值，以指示要顯示圓環的哪一個部分。在這個範例中，我們想要顯示 85% 的進度，所以設定 from 的值為「0」、to 的值為「0.85」。

　為了顯示完成百分比（completion percentage），我們將一個文字視圖疊在圓環的中間，如圖 8.16 所示。

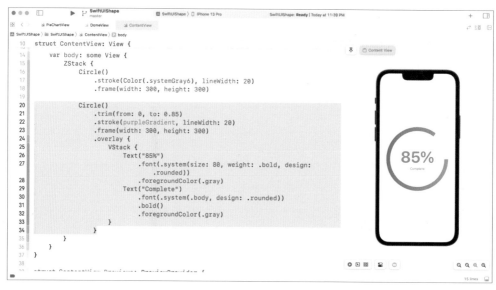

圖 8.16　繪製進度視圖

8.9 繪製環圈圖

最後要示範的是環圈圖，如果你完全了解 trim 修飾器的用法，那麼你可能已經知道我們將如何實作環圈圖，透過調整 trim 修飾器的值，我們可以將圓環切分成多段。

這就是我們用來建立環圈圖的技巧，程式碼如下所示：

```
ZStack {
    Circle()
        .trim(from: 0, to: 0.4)
        .stroke(Color(.systemBlue), lineWidth: 80)

    Circle()
        .trim(from: 0.4, to: 0.6)
        .stroke(Color(.systemTeal), lineWidth: 80)

    Circle()
        .trim(from: 0.6, to: 0.75)
        .stroke(Color(.systemPurple), lineWidth: 80)

    Circle()
        .trim(from: 0.75, to: 1)
        .stroke(Color(.systemYellow), lineWidth: 90)
        .overlay(
            Text("25%")
                .font(.system(.title, design: .rounded))
                .bold()
                .foregroundColor(.white)
                .offset(x: 80, y: -100)
        )
}
.frame(width: 250, height: 250)
```

第一段圓弧表示圓環的 40%，第二段圓弧表示圓環的 20%，不過請注意 from 值是「0.4」，而不是「0」，這可以讓第二段圓弧從第一段圓弧的終點開始。

對於最後一個圓弧，我故意把線寬設得大一點，以使該段圓弧突出，如圖 8.17 所示。如果你不喜歡這樣的設計，則可以將 linewidth 值由「90」改為「80」。

```
10    struct ContentView: View {
11        var body: some View {
12            ZStack {
13                Circle()
14                    .trim(from: 0, to: 0.4)
15                    .stroke(Color(.systemBlue), lineWidth: 80)
16
17                Circle()
18                    .trim(from: 0.4, to: 0.6)
19                    .stroke(Color(.systemTeal), lineWidth: 80)
20
21                Circle()
22                    .trim(from: 0.6, to: 0.75)
23                    .stroke(Color(.systemPurple), lineWidth: 80)
24
25                Circle()
26                    .trim(from: 0.75, to: 1)
27                    .stroke(Color(.systemYellow), lineWidth: 90)
28                    .overlay(
29                        Text("25%")
30                            .font(.system(.title, design: .rounded))
31                            .bold()
32                            .foregroundColor(.white)
33                            .offset(x: 80, y: -100)
34                    )
35            }
36            .frame(width: 250, height: 250)
```

圖 8.17　繪製環圈圖

8.10 本章小結

　　我希望你喜歡本章內容，並編寫範例專案的程式碼。使用框架所提供的繪圖 API，你可以輕鬆為你的 App 建立自訂形狀。Path 與 Shape 的運用還有很多，我在本章中只介紹其中的一些技巧，請試著應用你所學的知識，並進一步探索這些強大的 API，它們太神奇了！

　　在本章所準備的範例檔中，有完整的形狀專案可以下載：

● 範例專案：https://www.appcoda.com/resources/swiftui4/SwiftUIShape.zip。

09

基礎動畫與轉場

你曾在 Keynote 使用過瞬間移動動畫（magic move animation）嗎？藉由瞬間移動效果，你可以輕鬆建立投影片之間的平滑動畫（slick animation）。Keynote 會自動分析兩張投影片之間的物件，並自動渲染動畫。對我來說，SwiftUI 將瞬間移動動畫帶入 App 開發中，使用該框架的動畫是自動且神奇的。當你定義一個視圖的兩個狀態，SwiftUI 會找出其餘的狀態，接著以動畫呈現兩個狀態之間的變化。

SwiftUI 使你能夠爲單個視圖以及視圖之間的轉場設定動畫。SwiftUI 框架具有許多的內建動畫，可建立不同的效果。

在本章中，你將學習如何使用 SwiftUI 提供的隱式及顯式動畫來爲視圖設定動畫。如往常一樣，我們會以一些範例專案來逐步學習這些程式設計的技術。

9.1 隱式動畫與顯式動畫

SwiftUI 提供兩種動畫類型：隱式（implicit）與顯式（explicit），這兩種方式都可讓你爲視圖及視圖轉場設定動畫。爲了實作隱式動畫，SwiftUI 框架提供一個名爲「animation」的修飾器，你把這個修飾器加到要設定動畫的視圖上，並指定喜歡的動畫類型，或者你可以定義動畫的持續時間與延遲時間，SwiftUI 會根據視圖的狀態變化來自動渲染動畫。

顯式動畫提供了更細微的控制來控制你要顯示的動畫，你無須將修飾器加到視圖，而是在 withAnimation() 區塊中告訴 SwiftUI 你要動畫化哪些狀態變化。

仍是覺得有些困惑嗎？沒有關係，藉由幾個範例說明，你就會更有概念了。

9.1.1 隱式動畫

我們從隱式動畫來開始介紹。建立一個新專案，並將其命名爲「SwiftUIAnimation」（或是你喜歡的任何名稱），而 Interface 選項要選擇「SwiftUI」。

我們來看圖 9.1，這是一個簡單的可點擊視圖，由紅色圓形與心形所組成。當使用者點擊心形或圓形時，圓形的顏色會變成淡灰色，而心形會變成紅色，且心形圖示的大小會變大，以下是其狀態變化：

- 圓形的顏色會從紅色變成淡灰色。
- 心形圖示的顏色會從白色變成紅色。

● 心形圖示會比原來的大小大兩倍。

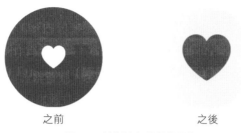

之前   之後

圖 9.1 繪製按鈕的狀態變化

要使用 SwiftUI 來實作可點擊的圓形，則將程式碼加入至 ContentView.swift：

```swift
struct ContentView: View {
    @State private var circleColorChanged = false
    @State private var heartColorChanged = false
    @State private var heartSizeChanged = false

    var body: some View {

        ZStack {
            Circle()
                .frame(width: 200, height: 200)
                .foregroundColor(circleColorChanged ? Color(.systemGray5) : .red)

            Image(systemName: "heart.fill")
                .foregroundColor(heartColorChanged ? .red : .white)
                .font(.system(size: 100))
                .scaleEffect(heartSizeChanged ? 1.0 : 0.5)
        }
        .onTapGesture {
            circleColorChanged.toggle()
            heartColorChanged.toggle()
            heartSizeChanged.toggle()
        }

    }
}
```

我們定義了三個狀態變數來製作圓形顏色、心形顏色與心形大小的狀態，初始值皆設定為「false」。為了建立圓形與心形，我們使用 ZStack 來將心形圖片疊在圓形之上，如圖

9.2 所示。SwiftUI 有個 onTapGesture 修飾器，可以偵測點擊手勢，你可以將它加在任何視圖，以使其可點擊。在 onTapGesture 閉包中，我們切換狀態，以改變視圖的外觀。

```
10   struct ContentView: View {
11       @State private var circleColorChanged = false
12       @State private var heartColorChanged = false
13       @State private var heartSizeChanged = false
14
15       var body: some View {
16
17           ZStack {
18               Circle()
19                   .frame(width: 200, height: 200)
20                   .foregroundColor(circleColorChanged ? Color(.systemGray5) : .red)
21
22               Image(systemName: "heart.fill")
23                   .foregroundColor(heartColorChanged ? .red : .white)
24                   .font(.system(size: 100))
25                   .scaleEffect(heartSizeChanged ? 1.0 : 0.5)
26           }
27           .onTapGesture {
28               circleColorChanged.toggle()
29               heartColorChanged.toggle()
30               heartSizeChanged.toggle()
31           }
32
33       }
34   }
```

圖 9.2　實作圓形與心形視圖

在預覽畫布中，點擊心形視圖，圓形及心形圖示的顏色會相應改變，但是這些變化不是動態的。

要讓這些變化顯示動畫效果，你需要將 animation 修飾器加到 Circle 與 Image 視圖：

```
Circle()
    .frame(width: 200, height: 200)
    .foregroundColor(circleColorChanged ? Color(.systemGray5) : .red)
    .animation(.default, value: circleColorChanged)

Image(systemName: "heart.fill")
    .foregroundColor(heartColorChanged ? .red : .white)
    .font(.system(size: 100))
    .scaleEffect(heartSizeChanged ? 1.0 : 0.5)
    .animation(.default, value: heartSizeChanged)
```

SwiftUI 監聽你在 animation 修飾器中指定的值的變化。當值有了改變，它會計算與渲染動畫，使視圖可以從一個狀態流暢轉換到另一個狀態。再次點擊心形，你會看到一個平滑動畫。

你不僅可以將 animation 修飾器應用到單一視圖中，還可應用於一組視圖。舉例而言，你可以像這樣將 animation 修飾器加到 ZStack，來重寫上列的程式碼：

```
ZStack {
    Circle()
        .frame(width: 200, height: 200)
        .foregroundColor(circleColorChanged ? Color(.systemGray5) : .red)

    Image(systemName: "heart.fill")
        .foregroundColor(heartColorChanged ? .red : .white)
        .font(.system(size: 100))
        .scaleEffect(heartSizeChanged ? 1.0 : 0.5)
}
.animation(.default, value: circleColorChanged)
.animation(.default, value: heartSizeChanged)
.onTapGesture {
    self.circleColorChanged.toggle()
    self.heartColorChanged.toggle()
    self.heartSizeChanged.toggle()
}
```

它的運作是完全相同的，SwiftUI 尋找嵌入在 ZStack 中所有的狀態變化，並建立動畫。

在範例中，我們使用預設動畫，SwiftUI 提供許多內建動畫供你選擇，包括 linear、easeIn、easeOut、easeInOut 與 spring。「線性動畫」（linear animation）是以線性速度來呈現變化，而其他「緩動動畫」（easing animation）則是有各種速度，詳細內容可以參考 www.easings.net 來了解每個 ease 函式的差異。

要使用其他的動畫，你只需要在 animation 修飾器中設定特定的動畫即可。例如：你想要使用 spring 動畫，則可以將 .default 更改如下：

```
.animation(.spring(response: 0.3, dampingFraction: 0.3, blendDuration: 0.3), value:
circleColorChanged)
```

這會渲染一個基於彈簧特性的動畫，使得心形產生心跳的效果，你可以調整阻尼（damping）值與混合（blend）值來達到不同的效果。

9.1.2　顯式動畫

以上是使用隱式動畫為視圖設定動畫的方式，我們來看看如何使用顯式動畫來達到相同的結果。如前所述，你需要將狀態變化包裹在 withAnimation 區塊內。要建立相同的動畫效果，你可編寫下列程式碼：

```
ZStack {
    Circle()
        .frame(width: 200, height: 200)
        .foregroundColor(circleColorChanged ? Color(.systemGray5) : .red)

    Image(systemName: "heart.fill")
        .foregroundColor(heartColorChanged ? .red : .white)
        .font(.system(size: 100))
        .scaleEffect(heartSizeChanged ? 1.0 : 0.5)
}
.onTapGesture {
    withAnimation(.default) {
        self.circleColorChanged.toggle()
        self.heartColorChanged.toggle()
        self.heartSizeChanged.toggle()
    }
}
```

我們不再使用 animation 修飾器，而是使用 withAnimation 將程式碼包裹在 onTapGesture 中。withAnimation 呼叫帶入一個動畫參數，這裡我們指定使用預設動畫。

當然，你可以像這樣更新 withAnimation，將其變更爲彈簧動畫：

```
withAnimation(.spring(response: 0.3, dampingFraction: 0.3, blendDuration: 0.3)) {
    self.circleColorChanged.toggle()
    self.heartColorChanged.toggle()
    self.heartSizeChanged.toggle()
}
```

使用顯式動畫，你可以輕鬆控制要動畫化的狀態。舉例而言，如果你不想爲心形圖示的大小變化進行動畫處理，則可以從 withAnimation 中排除該行程式碼：

```
.onTapGesture {
    withAnimation(.spring(response: 0.3, dampingFraction: 0.3, blendDuration: 0.3)) {
        self.circleColorChanged.toggle()
        self.heartColorChanged.toggle()
    }

    self.heartSizeChanged.toggle()
}
```

在本範例中，SwiftUI 只對圓形與心形的顏色變化設定動畫，你不會再看到心形圖示的變大動畫效果。

你可能想知道我們是否可以使用隱式動畫來禁用縮放動畫呢？可以的，你可以對 .animation 修飾器重新排序，以防止 SwiftUI 對某些狀態變化進行動畫處理。下列是實作相同效果的程式碼：

```
ZStack {
    Circle()
        .frame(width: 200, height: 200)
        .foregroundColor(circleColorChanged ? Color(.systemGray5) : .red)
        .animation(.spring(response: 0.3, dampingFraction: 0.3, blendDuration: 0.3), value:
circleColorChanged)

    Image(systemName: "heart.fill")
        .foregroundColor(heartColorChanged ? .red : .white)
        .font(.system(size: 100))
        .animation(.spring(response: 0.3, dampingFraction: 0.3, blendDuration: 0.3), value:
heartColorChanged)
        .scaleEffect(heartSizeChanged ? 1.0 : 0.5)
}
.onTapGesture {
    self.circleColorChanged.toggle()
    self.heartColorChanged.toggle()
    self.heartSizeChanged.toggle()
}
```

對於 Image 視圖，我們將 animation 修飾器放在 scaleEffect 之前，這將取消動畫，scaleEffect 修飾器的狀態變化不會被動畫化。

雖然你可以使用隱式動畫建立相同的動畫，但我認為在這種情況下，使用顯式動畫會更加方便。

9.2 使用 RotationEffect 建立下載指示器

SwiftUI動畫的強大之處在於，你不需要關心如何對視圖設定動畫，你只需要提供起始與結束狀態，接著 SwiftUI 會找出其餘的狀態。善用這個觀念，你可以建立各種類型的動畫。

圖 9.3 下載指示器範例

舉例而言，我們來建立一個簡單的下載指示器，你通常可以在一些真實的 App（如 Medium）中找到它。要建立一個如圖 9.3 所示的下載指示器，我們從開放式圓環（open ended circle）來開始，如下所示：

```
Circle()
    .trim(from: 0, to: 0.7)
    .stroke(Color.green, lineWidth: 5)
    .frame(width: 100, height: 100)
```

我們該如何旋轉圓環呢？我們可以使用 rotationEffect 與 animation 修飾器，訣竅是使圓環 360 度旋轉，程式碼如下：

```
struct ContentView: View {
    @State private var isLoading = false

    var body: some View {
        Circle()
            .trim(from: 0, to: 0.7)
            .stroke(Color.green, lineWidth: 5)
            .frame(width: 100, height: 100)
            .rotationEffect(Angle(degrees: isLoading ? 360 : 0))
            .animation(.default.repeatForever(autoreverses: false), value: isLoading)
            .onAppear() {
                isLoading = true
```

```
            }
        }
    }
```

rotationEffect 修飾器帶入旋轉角度（360度），在上列的程式碼中，我們有一個狀態變數來控制下載狀態，當它設定爲「true」時，旋轉角度會設定爲 360 度來旋轉圓環。在 animation 修飾器中，我們指定使用 .default 動畫，不過還是有些不同，我們告訴 SwiftUI 要一次又一次重複相同的動畫，這就是建立下載動畫的訣竅。

 提示

如果你在預覽畫布中看不到動畫，則在模擬器中執行 App。

如果你想要更改動畫的速度，則可以使用線性動畫，並指定持續時間，如下所示：

```
.animation(.linear(duration: 5).repeatForever(autoreverses: false), value: isLoading)
```

持續時間越久，則動畫（旋轉）越慢。

onAppear 修飾器對你而言可能比較陌生，如果你對 UIKit 有一些了解的話，這個修飾器和 viewDidAppear 非常相似，當視圖出現在畫面上時會自動呼叫。在程式碼中，我們將下載狀態更改爲「true」，以在視圖載入時啓動動畫。

當你掌握此技術，就可以調整設計，並開發各種版本的下載指示器。舉例而言，你可以將圓弧疊在圓環上，以建立精美的下載指示器，如圖 9.4 所示。

圖 9.4　下載指示器範例

```
struct ContentView: View {

    @State private var isLoading = false

    var body: some View {
        ZStack {

            Circle()
```

```
            .stroke(Color(.systemGray5), lineWidth: 14)
            .frame(width: 100, height: 100)

        Circle()
            .trim(from: 0, to: 0.2)
            .stroke(Color.green, lineWidth: 7)
            .frame(width: 100, height: 100)
            .rotationEffect(Angle(degrees: isLoading ? 360 : 0))
            .animation(.linear(duration: 1).repeatForever(autoreverses: false), value:
isLoading)
            .onAppear() {
                self.isLoading = true
            }
        }
    }
}
```

下載指示器不需要為圓形，你還可以使用 Rectangle 或 RoundedRectangle 來建立指示器。你無須更改旋轉角度，而是修改偏移量值（offset value）來建立如圖 9.5 所示的動畫。

Loading

圖 9.5　下載指示器的另一個範例

為了建立動畫，我們將兩個圓角矩形重疊在一起。上面的矩形比下面的矩形短得多，當開始載入時，我們將偏移量值從「-110」更新為「110」。

```
struct ContentView: View {

    @State private var isLoading = false

    var body: some View {
        ZStack {

            Text("Loading")
                .font(.system(.body, design: .rounded))
                .bold()
                .offset(x: 0, y: -25)

            RoundedRectangle(cornerRadius: 3)
                .stroke(Color(.systemGray5), lineWidth: 3)
                .frame(width: 250, height: 3)
```

```
RoundedRectangle(cornerRadius: 3)
    .stroke(Color.green, lineWidth: 3)
    .frame(width: 30, height: 3)
    .offset(x: isLoading ? 110 : -110, y: 0)
    .animation(.linear(duration: 1).repeatForever(autoreverses: false), value:
isLoading)
        }
        .onAppear() {
            self.isLoading = true
        }
    }
}
```

這會讓綠色矩形沿著線條移動，當你一次又一次重複相同的動畫時，它就變成一個載入動畫，圖 9.6 說明了偏移量值。

圖 9.6　下載指示器的另一個範例

9.3 建立進度指示器

下載指示器向使用者提供 App 正在處理某些事情的回饋，但是它並沒有顯示實際的進度，如果你需要為使用者提供有關任務進度的更多資訊，則可能需要建立一個如圖 9.7 所示的進度指示器。

0%

圖 9.7　進度指示器

建立進度指示器的方式與下載指示器非常相似，但是你需要使用狀態變數來追蹤進度。以下是建立進度指示器的程式碼片段：

```
struct ContentView: View {
    @State private var progress: CGFloat = 0.0

    var body: some View {

        ZStack {
            Text("\(Int(progress * 100))%")
                .font(.system(.title, design: .rounded))
                .bold()

            Circle()
                .stroke(Color(.systemGray5), lineWidth: 10)
                .frame(width: 150, height: 150)

            Circle()
                .trim(from: 0, to: progress)
                .stroke(Color.green, lineWidth: 10)
                .frame(width: 150, height: 150)
                .rotationEffect(Angle(degrees: -90))
        }
        .onAppear() {
            Timer.scheduledTimer(withTimeInterval: 0.5, repeats: true) { timer in
                self.progress += 0.05
                print(self.progress)
                if self.progress >= 1.0 {
                    timer.invalidate()
                }
            }
        }
    }
}
```

這裡的狀態變數不是使用布林值，而是使用浮點數來儲存狀態。為了顯示進度，我們以進度值來設定 trim 修飾器。在真實的 App 中，你可以更新 progress 的值來顯示操作的實際進度。為了示範，我們只啟用一個計時器，其每半秒更新一次。

9.4 延遲動畫

SwiftUI 框架不只讓你可以控制動畫的持續時間，還可以透過 delay 函式來延遲動畫，如下所示：

```
Animation.default.delay(1.0)
```

這會將動畫延遲 1 秒後開始。delay 函式也適用於其他動畫。

透過混合搭配持續時間值與延遲時間值，你可以實作出一些有趣的動畫，如圖 9.8 所示的圓點下載指示器。

● ● ● ·

圖 9.8　圓點下載指示器

這個指示器由五個點組成，每個點皆有放大及縮小的動畫，不過各有不同的延遲時間。下面來看程式碼如何實作：

```
struct ContentView: View {
    @State private var isLoading = false

    var body: some View {
        HStack {
            ForEach(0...4, id: \.self) { index in
                Circle()
                    .frame(width: 10, height: 10)
                    .foregroundColor(.green)
                    .scaleEffect(self.isLoading ? 0 : 1)
                    .animation(.linear(duration: 0.6).repeatForever().delay(0.2 * Double(index)),
value: isLoading)
            }
        }
        .onAppear() {
            self.isLoading = true
        }
    }
}
```

我們先使用 HStack 來水平佈局這些圓形，由於這五個圓形（點）皆有相同的大小與顏色，因此我們使用 ForEach 來建立這些圓形。scaleEffect 修飾器是用來縮放圓形的大小，預設設定爲「1」，這是它的原始大小，而當開始載入時，該值會更新爲「0」，這將使此點最小化。

用於渲染動畫的程式碼看起來有些複雜，我們來分拆它並逐步研究：

```
.animation(.linear(duration: 0.6).repeatForever().delay(0.2 * Double(index)), value:
isLoading)
```

第一個部分建立一個持續時間爲 0.6 秒的線性動畫，該動畫會重複執行，因此我們呼叫 repeatForever 函式。

如果你沒有呼叫 delay 函式來執行這個動畫，則所有的點會同時縮放，但是這並不是我們想要的結果，每個點應獨立調整大小，而不是全部同時放大 / 縮小，這也是爲何我們呼叫 delay 函式的原因，並對每個點使用不同的延遲時間值（依照點在列中的順序）。

你可以更改持續時間值與延遲時間值來調整動畫。

9.5 將矩形變形爲圓形

有時，你可能需要將一個形狀（例如：矩形）流暢地變形爲另一個形狀（例如：圓形）。使用內建的形狀與動畫，你可以輕鬆建立如圖 9.9 所示的變形。

圖 9.9　將矩形變形爲圓形

將矩形變形爲圓形的技巧是使用 RoundedRectangle 形狀，並爲圓角半徑的變化設定動畫。假設矩形的寬度與高度相同，當圓角半徑設定爲寬度的一半時，它會變爲圓形。以下是變形按鈕的實作：

```
struct ContentView: View {
    @State private var recordBegin = false
    @State private var recording = false
```

```
var body: some View {
    ZStack {

        RoundedRectangle(cornerRadius: recordBegin ? 30 : 5)
            .frame(width: recordBegin ? 60 : 250, height: 60)
            .foregroundColor(recordBegin ? .red : .green)
            .overlay(
                Image(systemName: "mic.fill")
                    .font(.system(.title))
                    .foregroundColor(.white)
                    .scaleEffect(recording ? 0.7 : 1)
            )

        RoundedRectangle(cornerRadius: recordBegin ? 35 : 10)
            .trim(from: 0, to: recordBegin ? 0.0001 : 1)
            .stroke(lineWidth: 5)
            .frame(width: recordBegin ? 70 : 260, height: 70)
            .foregroundColor(.green)

    }
    .onTapGesture {
        withAnimation(Animation.spring()) {
            self.recordBegin.toggle()
        }

        withAnimation(Animation.spring().repeatForever().delay(0.5)) {
            self.recording.toggle()
        }
    }
}
```

　　我們這裡有兩個狀態變數：「recordBegin」與「recording」，用來控制兩個獨立的動畫。第一個變數控制按鈕的變形，如前所述，我們使用圓角半徑來實現這個變形。矩形的寬度原先是設定為「250點」，當使用者點擊矩形來觸發變形時，這個框架的寬度會變為「60點」。隨著改變，圓角半徑變成「30點」，也就是寬度的一半。

　　這就是我們如何將矩形變形為圓形的方法，SwiftUI 會自動渲染此變形的動畫。

　　recording 狀態變數處理麥克風圖片的縮放。當它為錄音狀態時，我們將縮放比例從「1」更改為「0.7」，藉由重複執行相同的動畫，即可建立脈衝動畫（pulsing animation）。

9.6 了解轉場

到目前為止，我們已經討論了對視圖層次（view hierarchy）中已存在的視圖設定動畫。我們建立動畫來放大和縮小視圖。

SwiftUI 讓開發者不只做出前述的動畫，你可以定義如何從視圖層次中插入或移除視圖，而在 SwiftUI 中，這就是所謂的「轉場」（transition）。框架預設是使用淡入（fade in）與淡出（fade out）轉場，不過它內建了幾個現成的轉場效果，如滑動（slide）、移動（move）、不透明度（opacity）等。當然，你可以開發自己的轉場效果，也可以簡單混合搭配各種類型的轉場，來建立所需的轉場效果。

Show details

圖 9.10 使用 SwiftUI 建立的轉場範例

9.6.1 建立簡單的轉場

我們來看一個簡單的範例，以更加了解轉場是什麼以及動畫如何運作。建立一個名為「SwiftUITransition」的新專案，並更新 ContentView 如下：

```
struct ContentView: View {

    var body: some View {
        VStack {
            RoundedRectangle(cornerRadius: 10)
                .frame(width: 300, height: 300)
                .foregroundColor(.green)
                .overlay(
                    Text("Show details")
                        .font(.system(.largeTitle, design: .rounded))
                        .bold()
                        .foregroundColor(.white)

                )

            RoundedRectangle(cornerRadius: 10)
                .frame(width: 300, height: 300)
                .foregroundColor(.purple)
                .overlay(
                    Text("Well, here is the details")
                        .font(.system(.largeTitle, design: .rounded))
                        .bold()
                        .foregroundColor(.white)

                )
        }
    }
}
```

在上列的程式碼中，我們使用 VStack 垂直佈局兩個矩形。首先，應要隱藏紫色矩形，只有當使用者點擊綠色矩形（也就是 Show details）時才會顯示，而為了顯示紫色矩形，我們需要讓綠色矩形可以點擊。

```
📄 SwiftUIAnimation ⟩ 📁 SwiftUIAnimation ⟩ 🖿 ContentView ⟩ No Selection
10    struct ContentView: View {
11        var body: some View {                                          📌  🖵 Content View
12            VStack {
13                RoundedRectangle(cornerRadius: 10)
14                    .frame(width: 300, height: 300)
15                    .foregroundColor(.green)
16                    .overlay(
17                        Text("Show details")
18                            .font(.system(.largeTitle, design: .rounded))
19                            .bold()
20                            .foregroundColor(.white)
21
22
23                    )
24
25                RoundedRectangle(cornerRadius: 10)
26                    .frame(width: 300, height: 300)
27                    .foregroundColor(.purple)
28                    .overlay(
29                        Text("Well, here is the details")
30                            .font(.system(.largeTitle, design: .rounded))
31                            .bold()
32                            .foregroundColor(.white)
33                    )
34                }
35            }
36    }
```

圖 9.11　垂直佈局兩個矩形

　　爲此，我們需要宣告一個狀態變數來確定是否顯示紫色矩形。將下列這行程式碼插入
ContentView 中：

```
@State private var show = false
```

　　接下來，爲了隱藏紫色矩形，我們將紫色矩形包裹在 if 語句中，如下所示：

```
if show {
    RoundedRectangle(cornerRadius: 10)
        .frame(width: 300, height: 300)
        .foregroundColor(.purple)
        .overlay(
            Text("Well, here is the details")
                .font(.system(.largeTitle, design: .rounded))
                .bold()
                .foregroundColor(.white)
        )
}
```

　　對於 VStack，我們加入 onTapGesture 函式來偵測點擊，並爲狀態變化建立動畫。請注
意，該轉場效果與動畫要有關聯，否則它無法自行運作。

```
.onTapGesture {
    withAnimation(.spring()) {
        self.show.toggle()
    }
}
```

當使用者點擊堆疊時，我們就會切換爲 show 變數來顯示紫色矩形。如果你在模擬器或預覽畫布中執行這個 App，則應該只會看到綠色矩形，如圖 9.12 所示。點擊它會顯示帶有流暢的淡入 / 淡出轉場的紫色矩形。

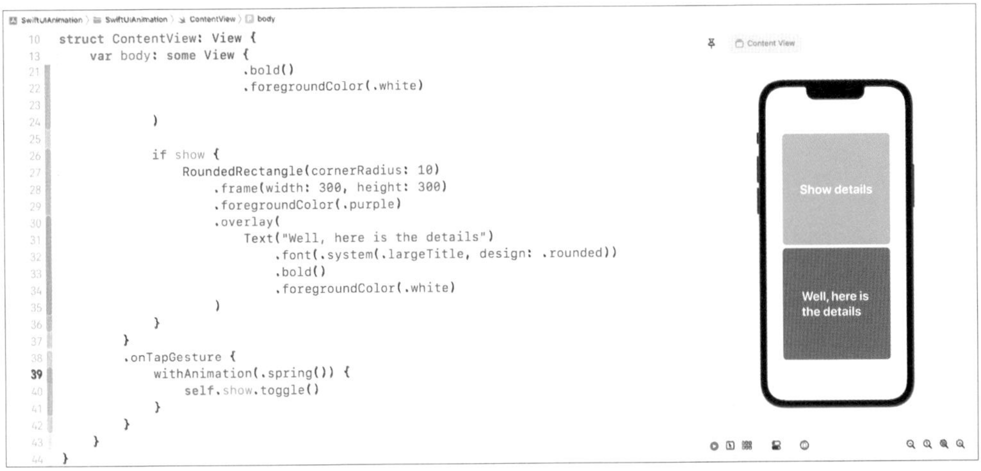

圖 9.12　淡入淡出轉場

如前所述，如果你沒有指定想使用的轉場效果，SwiftUI 會渲染淡入淡出轉場。要使用其他的轉場效果，則在紫色矩形中加入 transition 修飾器，如下所示：

```
if show {
    RoundedRectangle(cornerRadius: 10)
        .frame(width: 300, height: 300)
        .foregroundColor(.purple)
        .overlay(
            Text("Well, here is the details")
                .font(.system(.largeTitle, design: .rounded))
                .bold()
                .foregroundColor(.white)
        )
        .transition(.scale(scale: 0, anchor: .bottom))
}
```

transition 修飾器接受 AnyTransition 型別的參數。這裡我們使用 scale 轉場，並將錨點（anchor）設定爲「.bottom」，這就是你修改轉場效果所需要做的全部事情。在模擬器中執行 App，當 App 顯示紫色矩形時，你應該會看到彈出動畫。我建議使用內建的模擬器來測試動畫，而不是在預覽中執行 App，因爲預覽畫布可能無法正確渲染轉場。

```
10    struct ContentView: View {
13        var body: some View {
21                            .bold()
22                            .foregroundColor(.white)
23
24                )
25
26            if show {
27                RoundedRectangle(cornerRadius: 10)
28                    .frame(width: 300, height: 300)
29                    .foregroundColor(.purple)
30                    .overlay(
31                        Text("Well, here is the details")
32                            .font(.system(.largeTitle, design: .rounded))
33                            .bold()
34                            .foregroundColor(.white)
35                    )
36                    .transition(.scale(scale: 0, anchor: .bottom))
37            }
38        }
39        .onTapGesture {
40            withAnimation(.spring()) {
41                self.show.toggle()
42            }
43        }
44    }
```

圖 9.13　縮放轉場

除了 .scale 之外，SwiftUI 框架還有多個內建的轉場效果，包括 .opaque、.offset、.move 與 .slide。將 .scale 轉場替換成 .offset 轉場，如下所示：

```
.transition(.offset(x: -600, y: 0))
```

這次，當紫色矩形插入 VStack 時，它會從左側滑入。

9.6.2　混合式轉場

你可以呼叫 combined(with:) 方法來將兩個或多個轉場結合在一起，以建立更流暢的轉場效果。舉例而言，如果要結合偏移與縮放動畫，你可以編寫程式碼如下：

```
.transition(AnyTransition.offset(x: -600, y: 0).combined(with: .scale))
```

以下是結合三個轉場效果的另一個範例：

```
.transition(AnyTransition.offset(x: -600, y: 0).combined(with: .scale).combined(with: .opacity))
```

有時，你需要定義一個可以重複利用的動畫，你可以在 AnyTransition 定義一個擴展（extension），如下所示：

```
extension AnyTransition {
    static var offsetScaleOpacity: AnyTransition {
        AnyTransition.offset(x: -600, y: 0).combined(with: .scale).combined(with: .opacity)
```

```
        }
    }
```

然後，你就可以直接在 transition 修飾器中使用 offsetScaleOpacity 動畫：

```
.transition(.offsetScaleOpacity)
```

執行 App，並再次測試轉場效果，看起來很棒吧？

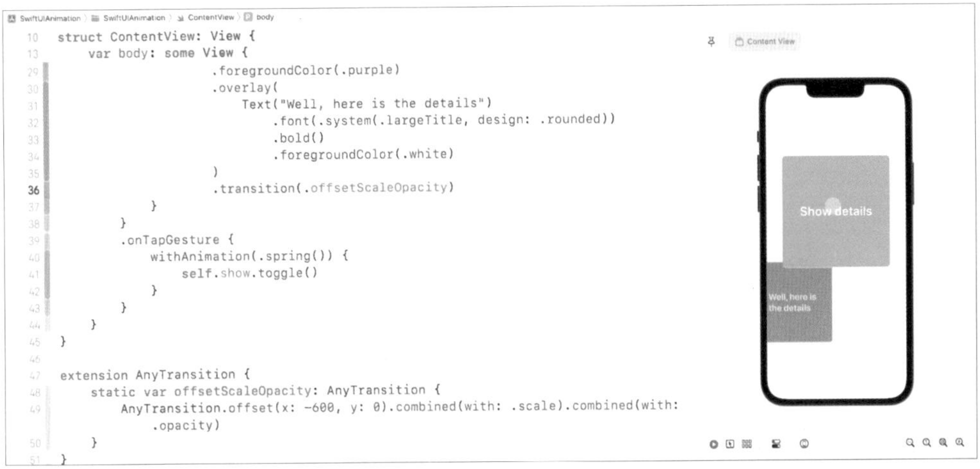

圖 9.14　結合縮放、偏移與不透明度的轉場效果

9.6.3　不對稱轉場

我們剛才討論的轉場皆是對稱性的，即視圖的插入與移除是使用相同的轉場效果。舉例而言，如果你將縮放轉場運用於視圖，則 SwiftUI 在它插入視圖層次時會放大視圖，而移除它時，該框架會將其縮回原來大小。

那麼，若是你想在插入視圖時使用縮放轉場以及移除視圖時使用偏移轉場呢？這在 SwiftUI 中，即所謂的「不對稱轉場」（Assymetric Transitions）。要使用這類型的轉場效果非常簡單，你只需要呼叫 .assymetric 方法，並指定插入（insertion）及移除（removal）的轉場即可。下列是範例程式碼：

```
.transition(.asymmetric(insertion: .scale(scale: 0, anchor: .bottom), removal: .offset(x: -600, y: 0)))
```

同樣的，如果你需要重複使用轉場，則可以在 AnyTransition 定義一個擴展，如下所示：

```
extension AnyTransition {
    static var scaleAndOffset: AnyTransition {
        AnyTransition.asymmetric(
            insertion: .scale(scale: 0, anchor: .bottom),
            removal: .offset(x: -600, y: 00)
        )
    }
}
```

在 ContentView 區塊之後和 ContentView_Previews 區塊之前加入這段程式碼。使用內建模擬器來執行 App，當紫色矩形出現在螢幕時，你應該會看到縮放轉場，而當你再次點擊矩形，紫色矩形會滑出螢幕。

圖 9.15　不對稱轉場範例

9.7　作業①：使用動畫與轉場建立精美按鈕

現在你已經學會了轉場與動畫，我們來挑戰建立一個顯示目前操作狀態的精美按鈕。請輸入下列網址：https://www.appcoda.com/wp-content/uploads/2019/10/swiftui-animation -16.gif，來看一下動畫。

Submit

圖 9.16　精美按鈕

這個按鈕有三種狀態：

- **原始狀態**：以綠色顯示「Submit」按鈕。
- **處理狀態**：顯示一個旋轉的圓環，並更新其標籤為「Processing」。
- **完成狀態**：以紅色顯示「Done」按鈕。

這是一個相當具有挑戰性的專案，它將測試你對 SwiftUI 動畫與轉場的了解，你將需要結合到目前為止所學的知識來制定解決方案。

如圖 9.16 所示的範例按鈕，處理過程約需要 4 秒，你不需要執行實際操作。為了幫助你完成這個作業，我使用下列的程式碼來模擬該操作。

```
private func startProcessing() {
    self.loading = true

    // 使用 DispatchQueue.main.asyncAfter 來模擬操作
    // 在真實的專案中，你將在這裡執行一個任務
    // 當任務完成之後，你將完成狀態設定為 true
    DispatchQueue.main.asyncAfter(deadline: .now() + 4) {
        self.completed = true
    }
}
```

9.8 作業②：視圖轉場動畫

你已經學會了如何實作視圖轉場，試著結合轉場與在第 5 章中建立的卡片視圖專案，並建立如下所示的視圖轉場。當使用者點擊卡片時，目前的視圖將縮小並淡出，下一個視圖將以放大動畫顯示在前面。

如果你不懂上述的動畫，則可以輸入網址：https://www.appcoda.com/wp-content/uploads/2019/10/swiftui-view-animation.gif，來看一下所需的動畫效果。

圖 9.17　視圖轉場動畫

 **本章小結**

　　動畫在行動 UI 設計中扮演著一個特殊的角色,精心設計的動畫可以改善使用者體驗,並讓 UI 的互動具有意義。兩個視圖之間流暢輕快的轉場,將讓使用者滿意且印象深刻。在 App Store 上有超過 200 萬支 App,要使你的 App 脫穎而出並不容易,不過精心設計且帶有動畫的 UI 肯定會產生根本的差別。

　　話雖如此,但是對於有經驗的開發者而言,編寫平滑動畫程式碼也不是一件容易的事。幸運的是,SwiftUI 框架簡化了 UI 動畫與轉場的開發,你只需告訴框架:視圖在開始及結束時的狀態為何,SwiftUI 會計算出其餘的狀態,渲染出一個流暢且漂亮的動畫。

　　在本章中,我已介紹了基本的原理,不過如你所見,你已經建立了一些令人愉悅的動畫與轉場效果,最重要的是它只需要幾行程式碼就能辦到。

　　我期望你喜歡本章的內容,並發掘出有用的技巧。在本章所準備的範例檔中,有完整的專案與作業解答可以下載:

- 範例專案:https://www.appcoda.com/resources/swiftui4/SwiftUIAnimation.zip。
- 作業解答①:https://www.appcoda.com/resources/swiftui4/SwiftUIAnimationExercise1.zip。
- 作業解答②:https://www.appcoda.com/resources/swiftui4/SwiftUICardAnimation.zip。

10

了解清單、
ForEach與識別

在 UIKit 中，UITableView 是 iOS 中最常見的 UI 控制元件之一，如果你之前使用過 UIKit 開發 App，則你應該知道可使用表格視圖顯示資料清單。這個 UI 控制元件在以內容為主的 App 中很常見，例如：報紙 App。圖 10.1 展示了一些清單 / 表格視圖，你可以在 Instagram、Twitter、Airbnb 與 Apple News 等流行 App 中找到這些視圖。

圖 10.1　清單視圖範例

在 SwiftUI 中，我們使用 List 代替 UITableView 來顯示資料列，如果你之前使用過 UIKit 建立表格視圖，你就會知道實作一個簡單的表格視圖需要花一點工夫，而要建立自訂儲存格佈局的表格視圖，則會花更多的精力。SwiftUI 簡化了整個過程，只需幾行程式碼，你就能以表格形式來陳列資料，即使你需要自訂列的佈局，也只需要極少的工夫便能辦到。

你仍是覺得困惑嗎？不用擔心，待會你就會明白我的意思。

在本章中，我們將從一個簡單的清單來開始。當你了解這些基礎知識，我將教你如何以更複雜的佈局來呈現資料清單，如圖 10.2 所示。

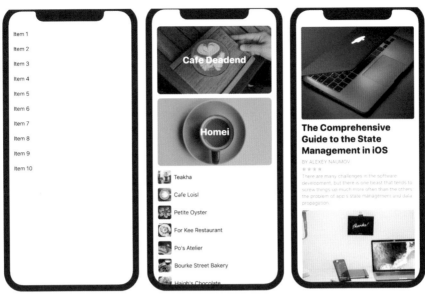

圖 10.2　建立一個簡單且多樣化的清單

10.1 建立簡單的清單

　　我們從簡單的清單來開始。首先開啟 Xcode，並使用「App」模板建立一個新專案。在下一個畫面中，設定專案名稱為「SwiftUIList」（或你喜歡的任何名稱），填入所有必需的值，並確保在「Interface」選項中選擇「SwiftUI」。

　　Xcode 會在 ContentView.swift 檔中產生「Hello World」程式碼。將「Hello World」文字物件替換成下列的程式碼：

```
struct ContentView: View {
    var body: some View {
        List {
            Text("Item 1")
            Text("Item 2")
            Text("Item 3")
            Text("Item 4")
        }
    }
}
```

以上是建立一個簡單的清單或表格所需的全部程式碼。當你將文字視圖嵌入 List 時，清單視圖將以列顯示資料，這裡每一列顯示具有不同敘述的文字視圖。

圖 10.3　建立一個簡單的清單

相同的程式碼片段可以使用 ForEach 來編寫，如下所示：

```swift
struct ContentView: View {
    var body: some View {
        List {
            ForEach(1...4, id: \.self) { index in
                Text("Item \(index)")
            }
        }
    }
}
```

由於這些文字視圖非常相似，因此你可以在 SwiftUI 中使用 ForEach 迴圈來建立視圖。

說明

從已識別的底層集合中，依照需求計算視圖的一種結構。

— Apple 官方文件（https://developer.apple.com/documentation/swiftui/foreach）

你可以提供 ForEach 一組資料集合或一個範圍，不過你必須要注意的是，你需要告訴 ForEach 如何識別集合中的每個項目，而參數 id 的目的就在於此，為什麼 ForEach 需要唯一識別項目呢？ SwiftUI 功能強大，可以在更改部分或全部集合中的項目時自動更新 UI，為了實現它，當更新或刪除項目時，需要一個識別碼來唯一識別該項目。

在上列的程式碼中，我們向 ForEach 傳送一個範圍的值來逐一執行，該識別碼設定為其值（即1、2、3、4），index 參數儲存迴圈的目前值，例如：它從「1」這個值開始，index 參數的值則為「1」。

在閉包中，這是渲染視圖所需的程式碼。這裡我們建立文字視圖，其敘述會依據迴圈中的 index 值而變化，這就是你如何在清單中建立具有不同標題的四個項目。

我再教你一種技巧，相同的程式碼片段可以進一步重寫如下：

```swift
struct ContentView: View {
    var body: some View {
        List {
            ForEach(1...4, id: \.self) {
                Text("Item \($0)")
            }
        }
    }
}
```

你可以省略 index 參數，並使用參數名稱縮寫「$0」，它參照閉包的第一個參數。

我們進一步將程式碼重寫得更簡單些，你可將資料集合直接傳送到 List 視圖，程式碼如下：

```swift
struct ContentView: View {
    var body: some View {
        List(1...4, id: \.self) {
            Text("Item \($0)")
        }
    }
}
```

如你所見，你只需兩行程式碼，就可建立一個簡單的清單 / 表格。

建立帶有文字與圖片的清單視圖

現在你已經知道如何建立一個簡單的清單，接著我們來看看如何使用更多樣化的佈局。在大多數的情況下，清單視圖的項目皆會包含文字與圖片，而你該如何實作呢？如果你知道 Image、Text、VStack 與 HStack 用法的話，你應該對如何建立一個複雜的清單有一些想法了。

如果你閱讀過《快速精通 iOS 程式設計》一書，你應該非常熟悉這個範例。我們以此為例，來看使用 SwiftUI 建立相同的表格有多麼容易，如圖 10.4 所示。

圖 10.4　顯示餐廳列的簡單表格視圖

要使用 UIKit 建立表格，你需要建立一個表格視圖或表格視圖控制器，然後自訂原型儲存格，還有你必須編寫表格視圖資料來源的程式碼來提供資料。建立一個表格 UI 需要很多的步驟，我們來看看如何在 SwiftUI 中實作相同的表格視圖。

首先到下列網址下載圖片素材：https://www.appcoda.com/resources/swiftui/SwiftUISimpleTableImages.zip，然後將 zip 檔解壓縮，並把所有圖片匯入素材目錄，如圖 10.5 所示。

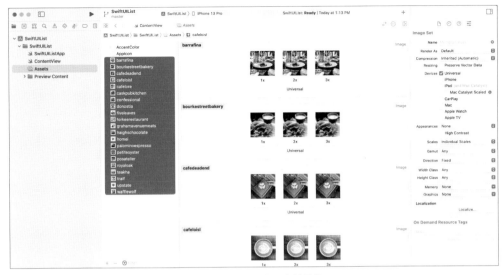

圖 10.5　匯入圖片至素材目錄

現在切換到ContentView.swift來編寫UI的程式碼。我們先在ContentView中宣告兩個陣列，這些陣列是用來儲存餐廳名稱與圖片。下列是完整的程式碼：

```
struct ContentView: View {

    var restaurantNames = ["Cafe Deadend", "Homei", "Teakha", "Cafe Loisl", "Petite Oyster",
"For Kee Restaurant", "Po's Atelier", "Bourke Street Bakery", "Haigh's Chocolate", "Palomino
Espresso", "Upstate", "Traif", "Graham Avenue Meats And Deli", "Waffle & Wolf", "Five Leaves",
"Cafe Lore", "Confessional", "Barrafina", "Donostia", "Royal Oak", "CASK Pub and Kitchen"]

    var restaurantImages = ["cafedeadend", "homei", "teakha", "cafeloisl", "petiteoyster",
"forkeerestaurant", "posatelier", "bourkestreetbakery", "haighschocolate", "palominoespresso",
"upstate", "traif", "grahamavenuemeats", "wafflewolf", "fiveleaves", "cafelore", "confessional",
"barrafina", "donostia", "royaloak", "caskpubkitchen"]

    var body: some View {
        List(1...4, id: \.self) {
            Text("Item \($0)")
        }
    }
}
```

兩個陣列具有相同項目數，restaurantNames陣列儲存餐廳名稱，restaurantImages陣列儲存你剛才匯入的圖片名稱。要建立如圖 10.4 所示的清單視圖，你只需要更新 body 變數如下：

```
var body: some View {
    List(restaurantNames.indices, id: \.self) { index in
        HStack {
            Image(self.restaurantImages[index])
                .resizable()
                .frame(width: 40, height: 40)
                .cornerRadius(5)
            Text(self.restaurantNames[index])
        }
    }
    .listStyle(.plain)
}
```

　我們對程式碼做了一些修改。首先，我們將餐廳名稱的陣列（即 restaurantNames.indices）傳送給 List 視圖，而不是一個固定的範圍。restaurantNames 陣列有 21 個項目，所以我們的範圍是從 0 到 20（陣列是從 0 開始索引），這只有在兩個陣列大小相同時才有效，其中一個陣列的索引會被用作另一個陣列的索引。

　在閉包中，程式碼會更新，以建立列的佈局。我將不會深入探討細節，因為程式碼與我們之前建立的堆疊視圖相似。要變更 List 視圖的樣式，我們加上 listStyle 修飾器，並設定樣式為「plain」。使用不到 10 行的程式碼，我們已經建立了一個自訂佈局的清單（或表格）視圖。

圖 10.6　自訂列佈局的清單視圖

10.2.1 使用資料集合

如前所述，List 可以帶入一個範圍或一個資料集合。你已經學過如何使用範圍，我們來看看如何將 List 與餐廳物件的陣列一起使用。

我們將建立一個 Restaurant 結構來加以組織資料，而不是將餐廳資料儲存在兩個單獨的陣列中，這個結構有兩個屬性：「name」與「image」。在 ContentView.swift 檔的結尾處插入下列程式碼：

```swift
struct Restaurant {
    var name: String
    var image: String
}
```

使用這個結構，我們可以將 restaurantNames 與 restaurantImages 陣列合併為一個陣列。刪除 restaurantNames 與 restaurantImages 變數，並用 ContentView 中的這個變數來代替：

```swift
var restaurants = [ Restaurant(name: "Cafe Deadend", image: "cafedeadend"),
            Restaurant(name: "Homei", image: "homei"),
            Restaurant(name: "Teakha", image: "teakha"),
            Restaurant(name: "Cafe Loisl", image: "cafeloisl"),
            Restaurant(name: "Petite Oyster", image: "petiteoyster"),
            Restaurant(name: "For Kee Restaurant", image: "forkeerestaurant"),
            Restaurant(name: "Po's Atelier", image: "posatelier"),
            Restaurant(name: "Bourke Street Bakery", image: "bourkestreetbakery"),
            Restaurant(name: "Haigh's Chocolate", image: "haighschocolate"),
            Restaurant(name: "Palomino Espresso", image: "palominoespresso"),
            Restaurant(name: "Upstate", image: "upstate"),
            Restaurant(name: "Traif", image: "traif"),
            Restaurant(name: "Graham Avenue Meats And Deli", image: "grahamavenuemeats"),
            Restaurant(name: "Waffle & Wolf", image: "wafflewolf"),
            Restaurant(name: "Five Leaves", image: "fiveleaves"),
            Restaurant(name: "Cafe Lore", image: "cafelore"),
            Restaurant(name: "Confessional", image: "confessional"),
            Restaurant(name: "Barrafina", image: "barrafina"),
            Restaurant(name: "Donostia", image: "donostia"),
            Restaurant(name: "Royal Oak", image: "royaloak"),
            Restaurant(name: "CASK Pub and Kitchen", image: "caskpubkitchen")
]
```

如果你是 Swift 新手，這裡做個解釋，陣列的每一個項目都代表餐廳物件，包含每個餐廳名稱與圖片。當你更換陣列後，你將會在 Xcode 中看到一個錯誤，其指出缺少了 restaurantNames 變數，這在意料之中，因為我們剛才刪除了這個變數。

現在更新 body 變數如下：

```
var body: some View {
    List(restaurants, id: \.name) { restaurant in
        HStack {
            Image(restaurant.image)
                .resizable()
                .frame(width: 40, height: 40)
                .cornerRadius(5)
            Text(restaurant.name)
        }
    }
    .listStyle(.plain)
}
```

看一下我們傳入 List 的參數，我們沒有傳送範圍，而是傳送 restaurants 陣列，並告訴 List 使用其 name 屬性作為識別碼。List 將逐一執行陣列，並讓我們知道它在閉包中正在處理的目前餐廳，因此在閉包中我們告訴清單想要如何顯示餐廳列，這裡我們只在 HStack 中顯示餐廳圖片與餐廳名稱。

產生的 UI 仍然相同，不過底層程式碼已經修改為利用 List 與資料集合了。

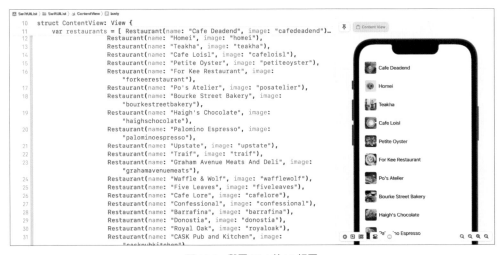

圖 10.7　與圖 10.6 的 UI 相同

10.2.2　遵循 Identifiable 協定

為了幫助你更加了解 List 內 id 參數的用途，我們對 restaurants 陣列做了一個小變更。目前我們使用餐廳名稱作為識別碼，當兩筆資料具有相同的餐廳名稱時會發生什麼事呢？將 restaurants 陣列中的「Upstate」（陣列中的第 11 個項目）更新為「Homei」，如下所示：

```
Restaurant(name: "Homei", image: "upstate")
```

請注意，我們只是更改 name 屬性值，圖片仍保持為「upstate」，如圖 10.8 所示。再次確認預覽面板，看看會得到什麼結果。

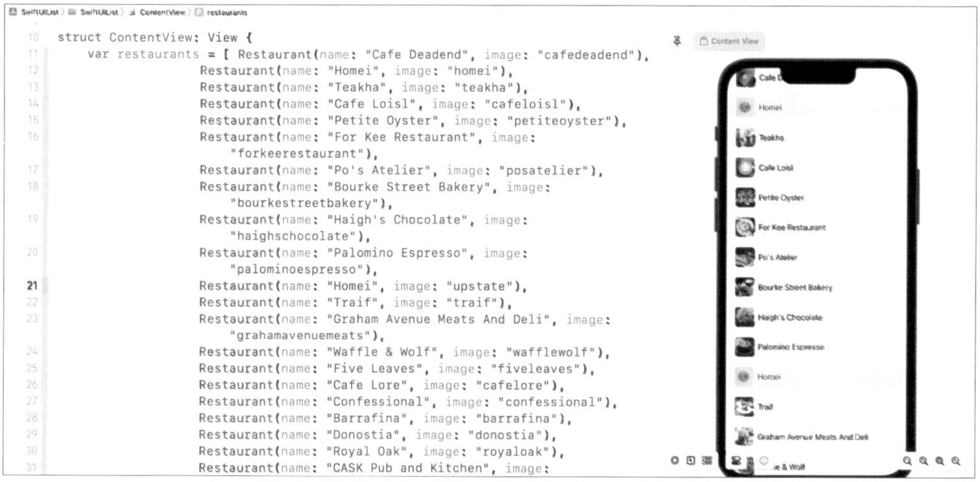

圖 10.8　兩間餐廳的名稱相同

你有看到圖 10.8 中的問題嗎？我們現在有兩筆名稱是「Homei」的紀錄，你可能希望第二筆「Homei」紀錄會顯示 upstate 圖片，但 iOS 會以相同的文字與圖片來渲染這兩筆紀錄。在程式碼中，我們告訴 List 使用餐廳名稱作為唯一的識別碼，當兩間餐廳的名稱相同時，iOS 會將這兩間餐廳視為同一間餐廳，因此它重用相同的視圖，並渲染相同的圖片，那麼你該如何修正這個問題呢？

這其實很簡單，你不應該使用名稱作為識別碼（ID），而是要為每間餐廳提供一個唯一的識別碼。更新 Restaurant 結構如下：

```
struct Restaurant {
    var id = UUID()
    var name: String
    var image: String
}
```

在上列的程式碼中，我們加入了 id 屬性，並以唯一識別碼來初始化它。UUID() 函式的作用是產生一個通用的唯一隨機識別碼，UUID 由 128 位元數所組成，因此理論上同時產生兩個相同識別碼的機率幾乎為零。

現在每間餐廳都有一個唯一的 ID，但是要能正常運作，我們還需要再做一個修改。對於 List，將 id 參數的值從「\.name」改為「\.id」。

```
List(restaurants, id: \.id)
```

這告訴 List 視圖使用餐廳的 id 屬性作為唯一的識別碼。看一下預覽，第二筆的「Homei」紀錄現在顯示的是 upstate 圖片，如圖 10.9 所示。

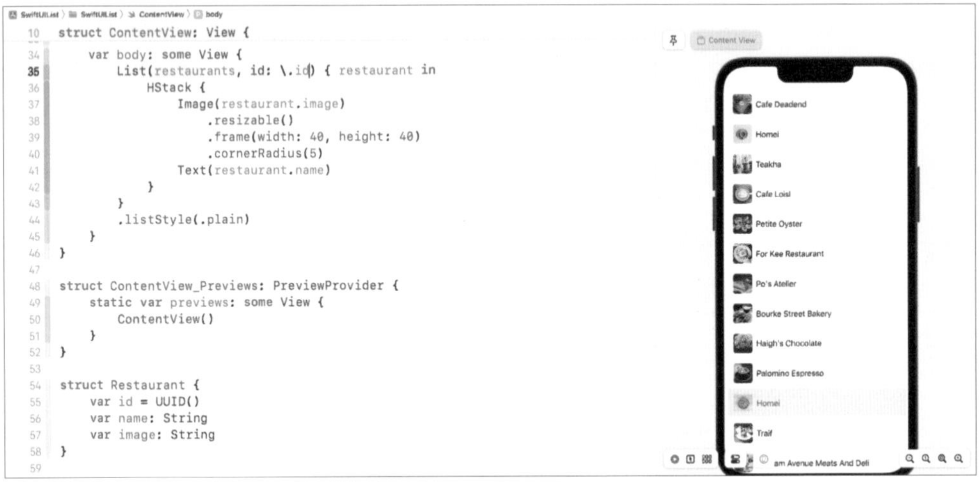

圖 10.9　錯誤已被修正而可顯示正確的圖片

我們可讓 Restaurant 結構遵循 Identifiable 協定來進一步簡化程式碼。這個協定只有一個要求，就是實作協定的型別應該具備某種 id 作為唯一識別碼。更新 Restaurant 來實作 Identifiable 協定，如下所示：

```
struct Restaurant: Identifiable {
    var id = UUID()
    var name: String
    var image: String
}
```

由於 Restaurant 已經提供了唯一的 id 屬性，因此符合協定的要求。

這裡實作 Identifiable 協定的目的是什麼呢？以 Restaurant 結構遵循 Identifiable 協定時，你可不使用 id 參數來初始化這個 List。你只是簡化了程式碼，更新後的清單視圖程式碼如下：

```
List(restaurants) { restaurant in
    HStack {
        Image(restaurant.image)
            .resizable()
            .frame(width: 40, height: 40)
            .cornerRadius(5)
        Text(restaurant.name)
    }
    .listStyle(.plain)
}
```

這就是使用 List 來顯示資料集合的方式。

10.3 重構程式碼

程式碼運作正常，不過將程式碼重構來使它變得更好，始終是一件好事。你已經學過如何取出視圖，我們將取出 HStack 至一個單獨的結構中。按住 command 鍵並點擊 HStack，選擇「Extract subview」來取出程式碼，並將結構重新命名為「BasicImageRow」。

圖 10.10　取出子視圖

當你更改後，Xcode 會立即向你顯示錯誤。由於取出的子視圖沒有 restaurant 屬性，因此像這樣更新 BasicImageRow 結構，以宣告 restaurant 屬性：

```
struct BasicImageRow: View {
    var restaurant: Restaurant

    var body: some View {
        HStack {
            Image(restaurant.image)
                .resizable()
                .frame(width: 40, height: 40)
                .cornerRadius(5)
            Text(restaurant.name)
        }
    }
}
```

接著，更新 List 視圖來傳送 restaurant 參數：

```
List(restaurants) { restaurant in
    BasicImageRow(restaurant: restaurant)
}
```

現在一切都應該正常運作。這個清單視圖看起來仍然相同，不過底層程式碼更具易讀性與組織性，且更容易修改程式碼，例如：你將列建立為其他佈局，如下所示：

```
struct FullImageRow: View {
    var restaurant: Restaurant

    var body: some View {
        ZStack {
            Image(restaurant.image)
                .resizable()
                .aspectRatio(contentMode: .fill)
                .frame(height: 200)
                .cornerRadius(10)
                .overlay(
                    Rectangle()
                        .foregroundColor(.black)
                        .cornerRadius(10)
                        .opacity(0.2)
                )
```

```
        Text(restaurant.name)
            .font(.system(.title, design: .rounded))
            .fontWeight(.black)
            .foregroundColor(.white)
        }
    }
}
```

這個列佈局是用來顯示更大的餐廳圖片，並將餐廳名稱疊在上面。由於我們已經重構程式碼，因此非常容易變更App來使用新佈局，你只需要在List閉包中，將BasicImageRow改成FullImageRow即可：

```
List(restaurants) { restaurant in
    FullImageRow(restaurant: restaurant)
}
```

更改一行程式碼後，App會立即切換至另一個佈局，如圖10.11所示。

圖 10.11　變更列佈局

你可以進一步混合列佈局來建立更有趣的UI。舉例而言，我們的清單是使用FullImageRow來顯示前兩列的資料，其餘的列則利用BasicImageRow，如圖10.12所示。要這麼做的話，更新List如下：

```
List {
    ForEach(restaurants.indices, id: \.self) { index in
        if (0...1).contains(index) {
            FullImageRow(restaurant: self.restaurants[index])
        } else {
            BasicImageRow(restaurant: self.restaurants[index])
        }
    }
}
.listStyle(.plain)
```

由於我們需要檢索列索引，因此我們向 List 傳送餐廳資料的索引範圍。在閉包中，我們檢查 index 的值來確認要使用的列佈局。

圖 10.12　使用兩種不同的列佈局來建立清單視圖

10.4　變更分隔線的顏色

從 iOS 15 開始，Apple 為開發者提供了自訂清單視圖外觀的選項。要變更分隔線的色調顏色，你可以使用 listRowSeparatorTint 修飾器，如下所示：

```
List(restaurants) { restaurant in
    ForEach(restaurants.indices, id: \.self) { index in
        if (0...1).contains(index) {
            FullImageRow(restaurant: self.restaurants[index])
        } else {
            BasicImageRow(restaurant: self.restaurants[index])
        }
    }
    .listRowSeparatorTint(.green)
}
.listStyle(.plain)
```

在上列的程式碼中，我們將分隔線的顏色更改爲綠色。

10.5 隱藏清單分隔線

iOS 15 還爲 List 導入了其中一個最令人期待的功能，你現在可以使用 listRowSeparator
修飾器，並將其值設定爲「.hidden」來隱藏分隔線。以下是一個例子：

```
List {
    ForEach(restaurants.indices) { index in
        if (0...1).contains(index) {
            FullImageRow(restaurant: self.restaurants[index])
        } else {
            BasicImageRow(restaurant: self.restaurants[index])
        }
    }

    .listRowSeparator(.hidden)
}
.listStyle(.plain)
```

listRowSeparator 修飾器應該要嵌入在 List 視圖中。要使分隔線再次顯示，你可以將修
飾器的值設定爲「.visible」，或者單純移除 listRowSeparator 修飾器。

如果你想對分隔線進行更精細的控制，你可以指定 edges 參數來使用 .listRowSeparator 修飾器的備選版本。舉例而言，如果你想讓分隔線保持在清單視圖的頂部，程式碼可以編寫如下：

```
.listRowSeparator(.hidden, edges: .bottom)
```

10.6 自訂滾動區域的背景

在 iOS 16 中，你可以自訂清單視圖滾動區域的顏色，如圖 10.13 所示。

```
10  struct ContentView: View {
33
34      var body: some View {
35          List(restaurants) { restaurant in
36              ForEach(restaurants.indices, id: \.self) { index in
37                  if (0...1).contains(index) {
38                      FullImageRow(restaurant: self.restaurants[index])
39                  } else {
40                      BasicImageRow(restaurant: self.restaurants[index])
41                  }
42              }
43              .listRowSeparator(.hidden)
44          }
45          .scrollContentBackground(Color.yellow)
46      }
47  }
48
49  struct ContentView_Previews: PreviewProvider {
50      static var previews: some View {
51          ContentView()
52      }
53  }
```

圖 10.13　變更可滾動區域的顏色

只需將 scrollContentBackground 修飾器加到 List 視圖，並將其設定為你喜歡的顏色。以下是範例程式碼：

```
List(restaurants) { restaurant in
    .
    .
    .
}
.scrollContentBackground(Color.yellow)
```

除了使用純色之外，你還可以使用圖片作為背景。像這樣更新程式碼來測試一下：

```
List(restaurants) { restaurant in
    .
    .
    .
}
.background {
    Image("homei")
        .resizable()
        .scaledToFill()
        .clipped()
}
.scrollContentBackground(Color.clear)
```

我們使用 background 修飾器來設定背景圖片，然後我們將 scrollContentBackground 修飾器設定爲「Color.clear」，以使可滾動區域爲透明。

10.7 作業：建立多樣化佈局的清單視圖

在進入下一章之前，自我挑戰一下，去建立如圖 10.14 所示的清單視圖，它看起來很複雜，但是如果你完全了解我在本章所教過的內容，則你應該能夠建立這個 UI。請花點時間來練習這個作業，我保證你會學習到很多東西。

爲了節省你尋找圖片的時間，你可以到下列網址來下載本作業的圖片素材：https://www.appcoda.com/resources/swiftui/SwiftUIArticleImages.zip。

在本章所準備的範例檔中，有完整的清單專案與作業解答可以下載：

● 範例專案：https://www.appcoda.com/resources/swiftui4/SwiftUIList.zip。

● 作業解答：https://www.appcoda.com/resources/swiftui4/SwiftUIListExercise.zip。

圖 10.14　建立複雜列佈局的清單視圖

11

使用導覽UI及自訂導覽列

在大多數的 App 中，你應該體驗過導覽介面，這類型的 UI 通常有導覽列和資料清單，讓使用者點擊內容時，可以導覽到細節視圖。

在 UIKit 中，我們使用 UINavigationController 來實作這類型的介面。對於 SwiftUI，Apple 稱其為「NavigationView」，現在於 iOS 16 中，它被稱為「NavigationStack」。在本章中，我將帶領你了解導覽視圖的實作，並教你如何執行一些自訂。和往常一樣，我們將進行幾個範例專案，以讓你親身體驗 NavigationStack。

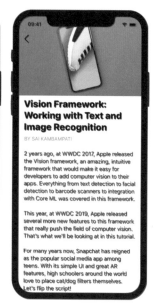

圖 11.1　範例專案的導覽介面

11.1　準備起始專案

我們來開始實作一個之前已使用導覽 UI 建立完成的範例專案。那麼，先到下列網址下載起始專案：https://www.appcoda.com/resources/swiftui4/SwiftUINavigationListStarter.zip。下載後開啟專案，並查看預覽，你應該對這個範例 App 非常熟悉，它只顯示餐廳清單，如圖 11.2 所示。

図 11.2　起始專案應顯示一個簡單的清單視圖

我們要做的是將這個清單視圖嵌入至導覽堆疊中。

11.2 實作導覽堆疊

在 iOS16 之前，SwiftUI 框架提供一個名為「NavigationView」的視圖來建立導覽 UI。要將清單視圖嵌入至 NavigationView 中，你所需要做的就是使用 NavigationView 包裹 List，如下所示：

```
NavigationView {
    List {
        ForEach(restaurants) { restaurant in
            BasicImageRow(restaurant: restaurant)
        }
    }
    .listStyle(.plain)
}
```

在 iOS 16 中，Apple 將 NavigationView 替換為 NavigationStack。你仍然可以使用 NavigationView 來建立導覽視圖，但是建議使用 NavigationStack，因為 NavigationView 最終會從 SDK 中移除。

要使用NavigationStack建立導覽視圖，你可以像這樣編寫同一塊程式碼：

```
NavigationStack {
    List {
        ForEach(restaurants) { restaurant in
            BasicImageRow(restaurant: restaurant)
        }
    }
    .listStyle(.plain)
}
```

當你更改後，你應該會看到一個空的導覽列。要為導覽列指定標題，則插入 navigation BarTitle 修飾器如下：

```
NavigationStack {
    List {
        ForEach(restaurants) { restaurant in
            BasicImageRow(restaurant: restaurant)
        }
    }
    .listStyle(.plain)

    .navigationTitle("Restaurants")
}
```

現在 App 有一個帶有大標題的導覽列，如圖 11.3 所示。

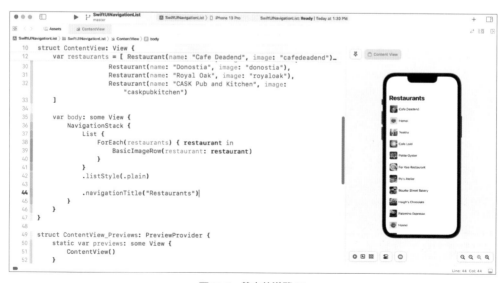

圖 11.3　基本的導覽 UI

使用 NavigationLink 傳送資料至細節視圖

至目前為止,我們已經在清單視圖中加入一個導覽列。我們通常使用導覽介面來讓使用者導覽至細節視圖,以顯示所選項目的細節。對於此範例,我們將建立一個簡單的細節視圖來顯示餐廳的大圖,如圖 11.4 所示。

圖 11.4 內容視圖與細節視圖

我們從細節視圖開始,在 ContentView.swift 檔的結尾處插入下列的程式碼,以建立細節視圖:

```
struct RestaurantDetailView: View {
    var restaurant: Restaurant

    var body: some View {
        VStack {
            Image(restaurant.image)
                .resizable()
                .aspectRatio(contentMode: .fit)

            Text(restaurant.name)
```

```
            .font(.system(.title, design: .rounded))
            .fontWeight(.black)

        Spacer()
    }
  }
}
```

細節視圖就像 View 型別的其他 SwiftUI 視圖一樣，它的佈局非常簡單，只顯示餐廳的圖片及名稱。RestaurantDetailView 結構還帶入一個 Restaurant 物件，以取得餐廳的圖片及名稱。

現在細節視圖已經準備就緒，問題是你如何將內容視圖中所選的餐廳傳送至此細節視圖呢？

SwiftUI 提供一個名為「NavigationLink」的特殊按鈕，它能夠偵測使用者的觸控，並觸發導覽顯示，NavigationLink 的基本用法如下：

```
NavigationLink(destination: DetailView()) {
    Text("Press me for details")
}
```

你在 destination 參數中指定目標視圖，並在閉包中實作其外觀。對於範例 App，應在點擊任何一間餐廳時導覽至細節視圖。在此範例中，我們對每一列應用 NavigationLink，更新 List 視圖如下：

```
List {
    ForEach(restaurants) { restaurant in
        NavigationLink(destination: RestaurantDetailView(restaurant: restaurant)) {
            BasicImageRow(restaurant: restaurant)
        }
    }
}
.listStyle(.plain)
```

在上列的程式碼中，我們告訴 NavigationLink 在使用者選擇餐廳時導覽至 RestaurantDetailView，我們還將所選的餐廳傳送至細節視圖來進行顯示，這就是建立導覽介面以及執行資料傳送所需的全部內容，如圖 11.5 所示。

在畫布中，你應該注意到每一列資料都加入了一個揭示圖示。在預覽畫布中，你應該能在選擇其中一間餐廳後導覽至細節視圖。另外，你可以點擊「返回」（Back）按鈕來導覽回內容視圖，整個導覽是由 NavigationStack 自動渲染。

圖 11.5　執行 App 來測試導覽

11.4

11.4　自訂導覽列

我們先來討論導覽列的顯示模式。預設情況下，導覽列設定為顯示大標題，但當你向上滾動清單時，導覽列會變小，這是 Apple 導入「大標題」（Large Title）導覽列的預設行為。

如果你想要保持導覽列小巧並禁用大標題，則可以在 navigationTitle 的下面加入 navigationBarTitleDisplayMode 修飾器：

```
.navigationBarTitleDisplayMode(.inline)
```

該參數指定導覽列的外觀，即它應顯示大標題導覽列還是小型導覽列，而預設設定為「.automatic」，表示是使用大標題。在上列的程式碼中，我們將其設定為「.inline」，表示 iOS 使用小型導覽列，如圖 11.6 所示。

圖 11.6　設定顯示模式為「.inline」來使用小型導覽列

將顯示模式改為「.automatic」，導覽列又會再次變成大標題導覽列。

```
.navigationBarTitleDisplayMode(.automatic)
```

設定字型與顏色

接下來，我們來變更標題的字型與顏色。在撰寫本章時，SwiftUI 中還沒有讓開發者設定導覽列的字型及顏色的修飾器，我們需要使用 UIKit 所提供的「UINavigation BarAppearance」API。

舉例而言，我們想將標題顏色變更為紅色、字型變更為「Arial Rounded MT Bold」，則我們在 init() 函式中建立一個 UINavigationBarAppearance 物件，並相應設定屬性。在 ContentView 中插入下列的函式：

```
init() {
    let navBarAppearance = UINavigationBarAppearance()
    navBarAppearance.largeTitleTextAttributes = [.foregroundColor: UIColor.red, .font:
UIFont(name: "ArialRoundedMTBold", size: 35)!]
    navBarAppearance.titleTextAttributes = [.foregroundColor: UIColor.red, .font: UIFont(name:
"ArialRoundedMTBold", size: 20)!]
```

```
    UINavigationBar.appearance().standardAppearance = navBarAppearance
    UINavigationBar.appearance().scrollEdgeAppearance = navBarAppearance
    UINavigationBar.appearance().compactAppearance = navBarAppearance
}
```

largeTitleTextAttributes 屬性用於設定大尺寸標題的文字屬性，而 titleTextAttributes 屬性用於設定標準尺寸標題的文字屬性。當我們設定 navBarAppearance 後，將其指定給三個外觀屬性，包括 standardAppearance、scrollEdgeAppearance 與 compactAppearance。如果需要的話，你可以為 scrollEdgeAppearance 與 compactAppearance 建立，並指定一個單獨的外觀物件。

大尺寸標題　　　　　　　標準尺寸標題

圖 11.7　更改大尺寸標題與標準尺寸標題的字型與顏色

11.6 自訂返回按鈕的圖片與顏色

導覽視圖的「返回」按鈕預設為藍色，其使用 V 形圖示（chevron icon）來表示「返回」，如圖 11.8 所示。透過使用 UINavigationBarAppearance API，你還可以自訂「返回」按鈕的顏色、甚至指示器圖片。

圖 11.8　標準的「返回」按鈕

我們來看看這個自訂如何運作。要變更指示器的圖片，你可以呼叫 setBackIndicatorImage 方法，並提供自己的 UIImage。這裡我設定系統圖片為「arrow.turn.up.left」。

```
navBarAppearance.setBackIndicatorImage(UIImage(systemName: "arrow.turn.up.left"),
transitionMaskImage: UIImage(systemName: "arrow.turn.up.left"))
```

對於「返回」按鈕的顏色，你可以透過設定 accentColor 屬性來變更，如下所示：

```
NavigationStack {
    .
    .
    .
}
.accentColor(.black)
```

再次測試 App，「返回」按鈕應該如圖 11.9 所示。

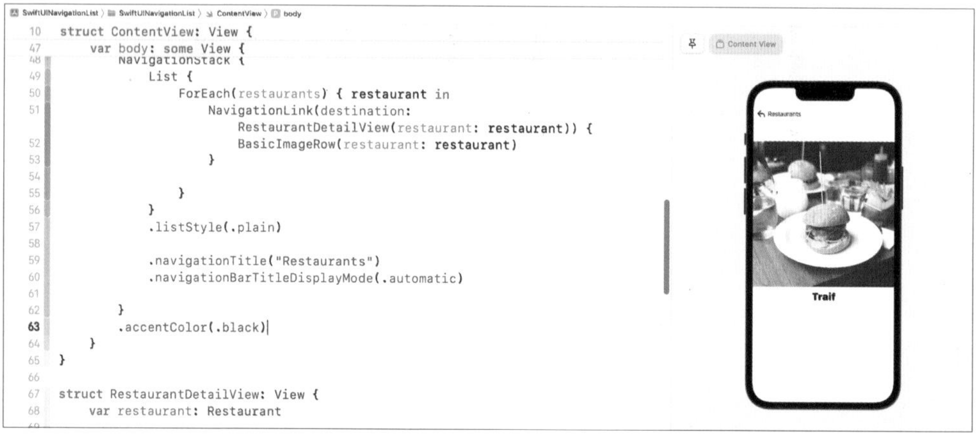

圖 11.9　自訂「返回」按鈕的外觀

11.7　自訂返回按鈕

除了使用 UIKit 的 API 來自訂「返回」按鈕之外，另一個方式是隱藏預設「返回」按鈕，並在 SwiftUI 中建立我們自己的「返回」按鈕。要隱藏「返回」按鈕，你可以使用 .navigationBarBackButtonHidden 修飾器，並在細節視圖中將其值設定為「true」，如下所示：

```
.navigationBarBackButtonHidden(true)
```

SwiftUI 還提供了一個名為「toolbar」的修飾器，可用於建立自己的導覽列項目（bar item）。舉例而言，你可以建立一個帶有所選餐廳名稱的「返回」按鈕，如下所示：

```
.toolbar {
    ToolbarItem(placement: .navigationBarLeading) {
        Button {
            dismiss()
        } label: {
            Text("\(Image(systemName: "chevron.left")) \(restaurant.name)")
                .foregroundColor(.black)
        }
    }
}
```

在 toolbar 的閉包中，我們建立了一個 ToolbarItem 物件，而其位置設定為「.navigationBarLeading」，這告訴 iOS 將按鈕放在導覽列的前緣。

將下列的程式碼付諸實行，並更新 RestaurantDetailView 如下：

```
struct RestaurantDetailView: View {
    @Environment(\.dismiss) var dismiss

    var restaurant: Restaurant

    var body: some View {
        VStack {
            Image(restaurant.image)
                .resizable()
                .aspectRatio(contentMode: .fit)

            Text(restaurant.name)
                .font(.system(.title, design: .rounded))
                .fontWeight(.black)

            Spacer()
        }
        .navigationBarBackButtonHidden(true)
        .toolbar {
            ToolbarItem(placement: .navigationBarLeading) {
                Button {
                    dismiss()
```

```
                } label: {
                    Text("\(Image(systemName: "chevron.left")) \(restaurant.name)")
                        .foregroundColor(.black)
                }


            }
        }
    }
}
```

SwiftUI 提供廣泛的內建環境值。要關閉目前視圖並返回至上一個視圖，則我們使用 .dismiss 鍵取得環境值，然後你可以呼叫 dismiss() 函式來關閉目前視圖。請注意，.dismiss 環境鍵只適用於 iOS 15（或以上版本），如果你需要支援舊版本的 iOS，則你可以使用環境鍵 .presentationMode：

```
@Environment(\.presentationMode) var presentationMode
```

然後，你可以呼叫顯示模式的 dismiss 函式如下：

```
presentationMode.wrappedValue.dismiss()
```

現在於預覽畫布中測試 App，並選擇任何一間餐廳，你會看到帶有餐廳名稱的「返回」按鈕。點擊「返回」按鈕，將導覽回主畫面。

11.8 作業：建立導覽 UI

為了確保你了解如何建立導覽 UI，這裡有一個作業。我們先到下列網址下載起始專案：https://www.appcoda.com/resources/swiftui4/SwiftUINavigationStarter.zip，開啓專案後，你將看到一個顯示文章清單的範例 App。

這個專案與你之前建立的專案非常類似，主要的差異是 Article.swift 的導入，這個檔案儲存 articles 陣列，其中包含了範例資料。如果你仔細檢視 Article 結構，它現在有一個用於儲存完整文章的 content 屬性。

你的任務是將清單嵌入導覽視圖，並建立細節視圖。當使用者點擊內容視圖中的一篇文章時，它將導覽至顯示完整文章的細節視圖，如圖 11.10 所示。我將在下一節中告訴你解決方案，但請你盡力找出自己的解決方案。

圖 11.10　為閱讀 App 建立導覽 UI

11.9　建立細節視圖

你完成作業了嗎？細節視圖比我們之前建立的視圖更複雜，我們來看看如何建立它。

為了更良好組織程式碼，我們將不會在 ContentView.swift 檔中建立細節視圖，而是為其建立一個單獨的檔案。在專案導覽器中，右鍵點擊「SwiftUINavigation」資料夾，選擇「New File...」，接著選取「SwiftUI View」模板，並將檔案命名為「ArticleDetailView.swift」。

由於細節視圖將顯示完整的文章，我們需要這個屬性來讓呼叫者傳送文章，因此在 ArticleDetailView 中宣告一個 article 屬性：

```
var article: Article
```

接著更新 body 如下，以佈局細節視圖：

```
var body: some View {
    ScrollView {
        VStack(alignment: .leading) {
            Image(article.image)
                .resizable()
                .aspectRatio(contentMode: .fit)

            Group {
                Text(article.title)
                    .font(.system(.title, design: .rounded))
                    .fontWeight(.black)
                    .lineLimit(3)

                Text("By \(article.author)".uppercased())
                    .font(.subheadline)
                    .foregroundColor(.secondary)
            }
            .padding(.bottom, 0)
            .padding(.horizontal)

            Text(article.content)
                .font(.body)
                .padding()
                .lineLimit(1000)
                .multilineTextAlignment(.leading)
        }
    }
}
```

我們使用 ScrollView 來包裹所有的視圖，以啟用可滾動的內容。我不會逐行說明程式碼，我相信你應該了解 Text、Image 與 VStack 的運作方式，不過我想強調的修飾器是 Group，這個修飾器可以讓你將多個視圖群組在一起，並對群組做設定。在上列的程式碼中，我們需要對兩個 Text 視圖運用間距，為了避免程式碼重複，我們將兩個視圖群組在一起，並運用間距。

現在我們已經完成了細節視圖的佈局，你會在 Xcode 中看到一個關於 ArticleDetailView_Previews 的錯誤。而預覽無法正常運作，是因為我們在 ArticleDetailView 中加入了 article 屬性，因此你需要在預覽中傳送範例文章。更新 ArticleDetailView_Previews 來修正錯誤，如下所示：

```
struct ArticleDetailView_Previews: PreviewProvider {
    static var previews: some View {
        ArticleDetailView(article: articles[0])
    }
}
```

　　這裡我們只選擇 articles 陣列中的第一篇文章來預覽，如果想要預覽其他文章，你可以將其更改為其他值。當你變更後，預覽畫布應該會正確渲染細節視圖，如圖 11.11 所示。

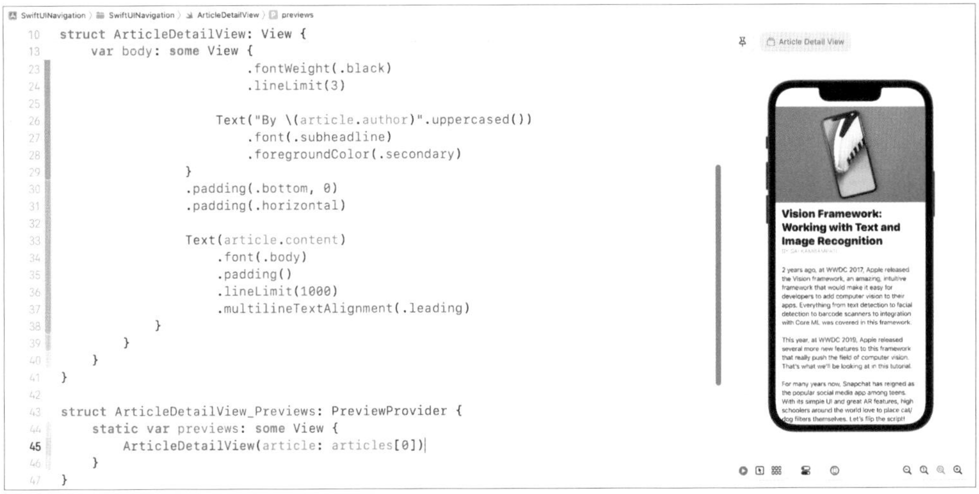

圖 11.11　顯示文章的細節視圖

　　我們再多嘗試一件事。由於這個視圖將嵌入至 NavigationView 中，因此你可以修改預覽程式碼，來預覽它在導覽視圖中的外觀：

```
struct ArticleDetailView_Previews: PreviewProvider {
    static var previews: some View {
        NavigationStack {
            ArticleDetailView(article: articles[0])

                .navigationTitle("Article")
        }
    }
}
```

　　透過更新程式碼後，你會在預覽畫布中看到一個空白的導覽列。

現在我們已經完成了細節視圖的佈局，是時候該回到 ContentView.swift 來實作導覽了，更新 ContentView 結構如下：

```swift
struct ContentView: View {

    var body: some View {

        NavigationStack {
            List(articles) { article in
                NavigationLink(destination: ArticleDetailView(article: article)) {
                    ArticleRow(article: article)
                }

                .listRowSeparator(.hidden)
            }
            .listStyle(.plain)

            .navigationTitle("Your Reading")
        }

    }
}
```

在上列的程式碼中，我們將 List 視圖嵌入至 NavigationStack 中，並對每一列運用 NavigationLink，導覽連結的目的地設定為我們剛才建立的細節視圖。在預覽中，你應該可以測試 App，並在選擇文章時導覽至細節視圖。

11.10 移除揭示指示器

這個 App 運作得很完美，但是有兩個問題需要微調。第一個問題是內容視圖中的揭示指示器（disclosure indicator），這裡顯示揭示指示器看起來有點奇怪，我們將禁用它；第二個問題是細節視圖中精選圖片的上方出現空白區域，我們來逐一討論這些問題。

空白區域

揭示指示器

圖 11.12　目前設計中的兩個問題

　　SwiftUI 並沒有為開發者提供禁用或隱藏揭示指示器的選項，要解決這個問題，我們不會直接將 NavigationLink 運用於文章列，而是建立一個具有兩層的 ZStack。更新 ContentView 的 NavigationStack 如下：

```
NavigationStack {
    List(articles) { article in
        ZStack {
            ArticleRow(article: article)

            NavigationLink(destination: ArticleDetailView(article: article)) {
                EmptyView()
            }
            .opacity(0)

            .listRowSeparator(.hidden)
        }
    }
    .listStyle(.plain)

    .navigationTitle("Your Reading")
}
```

下層是文章列，上層則是空視圖。NavigationLink 現在應用於空視圖，以避免 iOS 渲染揭示按鈕。當你變更後，揭示指示器就會消失，但你仍然可以導覽至細節視圖。

現在我們來看第二個問題的根本原因。

切換到 ArticleDetailView.swift，在設計細節視圖時，我沒有提到這個問題，但實際上從預覽中你應該會發現這個問題，如圖 11.13 所示。

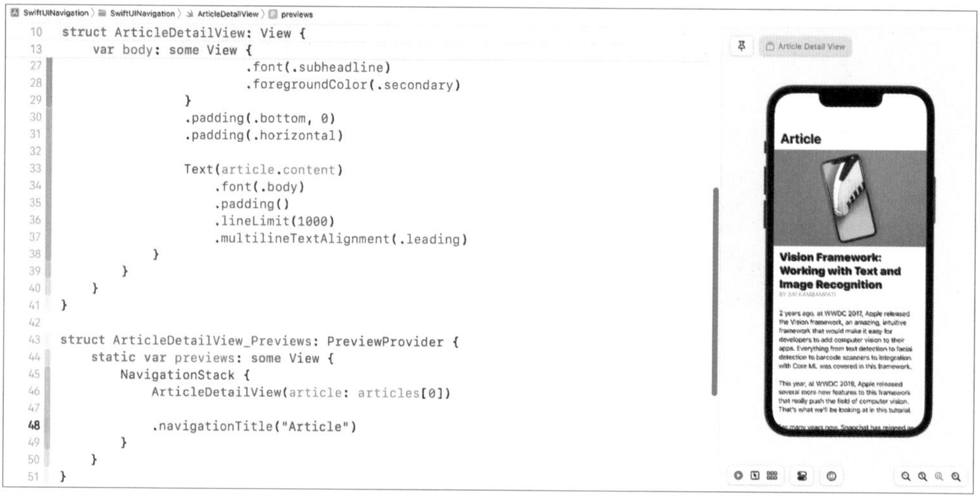

圖 11.13　標頭中的空白區域

圖片上方有空白區域的原因是導覽列的緣故。這個空白區域實際上是一個帶有空白標題的大尺寸導覽列，當 App 從內容視圖導覽至細節視圖時，導覽列會變成標準尺寸列，因此要修復這個問題，我們需要做的是明確指定使用標準尺寸的導覽列。

在 ScrollView 的右括號後，插入下列這行程式碼：

```
.navigationBarTitleDisplayMode(.inline)
```

透過將導覽列設定爲 inline 模式後，導覽列將被最小化，現在你可回到 ContentView. swift 來再次測試 App，細節視圖現在看起來好多了。

11.11 帶有自訂返回按鈕的精緻 UI

雖然你可使用內建的屬性來自訂「返回」按鈕指示器圖片，但有時你可能想要建立一個自訂的「返回」按鈕來導覽回內容視圖，問題是如何透過編寫程式碼方式來完成呢？

在最後的小節中，我要介紹如何透過隱藏導覽列及建立自己的「返回」按鈕，來建立更精緻的細節視圖。我們先看一下如圖 11.14 所示的最終設計，它看起來是不是很棒呢？

圖 11.14　細節視圖的修訂設計

要佈局這個畫面，我們必須要解決兩個問題：

- 將滾動視圖延伸到畫面頂部。
- 建立自訂的「返回」按鈕，並編寫程式碼來觸發導覽。

iOS 有一個名為「安全區域」（Safe Area）的觀念，用於輔助視圖的佈局，安全區域可以幫你將視圖放置於介面的可見部分內，例如：安全區域可防止視圖被狀態列遮擋。若是你的 UI 有導覽列，安全區域會自動調整，以防止你定位的視圖遮擋導覽列。

安全區域

安全區域

圖 11.15　安全區域

　　要放置超出安全區域的內容，你可以使用名為「ignoresSafeArea」的修飾器。對於我們的專案，由於我們想要滾動視圖超出安全區域的頂部邊緣，為此我們編寫修飾器如下：

```
.ignoresSafeArea(.all, edges: .top)
```

　　這個修飾器接收其他值，如 edges 參數的 .bottom 與 .leading。如果你想要忽略整個安全區域，則可以呼叫 .ignoresSafeArea()。透過將這個修飾器加到 ScrollView，我們可以隱藏導覽列，並實現一個視覺上賞心悅目的細節視圖。

```
10   struct ArticleDetailView: View {
13       var body: some View {
20           Group {
21               Text(article.title)
22                   .font(.system(.title, design: .rounded))
23                   .fontWeight(.black)
24                   .lineLimit(3)
25
26               Text("By \(article.author)".uppercased())
27                   .font(.subheadline)
28                   .foregroundColor(.secondary)
29           }
30           .padding(.bottom, 0)
31           .padding(.horizontal)
32
33           Text(article.content)
34               .font(.body)
35               .padding()
36               .lineLimit(1000)
37               .multilineTextAlignment(.leading)
38       }
39   }
40   .navigationBarTitleDisplayMode(.inline)
41   .ignoresSafeArea(.all, edges: .top)|
42   }
43 }
44
```

圖 11.16　應用這些修飾器至滾動視圖

現在談到關於建立自己的「返回」按鈕的第二個問題，這個問題比第一個問題更棘手。下面是我們要實作的內容：

- 隱藏原來的「返回」按鈕。

- 建立一個一般的按鈕，然後將其指定為導覽列的左側按鈕。

為了隱藏「返回」按鈕，SwiftUI 提供一個名為「navigationBarBackButtonHidden」的修飾器，你只需將其值設定為「true」，即可隱藏「返回」按鈕：

```
.navigationBarBackButtonHidden(true)
```

當隱藏「返回」按鈕後，你可以使用自己的按鈕來替代它。toolbar 修飾器可讓你設定導覽列項目，在閉包中我們使用 ToolbarItem 來建立自訂「返回」按鈕，並指定按鈕作為導覽列的左側按鈕，程式碼如下：

```
.toolbar {
    ToolbarItem(placement: .navigationBarLeading) {
        Button(action: {
            // 導覽至前一個畫面
        }) {
            Image(systemName: "chevron.left.circle.fill")
                .font(.largeTitle)
                .foregroundColor(.white)
        }
    }
}
```

你可以將上述的修飾器加到 ScrollView。當修改生效後，你應該會在預覽畫布中看到我們自訂的「返回」按鈕，如圖 11.17 所示。

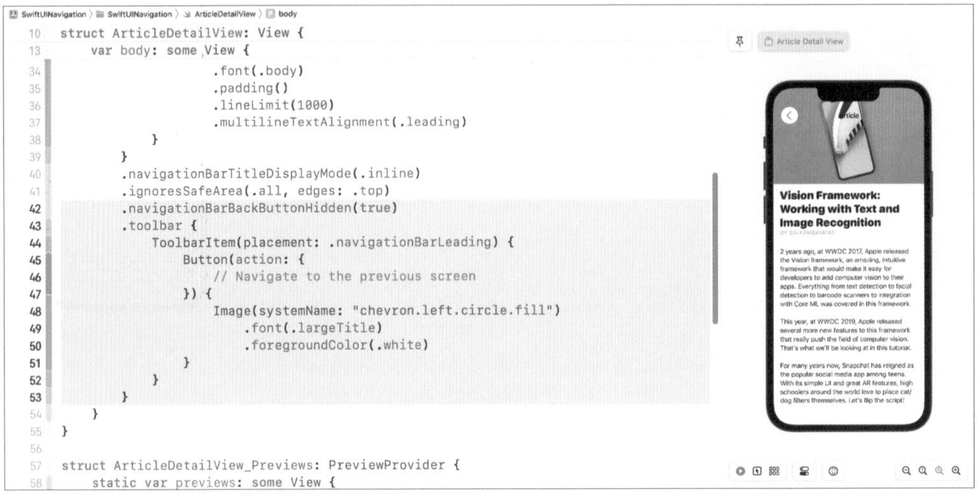

圖 11.17　建立我們自己的「返回」按鈕

你可能已經注意到按鈕的 action 閉包是空的。「返回」按鈕佈局得很好，但問題是它不能運作。

NavigationView 渲染的原始「返回」按鈕可以自動導覽回到前一個畫面，我們需要以編寫程式碼方式來導覽回上一頁。感謝 SwiftUI 框架中內建的環境值，你可以引用一個名為「dismiss」的環境綁定來關閉目前視圖。

現在，在 ArticleDetailView 中宣告一個 dismiss 變數來取得環境值：

```
@Environment(\.dismiss) var dismiss
```

接下來，在我們自訂的「返回」按鈕的 action 中，插入下列這行程式碼：

```
dismiss()
```

這裡我們呼叫 dismiss 方法，以在點擊「返回」按鈕時關閉細節視圖。執行 App 並再次測試它，你應該能夠在內容視圖與細節視圖之間進行導覽。

本章小結

導覽 UI 在行動 App 中非常常見，理解這個關鍵觀念非常重要。如果你完全了解內容，即使資料是靜態的，你也可以建立一個基於內容的簡單 App。

在本章所準備的範例檔中，有完整的專案可供下載：

- 第一個專案的專案範例：https://www.appcoda.com/resources/swiftui4/SwiftUINavigationList.zip。

- 第二個專案的專案範例：https://www.appcoda.com/resources/swiftui4/SwiftUINavigation.zip。

要進一步學習導覽視圖，你也可以參考下列 Apple 所提供的文件：

- https://developer.apple.com/tutorials/swiftui/building-lists-and-navigation

- https://developer.apple.com/documentation/swiftui/navigationstack

CHAPTER

12

實作模態視圖、
浮動按鈕與警告提示視窗

在上一章中，我們建立了一個導覽介面，讓使用者可以從內容視圖導覽至細節視圖。視圖轉場動畫很精巧，並且完全由 iOS 處理，當使用者觸發轉場時，細節視圖會流暢地從右至左滑動。導覽 UI 只是常用的 UI 模式之一，在本章中，我將向你介紹另一種強制顯示內容的設計技巧。

對於 iPhone 的使用者，你應該非常熟悉模態視圖了。模態視圖的一種常見用途是顯示輸入表單，例如：行事曆 App 為使用者顯示一個模態視圖來建立一個新事件，系統內建的提醒事項與聯絡人 App 也使用模態視圖來要求使用者輸入。

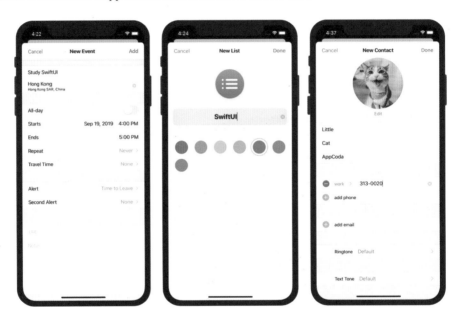

圖 12.1　行事曆、提醒事項與聯絡人 App 的模態視圖範例

從使用者體驗的角度來看，模態視圖通常是透過點擊按鈕來觸發。同樣的，模態視圖的轉場動畫是由 iOS 所處理，當顯示全螢幕的模態視圖時，它會流暢地從畫面底部向上滑動。

如果你是 iOS 的長期使用者，你可能會發現如圖 12.1 所示的模態視圖的外觀及感覺和傳統的不太一樣。在 iOS 13 之前，顯示模態視圖時會覆蓋整個畫面，自 iOS 13 起，模態視圖預設是以卡片式的形式顯示，其不會覆蓋整個畫面，而是部分覆蓋了底層內容視圖，你仍然可看到內容／父視圖的頂部邊緣。除了視覺變化之外，現在可從畫面的任意位置向下滑動來關閉模態視圖，你不需要編寫任何一行程式碼，即可啟用這個手勢，它完全由 iOS 內建及產生。當然，若是你想透過按鈕來關閉模態視圖，你仍然可以這樣做。

好的，那麼我們將在本章中實作什麼呢？

我將教你如何使用模態視圖顯示和在上一章中我們實作過的相同細節視圖，雖然模態視圖通常用於顯示表單，這並不表示你不能使用它們來顯示其他資訊，除了模態視圖之外，你還將學習如何在細節視圖中建立浮動按鈕。雖然可透過滑動手勢來關閉模態視圖，但我想提供一個「Close」按鈕來供使用者關閉細節視圖。另外，我們也將研究警告提示視窗（Alert），這是另一種模態視圖。

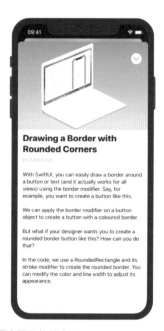

圖 12.2　使用模態視圖來顯示細節畫面

　　我們在本章中有許多要討論的內容。讓我們開始吧！

12.1　了解 SwiftUI 的工作表

😊說明

工作表的顯示風格為部分覆蓋底層內容的卡片，並使所有未覆蓋到的地方變暗，以防止與其互動。目前卡片的後面可看見父視圖或上一張卡片的頂部邊緣，以幫助人們記住他們開啟卡片時暫停的任務。

— Apple 的官方文件（https://developer.apple.com/design/human-interface-guidelines/
ios/app-architecture/modality/ ）

在深入實作之前，我先快速介紹一下模態視圖的卡片式外觀。在 SwiftUI 中，卡片外觀是使用工作表的顯示風格來實現，這是模態視圖的預設顯示風格。

基本上，要顯示模態視圖，你可運用 sheet 修飾器，如下所示：

```
.sheet(isPresented: $showModal) {
    DetailView()
}
```

它採用布林值來指示是否顯示模態視圖，如果 isPresented 設定爲「true」，則模態視圖將自動以卡片形式顯示。

另一種顯示模態視圖的方式如下：

```
.sheet(item: $itemToDisplay) {
    DetailView()
}
```

sheet 修飾器還讓你透過傳送可選綁定來觸發模態視圖的顯示，如果可選型別有值，iOS 會帶出模態視圖。如果你還記得我們在上一章中對於 actionSheet 的討論，你會發現 sheet 的用法與 actionSheet 非常相似。

12.2 準備起始專案

以上是背景資訊，我們來繼續實際執行範例專案。請先到下列網址下載起始專案：https://www.appcoda.com/resources/swiftui4/SwiftUIModalStarter.zip，下載後開啓專案，並看一下預覽，如圖 12.3 所示。你應該非常熟悉這個範例 App 了，該 App 仍有一個導覽列，但導覽連結已被刪除。

```
1    //
2    // ContentView.swift
3    // SwiftUIModal
4    //
5    // Created by Simon Ng on 25/7/2022.
6    //
7
8    import SwiftUI
9
10   struct ContentView: View {
11       var body: some View {
12           NavigationStack {
13               List(articles) { article in
14                   ArticleRow(article: article)
15
16                   .listRowSeparator(.hidden)
17               }
18               .listStyle(.plain)
19
20               .navigationTitle("Your Reading")
21           }
22       }
23   }
24
25   struct ContentView_Previews: PreviewProvider {
26       static var previews: some View {
```

圖 12.3　起始專案

12.3　使用 isPresented 實作模態視圖

如前所述，sheet 修飾器提供我們兩種顯示模態視圖的方式，我將教你這兩種方法的用法，我們從 isPresented 方法開始，對於這個方法，我們需要一個 Bool 型別的狀態變數來追蹤模態視圖的狀態。在 ContentView 中宣告這個變數：

```
@State var showDetailView = false
```

預設情況下，它設定為「false」。當點擊其中一列時，該變數的值將會設定為「true」。稍後，我們會在程式碼中做這個變更。

當顯示細節視圖時，視圖要求我們傳送所選的文章，因此我們還需要宣告一個狀態變數來儲存使用者的選擇。在 ContentView 中，為此目的宣告另一個狀態變數如下：

```
@State var selectedArticle: Article?
```

為了實作模態視圖，我們將 sheet 修飾器加到 List 上，如下所示：

```
NavigationStack {
    List(articles) { article in
        ArticleRow(article: article)

        .listRowSeparator(.hidden)
    }
    .listStyle(.plain)
    .sheet(isPresented: $showDetailView) {

        if let selectedArticle = self.selectedArticle {
            ArticleDetailView(article: selectedArticle)
        }
    }

    .navigationTitle("Your Reading")
}
```

模態視圖的顯示取決於 showDetailView 屬性的值，這就是為何我們在 isPresented
參數中指定它的原因。sheet 修飾器的閉包宣告要顯示的視圖佈局，這裡我們顯示了
ArticleDetailView。

剩下的項目是偵測使用者的觸控。建立導覽 UI 時，我們利用 NavigationLink 來處理觸
控，然而此特殊按鈕是為導覽介面所設計的。在 SwiftUI 中，有一個名為「onTapGesture」
的處理器，可以用來識別觸控手勢，你可以將此處理器加到每個 ArticleRow 來偵測使用
者的觸控。現在修改 body 變數中的 NavigationStack，如下所示：

```
NavigationStack {
    List(articles) { article in
        ArticleRow(article: article)
            .onTapGesture {
                self.showDetailView = true
                self.selectedArticle = article
            }

        .listRowSeparator(.hidden)
    }
    .listStyle(.plain)
    .sheet(isPresented: $showDetailView) {
```

```
        if let selectedArticle = self.selectedArticle {
            ArticleDetailView(article: selectedArticle)
        }
    }

    .navigationTitle("Your Reading")
}
```

在 onTapGesture 的閉包中，我們將 showDetailView 設定為「true」，這是用來觸發模態視圖的顯示，我們還將所選的文章儲存在 selectedArticle 變數中。

點擊「Play」按鈕，在預覽畫布中測試 App。你應該能夠以模態模式帶出細節視圖，如圖 12.4 所示。

App 首次帶出模態視圖時，它顯示的是一個空白視圖。 向下滑動對話視窗來關閉它，然後選擇另一篇文章（不是同一篇文章），應該會得到正確的渲染結果。 這是一個已知的問題，我們將在後面的章節中討論如何修復它。

圖 12.4　以模態模式來顯示細節視圖

12.4 使用可選綁定實作模態視圖

sheet 修飾器還提供另一種顯示模態視圖的方式，與使用布林值控制模態視圖的出現不同，這個修飾器讓你使用可選綁定來實現相同的目標。

你可以將 sheet 修飾器替換為下列程式碼：

```
.sheet(item: $selectedArticle) { article in
    ArticleDetailView(article: article)
}
```

在本範例中，sheet 修飾器要求你傳送一個可選綁定，這裡我們指定了 selectedArticle 綁定，這表示只有當所選的文章有值時，iOS 才會帶出模態視圖。閉包中的程式碼指定模態視圖的外觀，但它和我們之前所編寫的程式碼略有不同。

對於這個方法，sheet 修飾器將在閉包中傳送所選的文章，article 參數包含了保證有值的所選文章，這就是為何我們可以直接使用它來初始化 ArticleDetailView。

由於我們不再使用 showDetailView 變數，因此你可以刪除下列這行程式碼：

```
@State var showDetailView = false
```

從 .onTapGesture 閉包中移除 self.showDetailView = true。

```
.onTapGesture {
    self.showDetailView = true
    ...
}
```

更改程式碼後，你可以再次測試這個 App。運作一如往常，但底層程式碼比原來的更簡潔。

建立浮動按鈕來關閉模態視圖

模態視圖內建了向下滑動手勢的支援，目前你可以向下滑動視圖來關閉它，我想這對於 iPhone 長期使用者而言很自然，因為如 Facebook 之類的 App 已使用這個手勢來關閉視圖，但是新的使用者可能對此一無所知，我們最好開發一個「關閉」按鈕作為關閉模態視圖的替代方式。

切換到 ArticleDetailView.swift，我們將「關閉」按鈕加入至視圖中，如圖 12.5 所示。你知道如何將按鈕放在右上角嗎？試著不看我的程式碼，而是提出自己的實作。

「關閉」按鈕

圖 12.5　關閉模態視圖的「關閉」按鈕

和 NavigationStack 類似，我們可以使用 dismiss 環境值來關閉模態視圖，因此先在 ArticleDetailView 中宣告下列的變數：

```
@Environment(\.dismiss) var dismiss
```

對於「關閉」按鈕，我們可以將 overlay 修飾器加到滾動視圖上（將程式碼片段放在 ignoresSafeArea 之前），如下所示：

```
.overlay(

    HStack {
        Spacer()

        VStack {
            Button {
                dismiss()
            } label: {
                Image(systemName: "chevron.down.circle.fill")
                    .font(.largeTitle)
                    .foregroundColor(.white)
            }

            .padding(.trailing, 20)
            .padding(.top, 40)

            Spacer()
        }
    }
)
```

　　按鈕會覆蓋在滾動視圖上方，以浮動按鈕的形式顯示。即使你向下滾動視圖，按鈕也會停留在相同的位置，要將按鈕放在右上角，這裡我們使用 HStack 與 VStack，然後加上Spacer 作為輔助。要關閉視圖，你只需呼叫 dismiss() 函式即可。

圖 12.6　實作「關閉」按鈕

在模擬器中執行 App，或是切換至 ContentView 並在畫布中執行 App，你應該能夠點擊「關閉」按鈕來關閉模態視圖。

12.6 使用警告提示視窗

除了卡片式模態視圖之外，「警告提示視窗」（Alert）是另一種模態視圖，當它顯示時，整個畫面會被鎖住，如果你不選擇其中一個選項，將會無法關閉對話視窗。圖 12.7 為一個警告提示視窗的範例，這是我們將在範例專案中實作的範例警告提示視窗，我們將在使用者點擊「關閉」按鈕後顯示警告提示視窗。

圖 12.7　顯示警告提示視窗

在 SwiftUI 中，你可以使用 .alert 修飾器來建立一個警告提示視窗，下列是 .alert 的範例用法：

```
.alert("Warning", isPresented: $showAlert, actions: {
    Button {
        dismiss()
```

```
    } label: {
        Text("Confirm")
    }

    Button(role: .cancel, action: {}) {
        Text("Cancel")
    }
}, message: {
    Text("Are you sure you want to leave?")
})
```

　　範例程式碼初始化一個標題為「警告」的警告提示視圖，警告提示視窗還會向使用者顯示：「你確定要離開嗎」。在警告提示視圖中有兩個按鈕：「確認」（Confirm）與「取消」（Cancel）。

　　下列是建立警告提示視窗的程式碼，如圖 12.8 所示：

```
.alert("Reminder", isPresented: $showAlert, actions: {
    Button {
        dismiss()
    } label: {
        Text("Yes")
    }

    Button(role: .cancel, action: {}) {
        Text("No")
    }

}, message: {
    Text("Are you sure you are finished reading the article?")
})
```

　　除了按鈕的標籤不同之外，它和先前的程式碼相似。這個警告提示視窗詢問使用者是否已閱讀完文章，若是使用者選擇「是」（Yes），它會關閉模態視圖，否則模態視圖將保持開啟。

　　現在我們已有了建立警告提示視窗的程式碼，問題是如何觸發警告提示視窗的顯示呢？SwiftUI 提供一個可加到任何視圖的 .alert 修飾器。同樣的，你使用一個布林變數來控制警告提示視窗的顯示，因此在 ArticleDetailView 中宣告一個狀態變數：

```
@State private var showAlert = false
```

接下來，將之前顯示的 .alert 修飾器加到 ScrollView 上。

還剩下一件事，我們應該何時觸發警告提示視窗呢？換句話說，我們何時要將 showAlert 設定為「true」呢？

顯然的，當某人點擊「關閉」按鈕時，App 應該顯示警告提示視窗，因此替換「關閉」按鈕動作的程式碼如下：

```
Button {
    self.showAlert = true
} label: {
    Image(systemName: "chevron.down.circle.fill")
        .font(.largeTitle)
        .foregroundColor(.white)
}
```

我們沒有直接關閉模態視圖，而是透過將 showAlert 設定為「true」，來指示 iOS 顯示警告提示視窗。現在你可以測試 App 了，當你點擊「關閉」按鈕時，你會看到警告提示視窗，若是你選擇「是」（Yes），模態視圖將關閉，如圖 12.8 所示。

圖 12.8　點擊「關閉」按鈕會顯示警告提示視窗

12.7 顯示全螢幕模態視圖

從 iOS 13 開始,模態視圖預設上不會覆蓋整個畫面,如果要顯示全螢幕模態視圖的話,則可以使用 iOS 14 中導入的 .fullScreenCover 修飾器,你可使用 .fullScreenCover 修飾器來顯示模態視圖,而不是使用 .sheet 修飾器,如下所示:

```
.fullScreenCover(item: $selectedArticle) { article in
    ArticleDetailView(article: article)
}
```

12.8 本章小結

你已經學習了如何顯示模態視圖、實作浮動按鈕以及顯示警告提示視窗。最新版本的 iOS 持續鼓勵使用者使用手勢來與裝置互動,並為常見手勢提供內建支援。不需要編寫一行程式碼,你就可讓使用者向下滑動畫面來關閉模態視圖。

模態視圖與警告提示視窗的 API 設計非常相似,它監控狀態變數,以確認是否觸發模態視圖(或警告提示視窗)。一旦你了解這個技術後,實作對你而言,應該不困難了。

在本章所準備的範例檔中,有完整的模態專案可供下載:

● 範例專案:https://www.appcoda.com/resources/swiftui4/SwiftUIModal.zip。

CHAPTER 13

使用選擇器、切換開關與步進器建立表單

行動 App 使用表單與使用者互動，並從使用者請求所需的資料。每天使用 iPhone 時，你很可能碰到行動表單。舉例而言，行事曆 App 可能顯示表單來讓你填寫新行程的資訊；或者購物 App 顯示表單來要求你提供購物與付款資訊。作爲一個使用者，我不否認我討厭填寫表單，但是作爲開發者，這些表單可幫助我們與使用者互動，並請求資訊來完成某些操作。開發一個表單，絕對是你需要掌握的基本技能。

在 SwiftUI 框架中，有一個名爲「Form」的特別 UI 控制元件，使用這個新控制元件，你可以輕鬆建立表單。我將教你如何使用 Form 元件來建立表單。在建立表單時，你還將學習如何使用常見的控制元件，例如：選擇器（picker）、切換開關（toggle）與步進器（stepper）。

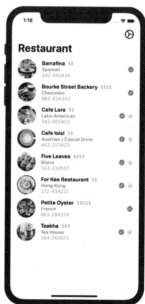

圖 13.1 建立一個設定畫面

那麼，我們準備要做什麼專案呢？以圖 13.1 爲例，我們將爲前面章節中所製作的餐廳 App 來建立其設定畫面，該畫面提供使用者設定「排序」與「篩選」的偏好選項。這表單在眞實的專案中很常見，當你了解其如何運作後，你將可在你的 App 專案中建立自己的表單。

在本章中，我將著重在實作表單佈局，你將了解如何使用 Form 元件來佈局設定畫面，我們還將實作一個選擇器來選擇「排序」的偏好，並建立一個切換開關與一個步進器來指示「篩選」的偏好。當你了解如何佈局表單後，在下一章中，我將教你如何依照使用者的偏好來更新清單，以使 App 的功能完善。你將學會如何儲存使用者的偏好、分享視圖間的資料，並使用 @EnvironmentObject 來監控資料的更新。

13.1 準備起始專案

為了節省你再次建立餐廳清單的時間，我已經建好了一個起始專案。首先到 https://www.appcoda.com/resources/swiftui4/SwiftUIFormStarter.zip 下載起始專案，下載後以 Xcode 開啟 SwiftUIForm.xcodeproj 檔，在畫布中預覽 ContentView.swift，你將看到一個熟悉的 UI，只是它包含了更多的餐廳詳細資訊，如圖 13.2 所示。

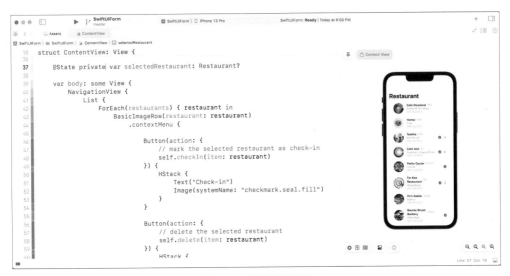

圖 13.2　餐廳清單視圖

現在 Restaurant 結構具有三個屬性：type、phone 與 priceLevel，我覺得 type 與 phone 的意思本身很清楚了，不必另外說明，而 priceLevel 儲存了範圍為 1 至 5 的整數，以反映該餐廳的平均價位。restaurants 陣列已預填一些範本資料，為了之後的測試，將一些範本餐廳的 isFavorite 與 isCheckIn 設定為「true」，這就是為何你會在預覽中看到一些打卡與最愛符號的原因。

建立表單 UI

如前所述，SwiftUI 提供一個名為「Form」的 UI 元件來建立表單 UI。輸入資料時，它是用於存放及分組控制元件（例如：切換開關）的容器。與其直接向你解釋其用法，不如我們直接進入實作，在此過程中，你將了解如何使用該元件。

由於我們將為「設定」建立一個單獨的畫面，因此我們為表單建立一個新檔案。在專案導覽器中，在「SwiftUIForm」資料夾按右鍵，並選取「New File...」，如圖 13.3 所示。接下來，選擇使用「SwiftUI View」作為模板，並將檔案命名為「SettingView.swift」。

圖 13.3　建立一個新 SwiftUI 檔

現在我們來開始建立表單。以下列程式碼替代 SettingView：

```
struct SettingView: View {
    var body: some View {
        NavigationStack {
            Form {
                Section(header: Text("SORT PREFERENCE")) {
                    Text("Display Order")
                }

                Section(header: Text("FILTER PREFERENCE")) {
                    Text("Filters")
                }
```

```
        }

        .navigationBarTitle("Settings")
      }
    }
  }
```

要佈局表單，你要使用 Form 容器，在其中建立區塊及表單元件（文字欄位、選擇器、切換開關等）。在上列的程式碼中，我們建立兩個區塊：「Sort Preference」與「Filter Preference」，每個區塊都有一個文字視圖，你的畫布應會顯示如圖 13.4 所示的預覽。

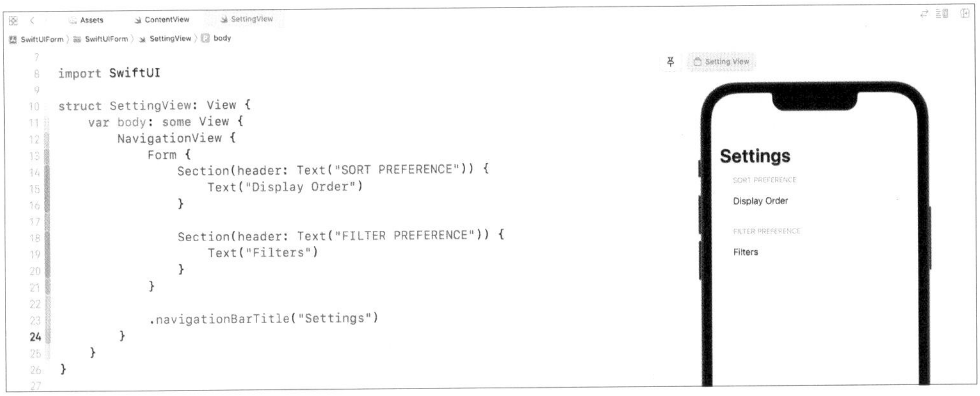

圖 13.4　建立一個包含兩個區塊的簡易表單

13.3 建立選擇器視圖

顯示表單時，你一定希望保護某些資訊。如果只顯示一個文字元件是無用的，在實際的表單中，我們使用三種類型的 UI 控制元件來進行使用者輸入，包括選擇器視圖、切換開關與步進。我們從排序偏好來開始，為此我們將實作一個選擇器視圖。

對於排序偏好，使用者可選擇餐廳清單的顯示順序，其中我們提供三個選項供使用者選擇：

- Alphabetical（依字母順序）。
- Show Favorite First（最愛優先）。
- Show Check-in First（打卡優先）。

　　Picker 控制元件非常適合處理此類輸入。我們使用陣列來表示上列的每個選項。我們在 SettingView 中宣告一個名為「displayOrders」的陣列：

```
private var displayOrders = [ "Alphabetical", "Show Favorite First", "Show Check-in First"]
```

　　要使用選擇器，你還需要宣告一個狀態變數來儲存使用者所選的選項。在 SettingView 中宣告變數如下：

```
@State private var selectedOrder = 0
```

　　這裡的「0」表示 displayOrders 的第一個項目。現在以下列程式碼替代 SORT PREFERENCE 區塊：

```
Section(header: Text("SORT PREFERENCE")) {
    Picker(selection: $selectedOrder, label: Text("Display order")) {
        ForEach(0 ..< displayOrders.count, id: \.self) {
            Text(self.displayOrders[$0])
        }
    }
}
```

　　這就是在 SwiftUI 中建立選擇器容器的方式。你必須提供兩個值，包括所選的綁定（即 $selectedOrder）以及描述選項用途的文字標籤。在閉包中，你使用 Text 顯示可用選項。

　　在畫布中，你應該會看到「Display Order」（顯示順序）設定為「Alphabetical」，這是因為 selectedOrder 預設為「0」。如果你點選「Play」按鈕來測試視圖，點擊該選項會帶你到下一個畫面，其畫面顯示了所有的可用選項，你可以選擇任何選項（例如：Show Favorite First）進行測試。當你回到設定畫面，「Display Order」會出現你剛才的選擇，這便是 @State 關鍵字的強大之處，它自動監控變化，並幫助你儲存選擇的狀態。

圖 13.5　對「Display Order」選項使用選擇器視圖

13.4 使用切換開關

接下來，我們進入設定篩選偏好的輸入。我們首先實作一個切換開關來啓用／禁用「Show Check-in Only」的篩選，切換開關有兩個狀態：「ON」或「OFF」，這個控制元件對於提示使用者在兩個互斥選項之間進行選擇特別有用。

使用 SwiftUI 建立一個切換開關非常簡單，與 Picker 類似，我們必須宣告一個狀態變數來儲存切換開關的目前設定，因此在 SettingView 中宣告下列的變數：

```
@State private var showCheckInOnly = false
```

然後，更新 FILTER PREFERENCE 區塊如下：

```
Section(header: Text("FILTER PREFERENCE")) {
    Toggle(isOn: $showCheckInOnly) {
        Text("Show Check-in Only")
    }
}
```

你使用 Toggle 建立一個切換開關，並傳送切換開關的目前狀態。在閉包中，你顯示切換開關的描述，這裡我們只使用一個 Text 視圖。

畫布應該會在 FILTER PREFERENCE 區塊下顯示一個切換開關，如圖 13.6 所示。如果你測試這個 App，你應該可以在 ON 與 OFF 狀態之間切換。同樣的，狀態變數 showCheckInOnly 將持續追蹤使用者的選擇。

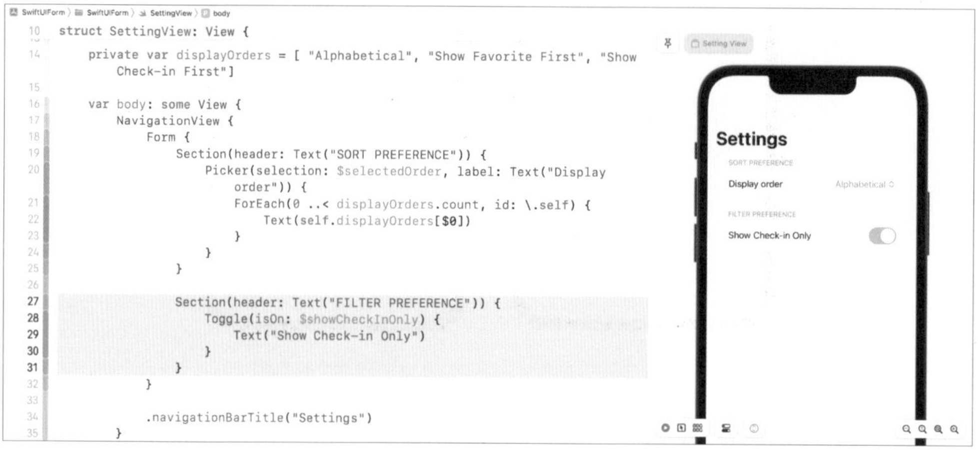

```
10    struct SettingView: View {
14        private var displayOrders = [ "Alphabetical", "Show Favorite First", "Show
              Check-in First"]
15
16        var body: some View {
17            NavigationView {
18                Form {
19                    Section(header: Text("SORT PREFERENCE")) {
20                        Picker(selection: $selectedOrder, label: Text("Display
                            order")) {
21                            ForEach(0 ..< displayOrders.count, id: \.self) {
22                                Text(self.displayOrders[$0])
23                            }
24                        }
25                    }
26
27                    Section(header: Text("FILTER PREFERENCE")) {
28                        Toggle(isOn: $showCheckInOnly) {
29                            Text("Show Check-in Only")
30                        }
31                    }
32                }
33
34                .navigationBarTitle("Settings")
35            }
```

圖 13.6　顯示一個切換開關

13.5 使用步進器

設定表單中的最後一個 UI 控制元件是「步進器」。再次參考圖 13.1，使用者可以透過設定價位級別來篩選餐廳，每間餐廳都有一個價位指標，範圍為 1 至 5 之間。使用者可調整價位級別，以縮小清單視圖中顯示的餐廳數量。

在設定表單中，我們將實作一個步進器來供使用者調整此設定。基本上，iOS 中的步進器顯示一個文字欄位以及用來在文字欄位上執行遞增及遞減的動作的「＋」和「－」的按鈕。

要在 SwiftUI 中實作步進器，我們首先需要一個狀態變數來存放步進器的目前值。在本例中，這個變數儲存使用者的價位級別篩選。在 SettingView 中宣告狀態變數，如下所示：

```
@State private var maxPriceLevel = 5
```

我們預設 maxPriceLevel 為「5」，更新 FILTER PREFERENCE 區塊如下：

```
Section(header: Text("FILTER PREFERENCE")) {
    Toggle(isOn: $showCheckInOnly) {
        Text("Show Check-in Only")
    }

    Stepper(onIncrement: {
        self.maxPriceLevel += 1

        if self.maxPriceLevel > 5 {
            self.maxPriceLevel = 5
        }
    }, onDecrement: {
        self.maxPriceLevel -= 1

        if self.maxPriceLevel < 1 {
            self.maxPriceLevel = 1
        }
    }) {
        Text("Show \(String(repeating: "$", count: maxPriceLevel)) or below")
    }
}
```

你可以透過初始化 Stepper 元件來建立步進器。對於 onIncrement 參數，你指定點選「＋」按鈕時要執行的動作，在程式碼中，我們只是將 maxPriceLevel 增加「1」；反之，點選「－」按鈕時，將執行 onDecrement 參數中指定的程式碼。

由於價位級別在 1 至 5 的範圍之間，我們執行檢查來確保 maxPriceLevel 的值介於 1 至 5 之間。在閉包中，我們顯示篩選偏好的文字描述，而最高價位級別是以美元符號表示，如圖 13.7 所示。

```
10  struct SettingView: View {
16      var body: some View {
27
28                  Section(header: Text("FILTER PREFERENCE")) {
29                      Toggle(isOn: $showCheckInOnly) {
30                          Text("Show Check-in Only")
31                      }
32
33                      Stepper(onIncrement: {
34                          self.maxPriceLevel += 1
35
36                          if self.maxPriceLevel > 5 {
37                              self.maxPriceLevel = 5
38                          }
39                      }, onDecrement: {
40                          self.maxPriceLevel -= 1
41
42                          if self.maxPriceLevel < 1 {
43                              self.maxPriceLevel = 1
44                          }
45                      }) {
46                          Text("Show \(String(repeating: "$", count:
                              maxPriceLevel)) or below")
47                      }
48                  }
```

圖 13.7　實作步進器

在預覽畫布中測試 App。當你點選「＋ / －」按鈕時，將會調整 $ 符號的數量。

顯示表單

現在你已經完成了表單 UI，下一步是顯示表單給使用者。以本範例來說，我們將以模態視圖（Modal View）的形式來顯示此表單。在內容視圖中，我們將在導覽列中加入一個「Setting」按鈕來觸發設定視圖。

切換至 ContentView.swift，我假設你已經閱讀過第 12 章，因此我將不再深入解釋程式碼。我們首先需要一個變數來追蹤模態視圖狀態（即顯示或不顯示），插入下列這行程式碼來宣告狀態變數：

```
@State private var showSettings: Bool = false
```

接下來，將下列的修飾器插入至 NavigationStack 中（將其放在 navigationTitle 之後）：

```
.toolbar {
    ToolbarItem(placement: .navigationBarTrailing) {
        Button(action: {
            self.showSettings = true
        }, label: {
            Image(systemName: "gear").font(.title2)
```

```
                .foregroundColor(.black)
            })
        }
    }
}
.sheet(isPresented: $showSettings) {
    SettingView()
}
```

　　navigationBarItems 修飾器可讓你在導覽列中加入按鈕，你可在導覽列前緣（leading）或後緣（trailing）位置建立按鈕，由於我們想在右上角顯示按鈕，因此我們使用 trailing 參數。而 sheet 修飾器用於將 SettingView 顯示為模態視圖。

　　在畫布中，你應該會在導覽列中看到一個齒輪圖示，如圖 13.8 所示。點選齒輪圖示，它應該會帶出設定視圖。

圖 13.8　建立導覽列按鈕

13.7 作業：關閉設定視圖

　　關閉設定視圖的唯一方式是使用向下滑動手勢。在第 12 章中，你已經學過如何以程式設計方式來關閉模態視圖。我們來練習修改，請在導覽列中建立「Save」與「Cancel」兩個按鈕，如圖 13.9 所示。你不需要實作這些按鈕，當使用者點擊任何按鈕時，你只需關閉設定視圖即可。

圖 13.9 在導覽列建立「Save」與「Cancel」按鈕

下一章的主題

我希望你了解 Form 元件的用法,並知道如何使用選擇器與步進器等元件來建立表單 UI。目前這個 App 無法永久儲存使用者偏好。每次啓動 App 時,設定都會重置回原始設定。在下一章中,我將教你如何在本地儲存器中儲存這些設定。更重要的是,我們將會依照使用者偏好來更新清單視圖。

在本章所準備的範例檔中,有完整的表單專案可供下載:

● 範例專案:https://www.appcoda.com/resources/swiftui4/SwiftUIForm.zip。

14

使用Combine與Environment
物件進行資料共享

在第 13 章中，你學到了使用 Form 元件來佈局表單。不過，該表單還沒有功能，無論你選擇哪個選項，清單視圖都不會改變來反映使用者偏好，這就是我們將在本章中討論與實作的內容。我們將繼續開發設定畫面，並依照使用者的個人偏好更新餐廳清單，來使 App 的功能完善。

具體而言，我們將在後面的小節討論下列主題：

● 如何使用列舉（enum）來整理我們的程式碼。

● 如何使用 UserDefaults 來永久儲存使用者偏好。

● 如何使用 Combine 與 @EnvironmentObject 來共享資料。

如果你還沒有完成第 13 章的作業，我鼓勵你花一點時間練習。不過，如果你等不及要閱讀本章內容，你可以至下列網址下載範例專案：https://www.appcoda.com/resources/swiftui4/SwiftUIForm.zip。

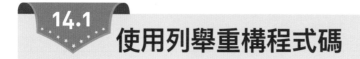

使用列舉重構程式碼

我們目前使用一個陣列來儲存「Display Order」的三個選項，它雖然能夠正常運作，不過還有更好的方式可以改善程式碼。

列舉為一組相關的值定義一般型別，並使你在程式碼中以型別安全的方式使用這些值。

— Apple 的官方文件（https://docs.swift.org/swift-book/LanguageGuide/Enumerations.html）

由於這組固定值是和「Display Order」有關，因此我們可以使用 Enum 來存放它們，並為每個項目（case）指定一個整數值，如下所示：

```
enum DisplayOrderType: Int, CaseIterable {
    case alphabetical = 0
    case favoriteFirst = 1
    case checkInFirst = 2

    init(type: Int) {
        switch type {
        case 0: self = .alphabetical
```

```
            case 1: self = .favoriteFirst
            case 2: self = .checkInFirst
            default: self = .alphabetical
            }
    }

    var text: String {
        switch self {
        case .alphabetical: return "Alphabetical"
        case .favoriteFirst: return "Show Favorite First"
        case .checkInFirst: return "Show Check-in First"
        }
    }
}
```

Enum 之所以優秀，是因為我們可在程式碼中以型別安全的方式使用這些值。另外，Swift 中的 Enum 本身就是一級型別，這表示你可以建立實例方法來提供與值相關的附加功能，稍後我們將會加入一個處理篩選的功能。同時，我們建立一個名為「SettingStore. swift」的新 Swift 檔來儲存 Enum，如圖 14.1 所示，你可以在專案導覽中右鍵點擊「SwiftUIForm」，並選擇「New File...」來建立檔案。

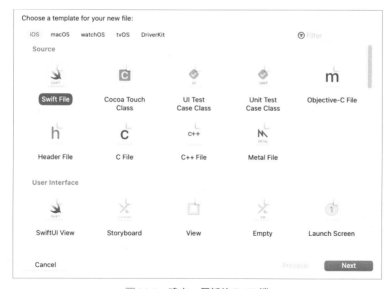

圖 14.1 建立一個新的 Swift 檔

建立 SettingStore.swift 之後，將上列的程式碼片段插入檔案中。接下來，回到 Setting View.swift，我們將更新程式碼來使用 DisplayOrder 列舉，而不是使用 displayOrders 陣列。

首先，從 SettingView 刪除下列這行程式碼：

```
private var displayOrders = [ "Alphabetical", "Show Favorite First", "Show Check-in First"]
```

接下來，將 selectedOrder 的預設值更新爲「DisplayOrderType.alphabetical」，如下所示：

```
@State private var selectedOrder = DisplayOrderType.alphabetical
```

這裡，我們預設顯示順序爲依字母排列（alphabetical），將此值與先前的值（即「0」）進行比較，轉換爲使用列舉後，程式碼更易閱讀了。接下來，你還需要在 SORT PREFERENCE 區塊中更改程式碼，具體而言，我們更新 ForEach 迴圈中的程式碼：

```
Section(header: Text("SORT PREFERENCE")) {
    Picker(selection: $selectedOrder, label: Text("Display order")) {
        ForEach(DisplayOrderType.allCases, id: \.self) {
            orderType in
            Text(orderType.text)
        }
    }
}
```

由於我們在 DisplayOrder 列舉中採用 CaseIterable 協定，因此我們可存取 allCases 屬性（該屬性包含所有列舉項目的陣列）來取得所有的顯示順序。

現在你可以再次測試設定畫面，它應該可正常運作且外觀相同，不過底層程式碼更易於管理及閱讀了。

14.2 在 UserDefaults 中儲存使用者偏好

目前 App 還不能永久儲存使用者偏好。每當你重新啓動 App 時，設定畫面都會重置爲預設設定。

有多種儲存設定的方式，對於儲存少量資料（如 iOS 的使用者設定），內建的「預設」資料庫是一個不錯的選項，此預設系統讓 App 以鍵值對的形式來儲存使用者偏好。要和這個預設資料庫互動，你可以使用一個名爲「UserDefaults」的程式設計介面。

在 SettingStore.swift 檔中，我們將建立一個 SettingStore 類別，以提供一些方便的方法來儲存及載入使用者偏好，在 SettingStore.swift 中插入下列的程式碼片段：

```swift
final class SettingStore {

    init() {
        UserDefaults.standard.register(defaults: [
            "view.preferences.showCheckInOnly" : false,
            "view.preferences.displayOrder" : 0,
            "view.preferences.maxPriceLevel" : 5
        ])
    }

    var showCheckInOnly: Bool = UserDefaults.standard.bool(forKey: "view.preferences.
showCheckInOnly") {
        didSet {
            UserDefaults.standard.set(showCheckInOnly, forKey: "view.preferences.showCheckInOnly")
        }
    }

    var displayOrder: DisplayOrderType = DisplayOrderType(type: UserDefaults.standard.integer(
forKey: "view.preferences.displayOrder")) {
        didSet {
            UserDefaults.standard.set(displayOrder.rawValue, forKey: "view.preferences.
displayOrder")
        }
    }

    var maxPriceLevel: Int = UserDefaults.standard.integer(forKey: "view.preferences.maxPriceLevel")
{
        didSet {
            UserDefaults.standard.set(maxPriceLevel, forKey: "view.preferences.maxPriceLevel")
        }
    }

}
```

我來簡短解釋一下程式碼，在 init 方法中，我們使用一些預設值來初始化預設系統。如果資料庫中找不到使用者偏好時，才會使用這些值。

在上列的程式碼中，我們宣告了三個計算屬性（showCheckInOnly、displayOrder 與 maxPriceLevel），它們使用 UserDefaults 儲存在鍵值對中，預設值則是從特定鍵的預設系統中載入。在 didSet 中，我們使用 UserDefaults（UserDefaults.standard.set()）的 set 方法來儲存在使用者預設值。這三個屬性都被標記為 @Published，以便在其值更新時通知所有的訂閱者。

SettingStore 準備好後，我們切換到 SettingView.swift 檔來實作「Save」操作。首先，在 SettingView 中為 SettingStore 宣告一個屬性：

```
var settingStore: SettingStore
```

對於「Save」按鈕，找到「Save」按鈕的程式碼（在 ToolbarItem(placement: .navigationBarTrailing) 區塊中），將現有的程式碼替換為下列的程式碼：

```
Button {
    self.settingStore.showCheckInOnly = self.showCheckInOnly
    self.settingStore.displayOrder = self.selectedOrder
    self.settingStore.maxPriceLevel = self.maxPriceLevel
    dismiss()

} label: {
    Text("Save")
        .foregroundColor(.primary)
}
```

我們加入三行程式碼至目前的「Save」按鈕中，來儲存使用者偏好。要在帶入設定視圖時載入使用者偏好，你可以加入一個 onAppear 修飾器至 NavigationStack，如下所示：

```
.onAppear {
    self.selectedOrder = self.settingStore.displayOrder
    self.showCheckInOnly = self.settingStore.showCheckInOnly
    self.maxPriceLevel = self.settingStore.maxPriceLevel
}
```

onAppear 修飾器將在視圖出現時呼叫，因此我們在它的閉包中從預設系統載入使用者設定。

在你可以測試其變化之前，你必須更新 SettingView_Previews 如下：

```
struct SettingView_Previews: PreviewProvider {
    static var previews: some View {
        SettingView(settingStore: SettingStore())
```

```
    }
}
```

現在切換到 ContentView.swift，並宣告 settingStore 屬性：

```
var settingStore: SettingStore
```

然後更新 sheet 修飾器如下：

```
.sheet(isPresented: $showSettings) {
    SettingView(settingStore: self.settingStore)
}
```

最後，更新 ContentView_Previews 如下：

```
struct ContentView_Previews: PreviewProvider {
    static var previews: some View {
        ContentView(settingStore: SettingStore())
    }
}
```

我們初始化一個 SettingStore，並將其傳送給 SettingView，而這是必需的，因為我們已經在 SettingView 中加入 settingStore 屬性。

如果你現在編譯並執行該 App，Xcode 將顯示一個錯誤。在 App 可正常運作之前，我們還需要做一個修改。

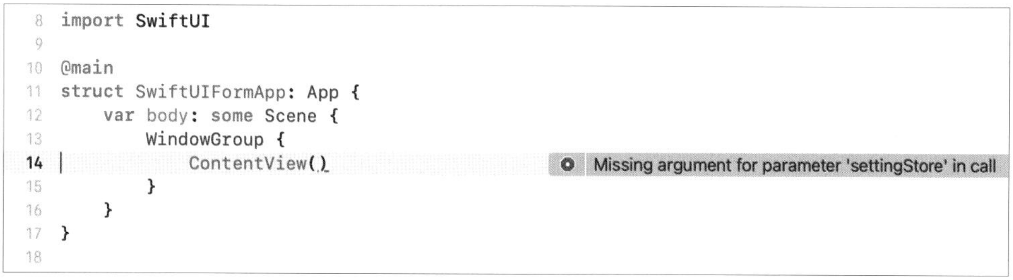

```
 8  import SwiftUI
 9
10  @main
11  struct SwiftUIFormApp: App {
12      var body: some Scene {
13          WindowGroup {
14  |             ContentView()          ⊘  Missing argument for parameter 'settingStore' in call
15          }
16      }
17  }
18
```

圖 14.2　SwiftUIFormApp.swift 中出現錯誤

至 SwiftUIFormApp.swift，並加入下列屬性來建立一個 SettingStore 實例：

```
var settingStore = SettingStore()
```

接下來，將 WindowGroup 區塊中的這行程式碼更改如下來修正錯誤：

```
ContentView(settingStore: settingStore)
```

現在你應該能夠執行 App 並嘗試設定。當你儲存設定後，它們將永久儲存在本地預設系統中。你可停止 App，並重新啟動它，儲存的設定應已載入至設定畫面中，如圖 14.3 所示。

圖 14.3　設定畫面應該已載入你的使用者偏好

14.3　使用 @EnvironmentObject 在視圖間共享資料

現在使用者偏好已經儲存在本地預設系統中，但是清單視圖並沒有依照使用者設定而改變。同樣的，有多種方式可以解決這個問題。

我們概括說明一下目前的情形，當使用者點擊設定畫面中的「Save」按鈕時，我們儲存所選的選項至本地預設系統中，然後關閉設定畫面，App 將帶使用者回到清單視圖，因此我們指示清單視圖來重新載入設定，或者清單視圖必須能夠監控預設系統的變更，並觸發清單的更新。

隨著 SwiftUI 的推出，Apple 還發布了一個名為「Combine」的新框架，根據 Apple 的說法，這個框架提供一個宣告式 API 來隨著時間推移處理值。在此範例的內容中，Combine 讓你輕鬆監控單一物件，並取得變更通知。與 SwiftUI 一起使用時，我們可以不編寫一行程式碼，就觸發視圖的更新，一切都由 SwiftUI 與 Combine 在幕後處理。

那麼，清單視圖如何知道使用者偏好已被修改並觸發更新呢？

我來介紹三個關鍵字：

- **@EnvironmentObject**：以技術而言，這稱為「屬性包裹器」（Property Wrapper），但你可將此關鍵字視為一個特殊的標記。當你宣告屬性為環境物件時，SwiftUI 會監控該屬性的值，並在有任何改變時，使對應的視圖無效。@EnvironmentObject 的用法與 @State 幾乎相同，不過當屬性被宣告為環境物件時，整個 App 中的所有視圖都可存取它。舉例而言，如果你的 App 有很多視圖共享相同的資料（例如：使用者設定），則環境物件非常適合這種情況，你不需要在視圖間傳送屬性，就可以自動存取它。

- **ObservableObject**：這是一個 Combine 框架的協定。當你宣告屬性為環境物件時，該屬性的型別必須實作此協定。回到我們的問題：我們如何讓清單視圖知道使用者偏好已經變更？透過實作此協定，這個物件可以作為發布者發出更改後的值，而那些監控值變化的訂閱者將會收到通知。

- **@Published**：這是與 ObservableObject 一起使用的屬性包裹器。當一個屬性以 @Publisher 為前綴時，這表示發布者應該在值發生更改時通知所有的訂閱者。

我知道這有點令人困惑，當我們看完程式碼後，你將會更加了解。

我們從 SettingStore.swift 來開始。由於設定視圖與清單視圖都需要監控使用者偏好的變化，因此 SettingStore 應該實作 ObservableObject 協定，並宣布 defaults 屬性的變更。在 SettingStore.swift 檔的開頭，我們必須先匯入 Combine 框架：

```
import Combine
```

SettingStore 類別應該採用 ObservableObject 協定。更新類別宣告如下：

```
final class SettingStore: ObservableObject {
```

接下來，為所有屬性插入 @Published 標註如下：

```
@Published var showCheckInOnly: Bool = UserDefaults.standard.bool(forKey: "view.preferences.
showCheckInOnly") {
    didSet {
        UserDefaults.standard.set(showCheckInOnly, forKey: "view.preferences.showCheckInOnly")
```

```
    }
}

@Published var displayOrder: DisplayOrderType = DisplayOrderType(type: UserDefaults.standard.
integer(forKey: "view.preferences.displayOrder")) {
    didSet {
        UserDefaults.standard.set(displayOrder.rawValue, forKey: "view.preferences.displayOrder")
    }
}

@Published var maxPriceLevel: Int = UserDefaults.standard.integer(forKey: "view.preferences.
maxPriceLevel") {
    didSet {
        UserDefaults.standard.set(maxPriceLevel, forKey: "view.preferences.maxPriceLevel")
    }
}
```

　　藉由使用 @Published 屬性包裹器，發布者可讓訂閱者知道屬性值何時發生變化（例如：displayOrder 的更新）。

　　如你所見，使用 Combine 通知變更的值非常容易。實際上，我們還沒有編寫任何新程式碼，只有採用了所需的協定，並插入一個標記。

　　現在我們切換至 SettingView.swift。settingStore 現在應該宣告爲環境物件，以讓我們可以與其他視圖共享資料。更新 settingStore 變數如下：

```
@EnvironmentObject var settingStore: SettingStore
```

　　你不需要更新和「Save」按鈕有關的程式碼。不過，當你爲設定儲存區設定新值時（例如：將 showCheckInOnly 從「true」更新爲「false」），此更新將會發布，並讓所有訂閱者知道。

　　由於此變更，我們需要更新 SettingView_Previews 爲下列內容：

```
struct SettingView_Previews: PreviewProvider {
    static var previews: some View {
        SettingView().environmentObject(SettingStore())
    }
}
```

這裡我們將 SettingStore 的實例注入至環境中，以進行預覽。

好的，我們所有的工作都是在發布者方面進行的，那麼訂閱者呢？我們要如何監控 defaults 的變化，並相應更新 UI 呢？

在這個範例專案中，清單視圖是訂閱者，它需要監控設定儲存區的變化，並重新渲染清單視圖，以反映使用者的設定。現在開啟 ContentView.swift 來做一些變更，和我們剛才所做的操作類似，settingStore 現在應該宣告為一個環境物件：

```
@EnvironmentObject var settingStore: SettingStore
```

由於這個變更，因此應要修改 sheet 修飾器中的程式碼，以獲取此環境物件：

```
.sheet(isPresented: $showSettings) {
    SettingView().environmentObject(self.settingStore)
}
```

另外，爲了測試的目的，預覽程式碼應要相應更新，以注入環境物件：

```
struct ContentView_Previews: PreviewProvider {
    static var previews: some View {
        ContentView().environmentObject(SettingStore())
    }
}
```

最後開啟 SwiftUIFormApp.swift，並更新 WindowGroup 中的程式碼如下：

```
struct SwiftUIFormApp: App {

    var settingStore = SettingStore()

    var body: some Scene {
        WindowGroup {
            ContentView().environmentObject(settingStore)
        }
    }
}
```

這裡我們呼叫 environmentObject 方法，將設定儲存區注入至環境中。現在設定儲存區的實例可用於 App 內的所有視圖，換句話說，設定與清單視圖皆可自動存取它了。

現在我們已經實作了一個可以讓所有視圖存取的通用設定儲存區。最棒的是，只要設定儲存區中有任何的更改，它會自動通知監控更新的視圖。儘管你看不出任何的視覺差異，但是當你更新設定畫面的選項時，設定儲存區會將變更通知清單視圖。

我們最終任務是實作篩選與排序選項，以只顯示和使用者偏好相配的餐廳。我們從實作下列兩個篩選選項來開始：

- 只顯示打卡過的餐廳。

- 顯示低於某個價位級別的餐廳。

在 ContentView.swift 中，我們將建立一個名為「showShowItem」的新函式來處理篩選：

```
private func shouldShowItem(restaurant: Restaurant) -> Bool {
    return (!self.settingStore.showCheckInOnly || restaurant.isCheckIn) && (restaurant.
priceLevel <= self.settingStore.maxPriceLevel)
}
```

該函式帶入一個餐廳物件，並告訴呼叫者是否應該顯示餐廳。在上列的程式碼中，我們檢查「Show Check-in Only」選項是否被選取，並驗證指定餐廳的價位級別。

接下來，使用 if 語句包裹 BasicImageRow，如下所示：

```
if self.shouldShowItem(restaurant: restaurant) {
        BasicImageRow(restaurant: restaurant)
            .contextMenu {

                ...

            }
}
```

這裡，我們首先呼叫剛才實作的 shouldShowItem 函式，來檢查是否應該顯示餐廳。

現在於模擬器中執行 App，並快速測試。在設定畫面中，設定「Show Check-in Only」選項爲「ON」，並設定價位級別選項，以顯示價位級別爲「3」（即 \$\$\$ ）或以下的餐廳，如圖 14.4 所示。當你點擊「Save」按鈕後，清單視圖應會自動更新（使用動畫），並顯示篩選後的紀錄。

圖 14.4　當你更改篩選偏好時，清單視圖現在會更新其項目

14.5 實作排序選項

現在我們已經完成篩選選項的實作，我們來處理排序選項。在 Swift 中，你可以使用 sort(by:) 方法對元素的序列進行排序。當使用此方法時，你需要提供一個述詞（predicate）給它，當第一個元素應該排在第二個元素之前時，該述詞會回傳 true。

舉例而言，要將 restaurants 陣列依字母排序，則可以使用 sort(by:) 方法如下：

```
restaurants.sorted(by: { $0.name < $1.name })
```

這裡，$0 是第一個元素，$1 是第二個元素。在這個例子中，名為「Upstate」的餐廳大於名為「Homei」的餐廳，因此「Homei」會在序列中排在「Upstate」之前。

反之，如果你想要以字母降冪來排序餐廳，你可以編寫程式碼如下：

```
restaurants.sorted(by: { $0.name > $1.name })
```

我們如何排序陣列來顯示「check-in」優先，或顯示「favorite」優先呢？我們可以使用相同的方法，但是提供不同的述詞，如下所示：

```
restaurants.sorted(by: { $0.isFavorite && !$1.isFavorite })
restaurants.sorted(by: { $0.isCheckIn && !$1.isCheckIn })
```

為了整理我們的程式碼，我們可以將這些述詞放在 DisplayOrderType 列舉中。在 SettingStore.swift 中，加入一個新函式於 DisplayOrderType 中，如下所示：

```
func predicate() -> ((Restaurant, Restaurant) -> Bool) {
    switch self {
    case .alphabetical: return { $0.name < $1.name }
    case .favoriteFirst: return { $0.isFavorite && !$1.isFavorite }
    case .checkInFirst: return { $0.isCheckIn && !$1.isCheckIn }
    }
}
```

此函式僅回傳相應顯示順序的述詞（即一個閉包）。現在我們準備進行最後的變更，回到 ContentView.swift，並將 ForEach 敘述從：

```
ForEach(restaurants) {
  ...
}
```

變更為：

```
ForEach(restaurants.sorted(by: self.settingStore.displayOrder.predicate())) {
  ...
}
```

就是這樣，測試 App 並變更排序偏好。當你更新排序選項時，清單視圖將得到通知，並相應地重新排序餐廳。

14.6 下一章的主題

你知道 SwiftUI 與 Combine 可幫助我們編寫更好的程式碼嗎？在本章的最後兩節中，我們並沒有編寫很多的程式碼來實作篩選及排序選項。Combine 處理事件處理的繁重工作，將它與 SwiftUI 搭配使用時，它的功能更加強大，並節省你開發實作來監控物件的狀態變化與觸發 UI 更新的時間。一切幾乎都是自動的，並由這兩個新框架來負責。

在下一章中，我們將會透過「建立註冊畫面」來繼續探索 Combine，你將進一步了解 Combine 如何幫助你寫出更簡潔與模組化的程式碼。

在本章所準備的範例檔中，有完整的專案可供下載：

● 範例專案：https://www.appcoda.com/resources/swiftui4/SwiftUIFormData.zip。

使用Combine與視圖模型
建立註冊表單

現在你應該對於Combine有了基本的了解，我們將探索Combine如何讓SwiftUI真正大放異彩。當開發一個真實的App時，通常會有一個使用者註冊頁面來供人們註冊及建立帳戶。在本章中，我將建立一個帶有三個文字欄位的簡單註冊畫面，我們的重點是表單驗證，因此將不進行實際的註冊，你將學習如何利用Combine的強大功能來驗證每個輸入欄位，並在視圖模型中組織程式碼。

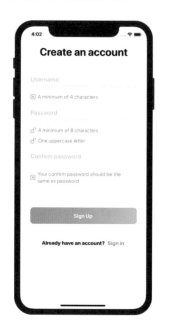

圖 15.1　使用者註冊範例

在深入研究程式碼之前，請先看一下圖15.1，這就是我們要建立的使用者註冊畫面。在每個輸入欄位下會列出要求，一旦使用者填入資訊後，App會即時驗證所輸入的資訊，如果驗證結果正確，則欄位要求文字就會劃掉。而在滿足所有的要求之前，將先禁用「註冊」（Sign up）按鈕。

如果你對Swift與UIKit有經驗，你就會知道有各種類型的實作方式可處理表單驗證。不過，在本章中，我們將探索如何利用Combine框架來執行表單驗證。

15.1 使用 SwiftUI 佈局表單

我們從一個練習來開始本章，使用你至目前為止所學的知識來佈局如圖 15.1 所示的表單 UI。要在 SwiftUI 中建立一個文字欄位，你可以使用 TextField 元件，而對於密碼欄位，SwiftUI 提供了一個名為「SecureField」安全文字欄位。

要建立一個文字欄位，你需要使用欄位名稱與綁定（binding）來初始化 TextField，這將渲染一個可編輯的文字欄位，而使用者輸入會儲存在你給定的綁定中。和其他表單欄位類似，你可以透過使用相關的修飾器來修改其外觀。下面是範例程式碼片段：

```
TextField("Username", text: $username)
    .font(.system(size: 20, weight: .semibold, design: .rounded))
    .padding(.horizontal)
```

這兩個元件的用法非常相似，只是安全欄位會自動遮蔽使用者的輸入：

```
SecureField("Password", text: $password)
    .font(.system(size: 20, weight: .semibold, design: .rounded))
    .padding(.horizontal)
```

我知道這兩個元件對你而言比較陌生，不過在觀看解答之前，請試著盡力建立表單。

那麼你能建立表單嗎？即使你不能完成這個練習，也沒有關係，現在到下列網址來下載這個專案：https://www.appcoda.com/resources/swiftui4/SwiftUIFormRegistrationUI.zip，我將會介紹我的作法給你參考。

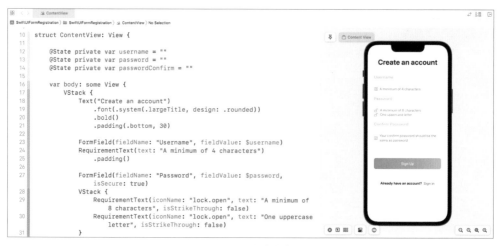

圖 15.2　起始專案

開啓 ContentView.swift 檔，並預覽畫布中的佈局，你渲染的視圖應該如圖 15.2 所示。現在我們簡要檢視一下程式碼，並從 RequirementText 視圖開始。

```
struct RequirementText: View {

    var iconName = "xmark.square"
    var iconColor = Color(red: 251/255, green: 128/255, blue: 128/255)

    var text = ""
    var isStrikeThrough = false

    var body: some View {
        HStack {
            Image(systemName: iconName)
                .foregroundColor(iconColor)
            Text(text)
                .font(.system(.body, design: .rounded))
                .foregroundColor(.secondary)
                .strikethrough(isStrikeThrough)
            Spacer()
        }
    }
}
```

首先，爲什麼我對欄位要求文字建立一個單獨視圖呢（如圖 15.3 所示）？如果你檢視所有的欄位要求文字，每個要求都有一個圖示及一個敘述。我們不會從頭開始建立每個欄位要求文字，而是將程式碼泛化，並爲其建立一個通用視圖。

圖 15.3　範例文字欄位及其要求文字

RequirementText 視圖有四個屬性，包括 iconName、iconColor、text 與 isStrikeThrough。它足夠彈性去支援不同樣式的欄位要求文字。如果你接受預設的圖示與顏色，則可簡單建立一個欄位要求文字，如下所示：

```
RequirementText(text: "A minimum of 4 characters")
```

這將渲染一個帶有「×」的正方形（xmark.square）和如圖 15.3 所示的文字。在某些情況下，欄位要求文字應要被劃掉，並顯示不同的圖示 / 顏色。程式碼可編寫如下：

```
RequirementText(iconName: "lock.open", iconColor: Color.secondary, text: "A minimum of 8
characters", isStrikeThrough: true)
```

你指定一個不同的系統圖示名稱、顏色，並將 isStrikeThrough 選項設定爲「true」，這可讓你建立如圖 15.4 所示的欄位要求文字。

圖 15.4　欄位要求文字被劃掉

現在你已了解 RequirementText 視圖的運作以及爲何建立它。我們來看一下 FormField 視圖。同樣的，如果你檢視所有的文字欄位，它們都有一個共同的樣式，即圓體字型樣式的文字欄位，這就是我取出通用程式碼並建立 FormField 視圖的原因。

```
struct FormField: View {
    var fieldName = ""
    @Binding var fieldValue: String

    var isSecure = false
```

```
var body: some View {

    VStack {
        if isSecure {
            SecureField(fieldName, text: $fieldValue)
                .font(.system(size: 20, weight: .semibold, design: .rounded))
                .padding(.horizontal)

        } else {
            TextField(fieldName, text: $fieldValue)
                .font(.system(size: 20, weight: .semibold, design: .rounded))
                .padding(.horizontal)
        }

        Divider()
            .frame(height: 1)
            .background(Color(red: 240/255, green: 240/255, blue: 240/255))
            .padding(.horizontal)

    }
  }
}
```

　　由於這個通用的FormField需要同時負責文字欄位與安全欄位，因此它有一個名為「isSecure」的屬性，如果設定為「true」，表單欄位將被建立為一個安全欄位。在SwiftUI中，你可以使用Divider元件來建立一條線。在程式碼中，我們使用frame修飾器來變更其高度為「1點」。

　　要建立使用者名稱欄位，你可以編寫程式碼如下：

```
FormField(fieldName: "Username", fieldValue: $username)
```

　　對於密碼欄位，除了將isSecure參數設定為「true」之外，程式碼非常相似：

```
FormField(fieldName: "Password", fieldValue: $password, isSecure: true)
```

　　好的，我們回到ContentView結構來看表單是如何佈局的。

```
struct ContentView: View {

    @State private var username = ""
```

```swift
    @State private var password = ""
    @State private var passwordConfirm = ""

    var body: some View {
        VStack {
            Text("Create an account")
                .font(.system(.largeTitle, design: .rounded))
                .bold()
                .padding(.bottom, 30)

            FormField(fieldName: "Username", fieldValue: $username)
            RequirementText(text: "A minimum of 4 characters")
                .padding()

            FormField(fieldName: "Password", fieldValue: $password, isSecure: true)
            VStack {
                RequirementText(iconName: "lock.open", iconColor: Color.secondary, text: "A
minimum of 8 characters", isStrikeThrough: true)
                RequirementText(iconName: "lock.open", text: "One uppercase letter",
isStrikeThrough: false)
            }
            .padding()

            FormField(fieldName: "Confirm Password", fieldValue: $passwordConfirm, isSecure:
true)
            RequirementText(text: "Your confirm password should be the same as the password",
isStrikeThrough: false)
                .padding()
                .padding(.bottom, 50)

            Button(action: {
                // 進入下一個畫面
            }) {
                Text("Sign Up")
                    .font(.system(.body, design: .rounded))
                    .foregroundColor(.white)
                    .bold()
                    .padding()
                    .frame(minWidth: 0, maxWidth: .infinity)
                    .background(LinearGradient(gradient: Gradient(colors: [Color(red: 251/255,
green: 128/255, blue: 128/255), Color(red: 253/255, green: 193/255, blue: 104/255)]),
startPoint: .leading, endPoint: .trailing))
                    .cornerRadius(10)
```

```
            .padding(.horizontal)
    }

    HStack {
        Text("Already have an account?")
            .font(.system(.body, design: .rounded))
            .bold()

        Button(action: {
            // 進入登入畫面
        }) {
            Text("Sign in")
                .font(.system(.body, design: .rounded))
                .bold()
                .foregroundColor(Color(red: 251/255, green: 128/255, blue: 128/255))
        }
    }.padding(.top, 50)

    Spacer()
    }
    .padding()
}

}
```

　　首先，我們有一個VStack存放所有的表單元素，它以標題開頭，接著是所有的表單欄位與欄位要求文字。我已經解釋過如何建立這些表單欄位與欄位要求文字，因此我將不再詳細說明。我加入欄位的是padding修飾器，這可以讓文字欄位之間加入一些間距。

　　「Sign up」按鈕是使用Button元件所建立的，目前沒有動作。我打算將這個動作閉包留空，因為我們的重點是表單驗證。同樣的，我相信你應該知道如何自訂按鈕，因此我就不再對其詳細介紹了，你可以隨時參考第6章的內容。

　　最後，是「Already have an account?」的敘述文字，這個文字與「Sign in」按鈕不一定需要，我只是想模仿常見的註冊表單。

　　以上就是我佈局使用者註冊畫面的方式。如果你已試著做這個練習，或許會提出其他的解決方案，這完全沒問題，這裡我只是告訴你建立表單的其中一種方法，你可以使用它作為參考，並提出更好的實作方式。

15.2 了解 Combine

在我們深入研究表單驗證的程式碼之前，我爲你提供更多關於 Combine 框架的背景資訊。如上一章所述，這個新框架提供了一個宣告式 API，用於隨著時間處理值。

「隨著時間處理值」是什麼意思呢？這些值又是什麼？

我們以註冊表單爲例，App 與使用者互動時會持續產生 UI 事件，使用者在文字欄位中敲擊每個按鍵輸入時，都會觸發一個事件，而這變成一個值串流，如圖 15.5 所示。

圖 15.5　輸入資料流

這些 UI 事件是框架所參照的一種「值」。這些值的另一個例子是網路事件（例如：從遠端伺服器下載一個檔案）。

> 💬 說明
>
> Combine 框架提供一個宣告式方法，用於你的 App 處理事件。與其可能要實作多個委派回呼（delegate callback）或完成處理閉包（completion handler closure），你可以爲給定的事件源建立單一處理鏈（chain）。鏈的每個部分都是一個 Combine 運算子，對上一個步驟收到的元素執行不同的動作。　　　　　　　 — Apple 的官方文件（https://developer.apple.com/documentation/combine/
> receiving_and_handling_events_with_combine）

發布者與訂閱者是框架的兩個核心元素。使用 Combine，發布者傳送事件，而訂閱者訂閱，以從發布者接收值。同樣的，我們以文字欄位爲例，透過使用 Combine，使用者在文字欄位中敲擊每個鍵盤輸入時，都會觸發一個值更改的事件。而對監控這些值感興趣的訂閱者，可以訂閱接收這些事件，並進一步執行操作（例如：驗證）。

舉例而言，你正在寫一個表單驗證器，它有指示表單是否準備好送出的屬性。在這個例子中，你可以使用 @Published 標註來標記該屬性，如下所示：

```swift
class FormValidator: ObservableObject {
    @Published var isReadySubmit: Bool = false
}
```

每次變更 isReadySubmit 的值時,它都會向訂閱者發布一個事件。訂閱者接收更新後的值,並繼續處理,例如:訂閱者使用該值來確認是否應啟用「送出」按鈕。

你可能會覺得在 SwiftUI 中 @Published 和 @State 的運作方式非常相似,雖然在這個例子中,它們的運作方式幾乎相同,但是 @State 只能適用在屬於特定 SwiftUI 視圖的屬性。如果你想要建立不屬於特定視圖或可以用於多個視圖之間的自訂類型的話,則你需要建立一個遵從 ObservableObject 的類別,並以 @Published 標註來標記這些屬性。

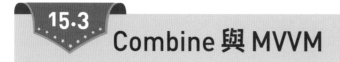

15.3 Combine 與 MVVM

現在你已經具備 Combine 的基本觀念,我們來開始使用框架實作表單驗證,下列是我們要做的事情:

- 建立一個視圖模型來表示使用者註冊表單。
- 在視圖模型中實作表單驗證。

我知道你可能會有幾個問題。首先,為什麼我們需要建立視圖模型呢?我們可以在 ContentView 中加入這些表單屬性並執行表單驗證嗎?

你絕對可以這樣做,但是隨著專案規模持續成長或者視圖變得更加複雜,將複雜的元件拆成多層是一個良好作法。

「關注點分離」(Separation of concerns)是編寫優秀軟體的基本原則,我們可以把視圖分成視圖及其視圖模型等兩個元件,而不是將所有的東西放在一個視圖中。視圖本身是負責 UI 佈局,而視圖模型存放要在視圖中顯示的狀態與資料,並且視圖模型還處理資料驗證與轉換。對於有經驗的開發者而言,我們正在應用眾所周知的「MVVM」(Model-View-ViewModel 的縮寫)設計模式。

所以這個視圖模型將保存哪些資料呢?

再看一次註冊表單,我們有三個文字欄位,包括:

- 使用者名稱。
- 密碼。
- 密碼確認。

除此之外,這個視圖模型將存放這些欄位要求文字的狀態,以指示是否應該被劃掉:

- 最少4個字元（使用者名稱）。

- 最少8個字元（密碼）。

- 一個大寫字母（密碼）。

- 你的確認密碼應與密碼相同（密碼確認）。

因此，視圖模型將具有七個屬性，並且這些屬性中的每一個都會將其值的變更發布給那些有興趣接收該值的人。視圖模型的基本架構可以定義如下：

```
class UserRegistrationViewModel: ObservableObject {
    // 輸入
    @Published var username = ""
    @Published var password = ""
    @Published var passwordConfirm = ""

    // 輸出
    @Published var isUsernameLengthValid = false
    @Published var isPasswordLengthValid = false
    @Published var isPasswordCapitalLetter = false
    @Published var isPasswordConfirmValid = false
}
```

這就是表單視圖的資料模型。username、password 與 passwordConfirm 屬性分別存放使用者名稱、密碼與密碼確認的文字欄位的值，這個類別應該遵從 ObservableObject。所有這些屬性都使用 @Published 來做標註，因為我們想要在值發生變更時通知訂閱者，並相應執行驗證。

15.3.1　使用 Combine 驗證使用者名稱

好的，以上為資料模型，不過我們還沒有處理表單驗證。我們要如何依照要求來驗證使用者名稱、密碼與密碼確認呢？

使用 Combine，你就必須培養發布者／訂閱者思維模式來回答問題。考慮到使用者名稱，我們這裡實際上有兩個發布者：「username」與「isUsernameLengthValid」。每當使用者在使用者名稱欄位上敲擊鍵盤輸入時，username 發布者就會發布值的變更，而 isUsernameLengthValid 發布者則將使用者輸入的驗證狀態通知訂閱者。幾乎所有 SwiftUI 中的控制元件都是訂閱者，因此欄位要求文字視圖將監聽驗證結果的變化，並相應更新其樣式（即是否有刪除線）。圖 15.6 說明了我們如何使用 Combine 來驗證使用者名稱的輸入。

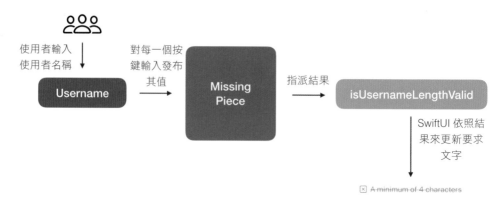

圖15.6 username 與 isUsernameValid 發布者

這裡缺少的是連接兩個發布者之間的東西,並且這個「東西」應該要處理下列的任務:

● 監聽 username 的變化。

● 驗證使用者名稱與回傳驗證結果(true/false)。

● 指定結果至 isUsernameLengthValid。

如果你將以上的要求轉換成程式碼,程式碼片段如下:

```
$username
    .receive(on: RunLoop.main)
    .map { username in
        return username.count >= 4
    }
    .assign(to: \.isUsernameLengthValid, on: self)
```

Combine 框架提供了兩個內建的訂閱者:「sink」與「assign」。sink 建立一個通用訂閱者來接收值,assign 則讓你建立另一種類型的訂閱者,用於更新物件的特定屬性。舉例而言,它將驗證結果(true/false)直接指定給 isUsernameLengthValid。

我將逐行深入介紹上列的程式碼。$username 是我們想要監聽的值變化的來源。由於我們訂閱 UI 事件的變化,因此呼叫 receive(on:) 函式來確保訂閱者在主執行緒(即 RunLoop.main)上接收到值。

發布者傳送的值是使用者所輸入的使用者名稱,不過訂閱者感興趣的是使用者名稱的長度是否能夠滿足最低要求。這裡 map 函式被認為是 Combine 中的運算子,它接受輸入、處理輸入,並將輸入轉換為訂閱者所期望的內容,因此我們在上列的程式碼中做了下列事情:

- 我們以使用者名稱作爲輸入。

- 然後，我們驗證使用者名稱是否至少包含 4 個字元。

- 最後，我們將驗證結果以布林值（true/false）回傳給訂閱者。

對於驗證結果，訂閱者只需要將結果設定給 isUsernameLengthValid 屬性。請記住 isUsernameLengthValid 也是一個發布者，我們可以更新 RequirementText 控制元件來訂閱變更，並相應更新 UI，如下所示：

```
RequirementText(iconColor: userRegistrationViewModel.isUsernameLengthValid ? Color.secondary :
Color(red: 251/255, green: 128/255, blue: 128/255), text: "A minimum of 4 characters",
isStrikeThrough: userRegistrationViewModel.isUsernameLengthValid)
```

圖示的顏色與刪除線的狀態都取決於驗證結果而定（即 isUsernameLengthValid）。

這就是我們如何使用 Combine 來驗證表單欄位的方式。我們還沒有將程式碼變更放入我們的專案中，不過我希望讓你了解發布者/訂閱者的觀念，以及我們如何使用這個方法執行驗證。在後面的小節中，我們將會應用所學到的知識，並對程式碼進行更改。

15.3.2　使用 Combine 驗證密碼

現在你了解使用者名稱欄位的驗證是如何完成的，我們將對密碼與密碼確認驗證應用類似的實作。

對於密碼欄位，有兩個要求：

- 密碼長度至少有 8 個字元。

- 至少包含一個大寫字母。

爲了符合這兩個要求，我們可以設定兩個訂閱者如下：

```
$password
    .receive(on: RunLoop.main)
    .map { password in
        return password.count >= 8
    }
    .assign(to: \.isPasswordLengthValid, on: self)


$password
    .receive(on: RunLoop.main)
    .map { password in
        let pattern = "[A-Z]"
```

```
        if let _ = password.range(of: pattern, options: .regularExpression) {
            return true
        } else {
            return false
        }
    }
    .assign(to: \.isPasswordCapitalLetter, on: self)
```

第一個訂閱者訂閱了密碼長度的驗證結果，並指定給 isPasswordLengthValid 屬性。第二個訂閱者負責大寫字母的驗證。我們使用 range 方法來測試密碼是否至少包含一個大寫字母。同樣的，訂閱者直接將驗證結果指定給 isPasswordCapitalLetter 屬性。

好的，剩下的是密碼確認欄位的驗證。對於這個欄位，輸入要求是密碼確認應與密碼欄位的密碼相同。password 與 passwordConfirm 都是發布者，為了驗證兩個發布者是否具有相同的值，我們使用 Publisher.combineLatest 來接收與結合來自發布者的最新值，然後我們可以驗證兩個值是否相同。下列為程式碼片段：

```
Publishers.CombineLatest($password, $passwordConfirm)
    .receive(on: RunLoop.main)
    .map { (password, passwordConfirm) in
        return !passwordConfirm.isEmpty && (passwordConfirm == password)
    }
    .assign(to: \.isPasswordConfirmValid, on: self)
```

同樣的，我們將驗證結果指定給 isPasswordConfirmValid 屬性。

15.3.3　實作 UserRegistrationViewModel

現在我已經解釋了實作的方法，我們把所有內容都放至專案中。首先使用「Swift File」模板建立一個名為「UserRegistrationViewModel.swift」的新 Swift 檔，然後使用下列程式碼替換整個檔案內容：

```
import Foundation
import Combine

class UserRegistrationViewModel: ObservableObject {
    // 輸入
    @Published var username = ""
    @Published var password = ""
    @Published var passwordConfirm = ""
```

```
// 輸出
@Published var isUsernameLengthValid = false
@Published var isPasswordLengthValid = false
@Published var isPasswordCapitalLetter = false
@Published var isPasswordConfirmValid = false

private var cancellableSet: Set<AnyCancellable> = []

init() {
    $username
        .receive(on: RunLoop.main)
        .map { username in
            return username.count >= 4
        }
        .assign(to: \.isUsernameLengthValid, on: self)
        .store(in: &cancellableSet)

    $password
        .receive(on: RunLoop.main)
        .map { password in
            return password.count >= 8
        }
        .assign(to: \.isPasswordLengthValid, on: self)
        .store(in: &cancellableSet)

    $password
        .receive(on: RunLoop.main)
        .map { password in
            let pattern = "[A-Z]"
            if let _ = password.range(of: pattern, options: .regularExpression) {
                return true
            } else {
                return false
            }
        }
        .assign(to: \.isPasswordCapitalLetter, on: self)
        .store(in: &cancellableSet)

    Publishers.CombineLatest($password, $passwordConfirm)
        .receive(on: RunLoop.main)
        .map { (password, passwordConfirm) in
            return !passwordConfirm.isEmpty && (passwordConfirm == password)
```

```
        }
        .assign(to: \.isPasswordConfirmValid, on: self)
        .store(in: &cancellableSet)
    }
}
```

以上的程式碼與前面章節中的程式碼幾乎相同。要使用 Combine，你需要先匯入 Combine 框架。在 init() 方法中，我們初始化所有的訂閱者來監聽文字欄位的值變化，並執行相應的驗證。

程式碼與我們之前討論的程式碼幾乎相同，你可能會注意到 cancellableSet 變數。此外，對於每一個訂閱者，我們在最後呼叫 store 函式。

Store 函式與 cancellableSet 變數的作用是什麼呢？

assign 函式會建立訂閱者，並回傳一個可取消的實例，你可以使用該實例在適當的時間取消訂閱。store 函式讓我們將可取消的參照儲存到一個集合中，以便稍後的清理，如果你不儲存這個參照，則 App 可能出現記憶體洩漏的問題。

那麼，這個範例何時會進行清理呢？由於 cancellableSet 被定義為該類別的屬性，因此訂閱的清理及取消將在類別被取消初始化時發生。

現在切換回 ContentView.swift，並更新 UI 控制元件。首先將下列的狀態變數：

```
@State private var username = ""
@State private var password = ""
@State private var passwordConfirm = ""
```

以一個視圖模型取代，並命名為「userRegistrationViewModel」：

```
@ObservedObject private var userRegistrationViewModel = UserRegistrationViewModel()
```

接下來，更新文字欄位與使用者名稱的欄位要求文字如下：

```
FormField(fieldName: "Username", fieldValue: $userRegistrationViewModel.username)

RequirementText(iconColor: userRegistrationViewModel.isUsernameLengthValid ? Color.secondary :
Color(red: 251/255, green: 128/255, blue: 128/255), text: "A minimum of 4 characters",
isStrikeThrough: userRegistrationViewModel.isUsernameLengthValid)
    .padding()
```

fieldValue 參數現在更改為 $userRegistrationViewModel.username。對於欄位要求文字，SwiftUI 監控 userRegistrationViewModel.isUsernameLengthValid 屬性，並相應更新欄位要求文字。

同樣的，更新密碼與密碼確認欄位的 UI 程式碼如下所示：

```
FormField(fieldName: "Password", fieldValue: $userRegistrationViewModel.password, isSecure:
true)

VStack {
    RequirementText(iconName: "lock.open", iconColor: userRegistrationViewModel.
isPasswordLengthValid ? Color.secondary : Color(red: 251/255, green: 128/255, blue: 128/255),
text: "A minimum of 8 characters", isStrikeThrough: userRegistrationViewModel.
isPasswordLengthValid)

    RequirementText(iconName: "lock.open", iconColor: userRegistrationViewModel.
isPasswordCapitalLetter ? Color.secondary : Color(red: 251/255, green: 128/255, blue: 128/255),
text: "One uppercase letter", isStrikeThrough: userRegistrationViewModel.isPasswordCapitalLetter)
}
.padding()

FormField(fieldName: "Confirm Password", fieldValue: $userRegistrationViewModel.passwordConfirm,
isSecure: true)

RequirementText(iconColor: userRegistrationViewModel.isPasswordConfirmValid ? Color.secondary :
Color(red: 251/255, green: 128/255, blue: 128/255), text: "Your confirm password should be the
same as password", isStrikeThrough: userRegistrationViewModel.isPasswordConfirmValid)
    .padding()
    .padding(.bottom, 50)
```

如此，你現在可以測試 App 了。如果你已正確進行所有的修改，則 App 現在應該能驗證使用者輸入，如圖 15.7 所示。

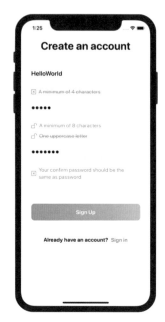

圖 15.7　註冊表單現在可驗證使用者輸入

本章小結

　　我希望你現在已經掌握了一些 Combine 框架的基本認識。SwiftUI 與 Combine 的導入徹底改變了你建立 App 的方式。函式響應式程式設計（Functional Reactive Programming，簡稱 FRP）近年來越來越流行，這是 Apple 首次發布自己的函式響應式框架。在我看來，這是一個重要的典範轉移（paradigm shift），Apple 公司最終對 FRP 做出定位，並推薦 Apple 開發者採用這種新的程式設計方法。

　　就像導入任何新技術一樣，都會有一個學習曲線，即使你之前有 iOS 開發經驗，也要花一些時間從委派的程式設計方法轉變成發布者和訂閱者的設計方法。

　　不過，一旦你熟悉了 Combine 框架，你將會非常高興，因為它可以幫你實現更易維護與模組化的程式碼。如你所見，與 SwiftUI 一起使用，視圖與視圖模型之間的溝通變得輕而易舉了。

　　在本章所準備的範例檔中，有完整的表單驗證專案可供下載：

● 範例專案：https://www.appcoda.com/resources/swiftui4/SwiftUIFormRegistration.zip。

16

使用滑動刪除、
內容選單與動作表

在前面的章節中，你學會了如何使用清單來顯示資料列。在本章中，我們將更深入了解如何讓使用者和清單視圖進行互動，包括：

- 使用滑動刪除一列。
- 點擊一列來啟用動作表（action sheet）。
- 長按一列來帶出內容選單（context menu）。

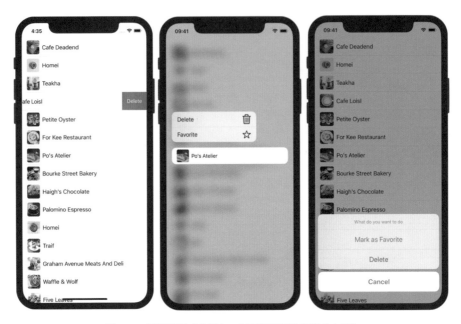

圖 16.1　滑動刪除（左圖）、內容選單與動作表（右圖）

參考圖 16.1，我相信你應該非常熟悉「滑動刪除」與「動作表」，這兩個 UI 元素在 iOS 中已經存在多年，而內容選單是在 iOS 13 導入，儘管它看起來類似 3D Touch 的預覽（peek）與彈出（pop）。對於使用內容選單實作的任何視圖（例如：按鈕），每當使用者在視圖上做壓力觸控（force touch）時，iOS 會帶出一個彈出選單。對於開發者而言，配置選單中顯示的動作項目是其責任。

雖然本章的重點是「清單的互動」，但是我所介紹的技巧也可以應用於其他的 UI 控制元件（例如：按鈕）。

16.1 準備起始專案

我們開始建立這個專案，我們將以餐廳清單 App 為基礎來建立一個互動式清單。你可以到下列網址來下載起始專案：https://www.appcoda.com/resources/swiftui4/SwiftUIActionSheetStarter.zip，下載後開啟專案並檢視預覽，它應該會顯示一個包含文字與圖片的簡單清單，如圖 16.2 所示。稍後，我們將在這個範例 App 中加入滑動刪除功能、動作表與內容選單。

圖 16.2　起始專案應顯示一個簡單的清單視圖

如果你的眼睛夠敏銳的話，你可能會發現起始專案使用 ForEach 來實作該清單。為什麼我使用 ForEach，而不是傳送資料集合至 List 呢？主要原因是我將介紹的 onDelete 處理器只適用於 ForEach。

實作滑動刪除

假設你已經準備好起始專案了，我們開始實作「滑動刪除」（swipe to delete）功能，我已經簡要提過 onDelete 處理器。要對清單中的所有列啟用「滑動刪除」功能，你只需要將這個處理器加到所有列的資料即可，因此更新 List 如下：

```
List {
    ForEach(restaurants) { restaurant in
        BasicImageRow(restaurant: restaurant)
    }
    .onDelete { (indexSet) in
        self.restaurants.remove(atOffsets: indexSet)
    }
}
.listStyle(.plain)
```

在 onDelete 的閉包中，我們傳送一個 indexSet 來儲存要刪除的列的索引，然後我們使用 indexSet 呼叫 remove 方法，以刪除 restaurants 陣列中的特定項目。

在「滑動刪除」功能可以運作之前，還有一件事要做，每當使用者從清單中刪除一列時，UI 應該相應更新。正如前幾章所述，SwiftUI 有一個非常強大的功能來管理 App 的狀態。在我們的程式碼中，當使用者選擇刪除一筆紀錄時，restaurants 陣列的值將會更改，我們必須要求 SwiftUI 監控屬性，並在屬性值更改時更新 UI。

為此，插入 @State 關鍵字至 restaurants 變數：

```
@State var restaurants = [ ... ]
```

當你更改後，你就可以在預覽畫布中測試「刪除」功能了。向左滑動任一列來顯示出「Delete」按鈕，如圖 16.3 所示；點擊它，該列將從清單中刪除。順帶一提，你是否注意到刪除該列時的精美動畫呢？你不需要編寫任何額外的程式碼，這個動畫是由 SwiftUI 自動產生的。很酷，對吧？

圖 16.3　從清單中刪除項目

如果你使用 UIKit 編寫過相同的功能，我相信你會對 SwiftUI 感到驚訝。只需要幾行程式碼與一個關鍵字，你便已實作了「滑動刪除」功能。

16.3 建立內容選單

接下來，我們來討論內容選單，如前所述，內容選單類似於 3D Touch 的預覽（peek）及彈出（pop），有個明顯的差別在於這個功能適用於所有執行 iOS 13 與之後版本的裝置，即使該裝置不支援 3D Touch 也可以。要帶出內容選單，你可使用觸控及長按的手勢，或者如果裝置支援 3D Touch，可使用壓力觸控。

SwiftUI 使得內容選單的實作變得非常簡單，你只需要將 contextMenu 容器加到視圖，並設定它的選單項目即可。

在我們的範例 App 中，我們想在人們長按任何一列時觸發內容選單。選單提供了「刪除」（Delete）與「最愛」（Favorite）等兩個動作按鈕來供使用者選擇。當選擇後，「Delete」按鈕將從清單中刪除該列，「Favorite」按鈕將以星號標記所選的列。

要在內容選單中顯示這兩個項目，我們將 contextMenu 加到清單中的每一列，如下所示：

```
List {
    ForEach(restaurants) { restaurant in
        BasicImageRow(restaurant: restaurant)
```

```
        .contextMenu {

            Button(action: {
                // 刪除所選的餐廳
            }) {
                HStack {
                    Text("Delete")
                    Image(systemName: "trash")
                }
            }

            Button(action: {
                // 將所選的餐廳標記為最愛
            }) {
                HStack {
                    Text("Favorite")
                    Image(systemName: "star")
                }
            }
        }
    }
    .onDelete { (indexSet) in
        self.restaurants.remove(atOffsets: indexSet)
    }
}
.listStyle(.plain)
```

我們還沒有實作任何按鈕動作，不過若你測試 App，則當你長按其中一列時，這個 App 會帶出內容選單，如圖 16.4 所示。

圖 16.4　從清單中刪除項目

我們繼續實作刪除動作。與 onDelete 處理器不同的是，contextMenu 不會給我們所選餐廳的索引。要找出已選餐廳的索引，則需要做一些工作。在 ContentView 建立一個新函式：

```
private func delete(item restaurant: Restaurant) {
    if let index = self.restaurants.firstIndex(where: { $0.id == restaurant.id }) {
        self.restaurants.remove(at: index)
    }
}
```

這個 delete 函式接收一個 restaurant 物件，並在 restaurants 陣列中搜尋它的索引。要找出索引，我們呼叫 firstIndex 函式並指定搜尋條件，這個函式會逐一執行陣列，並將給定的餐廳 id 與陣列中的 id 進行比對，如果有匹配的話，firstIndex 函式會回傳給定餐廳的索引。當我們有了索引後，我們就可以呼叫 remove(at:)，從 restaurants 陣列中刪除餐廳。

接下來，在「// 刪除所選的餐廳」下面插入下列的程式碼：

```
self.delete(item: restaurant)
```

當使用者選擇「Delete」按鈕時，我們只呼叫 delete 函式。現在你已經可以測試 App 了，在畫布中點選「Play」按鈕來執行該 App，長按其中一列來帶出內容選單，接著選擇「Delete」，你應該會看到所選的餐廳從清單中刪除了。

我們繼續「Favorite」按鈕的實作。當這個按鈕被選中時，App 將在所選的餐廳列中放置一顆星。要實作這個功能，我們必須先修改 Restaurant 結構，並加入一個名為「isFavorite」的新屬性，如下所示：

```
struct Restaurant: Identifiable {
    var id = UUID()
    var name: String
    var image: String
    var isFavorite: Bool = false
}
```

這個 isFavorite 屬性指示餐廳是否標記為最愛，預設是設定為「false」。

與「刪除」功能類似，我們將會在 ContentView 中建立一個單獨的函式來設定最愛的餐廳。插入下列的程式碼來建立新函式：

```
private func setFavorite(item restaurant: Restaurant) {
    if let index = self.restaurants.firstIndex(where: { $0.id == restaurant.id }) {
        self.restaurants[index].isFavorite.toggle()
    }
}
```

這段程式碼與 delete 函式的程式碼很相似。我們首先找出給定餐廳的索引，當我們有了索引後，我們變更它的 isFavorite 屬性值。這裡我們呼叫 toggle 函式來切換值，例如：若 isFavorite 的原始值設定為「false」，則呼叫 toggle() 後，值將變為「true」。

接下來，我們必須處理列的 UI。當餐廳的 isFavorite 屬性設定為「true」時，該列應該顯示一個星號。更新 BasicImageRow 結構如下：

```
struct BasicImageRow: View {
    var restaurant: Restaurant

    var body: some View {
        HStack {
            Image(restaurant.image)
                .resizable()
                .frame(width: 40, height: 40)
                .cornerRadius(5)
            Text(restaurant.name)

            if restaurant.isFavorite {
                Spacer()

                Image(systemName: "star.fill")
                    .foregroundColor(.yellow)
            }
        }
    }
}
```

在上列的程式碼中，我們只是在 HStack 中加入一個程式碼片段。若給定餐廳的 isFavorite 屬性設定為「true」，我們加入一個留白與一個系統圖片至該列。

這就是我們如何實作「最愛」功能的方式。最後在「// 將所選的餐廳標記為最愛」下面插入下列這行程式碼來呼叫 setFavorite 函式：

```
self.setFavorite(item: restaurant)
```

現在該進行測試了。在畫布中執行 App，長按其中一列（例如：Petite Oyster），然後選擇「Favorite」，你應該會看到該列末尾出現一個星號，如圖 16.5 所示。

圖 16.5　使用「最愛」的功能

16.4 使用動作表

以上為如何實作內容選單的方式，最後我們來看如何在 SwiftUI 中建立動作表。我們將要建立的動作表提供了與內容選單一樣的選項，如果你忘記動作表的外觀，請再次參考圖 16.1。

SwiftUI 框架有一個 ActionSheet 視圖，可以讓你建立動作表。基本上，你可以像這樣建立動作表：

```
ActionSheet(title: Text("What do you want to do"), message: nil, buttons: [.default(Text("Delete"))])
```

你使用標題及選項訊息初始化一個動作表，buttons 參數接收一個按鈕的陣列。在上面的範例程式碼中，它提供標題為「Delete」的預設按鈕。

要啟用動作表，可將 actionSheet 修飾器加到按鈕或任何視圖上來觸發動作表。如果你研究 SwiftUI 的文件，則有兩個帶出動作表的方式。

你可以使用 isPresented 參數來控制動作表的外觀：

```
func actionSheet(isPresented: Binding<Bool>, content: () -> ActionSheet) -> some View
```

或者使用可選綁定：

```
func actionSheet<T>(item: Binding<T?>, content: (T) -> ActionSheet) -> some View where T :
Identifiable
```

我們將使用這兩個方法來顯示動作表，你可了解何時要使用哪個方法。

對於第一種方法，我們需要一個布林變數來表示動作的狀態，以及一個 Restaurant 型別的變數來儲存所選的餐廳，因此在 ContentView 中宣告這兩個變數：

```
@State private var showActionSheet = false

@State private var selectedRestaurant: Restaurant?
```

預設上，showActionSheet 變數設定為「false」，這表示不顯示動作表；當使用者選取一列時，我們會將這個變數切換為「true」。顧名思義，selectedRestaurant 變數是設計用來存放所選的餐廳。這兩個變數都有 @State 關鍵字，因為我們想要 SwiftUI 監控它們的變化，並相應更新 UI。

接下來，加入 onTapGesture 與 actionSheet 修飾器至 List 視圖，如下所示：

```
List {
    ForEach(restaurants) { restaurant in
        BasicImageRow(restaurant: restaurant)
            .contextMenu {

                ...

            }
            .onTapGesture {
                self.showActionSheet.toggle()
                self.selectedRestaurant = restaurant
            }
            .actionSheet(isPresented: self.$showActionSheet) {

                ActionSheet(title: Text("What do you want to do"), message: nil, buttons: [

                    .default(Text("Mark as Favorite"), action: {
                        if let selectedRestaurant = self.selectedRestaurant {
```

```
                        self.setFavorite(item: selectedRestaurant)
                    }
                }),

                .destructive(Text("Delete"), action: {
                    if let selectedRestaurant = self.selectedRestaurant {
                        self.delete(item: selectedRestaurant)
                    }
                }),

                .cancel()
            ])
        }
    }
    .onDelete { (indexSet) in
        self.restaurants.remove(atOffsets: indexSet)
    }
}
```

加到每列的 onTapGesture 修飾器是用於偵測使用者的觸控。當點擊一列時，onTapGesture 中的程式碼區塊將會執行，這裡我們切換 showActionSheet 變數，並設定 selectedRestaurant 變數為所選的餐廳。

之前我已經解釋過 actionSheet 修飾器的用法。在上列的程式碼中，我們使用 show ActionSheet 的綁定來傳送 isPresented 參數，當 showActionSheet 設定為「true」時，會執行該程式碼區塊。我們使用「標記為最愛」（Mark as Favorite）、「刪除」（Delete）與「取消」（Cancel）等三個按鈕初始化一個 ActionSheet，動作表有三種按鈕類型，包括「預設」（default）、「破壞性」（destructive）與「取消」（cancel），你通常對一般動作使用預設按鈕類型。破壞性按鈕與預設按鈕非常相似，但是字型顏色設定為「紅色」，以表示為一些破壞性的動作（例如：刪除）；取消按鈕是一個用於關閉動作表的特別類型。

「Mark as Favorite」按鈕是我們的預設按鈕。在 action 閉包中，我們呼叫 setFavorite 函式來加入星星。對於破壞性按鈕，我們使用 Delete，其與內容選單的「Delete」按鈕類似，我們呼叫 delete 函式來刪除所選餐廳。

如果你已正確進行變更，則你在清單視圖中點擊其中一列時，應可帶出動作表。當選擇「Delete」按鈕時，將會刪除該列；如果你選擇「Mark as Favorite」選項，則將使用黃色星星標記該列，如圖 16.6 所示。

```
10      struct ContentView: View {
39          var body: some View {

65                          .onTapGesture {
66                              self.showActionSheet.toggle()
67                              self.selectedRestaurant = restaurant
68                          }
69                          .actionSheet(isPresented: self.$showActionSheet) {
70
71                              ActionSheet(title: Text("What do you want to do"),
                                    message: nil, buttons: [
72
73                                  .default(Text("Mark as Favorite"), action: {
74                                      if let selectedRestaurant =
                                            self.selectedRestaurant {
75                                          self.setFavorite(item: selectedRestaurant)
76                                      }
77                                  }),
78
79                                  .destructive(Text("Delete"), action: {
80                                      if let selectedRestaurant =
                                            self.selectedRestaurant {
81                                          self.delete(item: selectedRestaurant)
82                                      }
83                                  }),
84
```

圖 16.6　點擊一列來顯示動作表

　　一切都運作得很好，不過我承諾過帶你了解使用 actionSheet 修飾器的第二種方法。我們已經介紹過第一種方法是依據布林值（即 showActionSheet）來指示是否應顯示動作表。

　　第二種方法是透過一個可選 Identifiable 綁定來觸發動作表：

```
func actionSheet<T>(item: Binding<T?>, content: (T) -> ActionSheet) -> some View where T :
Identifiable
```

　　以白話而言，這表示當你傳送的項目有值時，將顯示動作表。對於我們的範例，selectedRestaurant 變數是一個遵循 Identifiable 協定的可選變數。要使用第二種方法，你只需要將 selectedRestaurant 綁定傳送至 actionSheet 修飾器，如下所示：

```
.actionSheet(item: self.$selectedRestaurant) { restaurant in

    ActionSheet(title: Text("What do you want to do"), message: nil, buttons: [

        .default(Text("Mark as Favorite"), action: {
            self.setFavorite(item: restaurant)
        }),

        .destructive(Text("Delete"), action: {
            self.delete(item: restaurant)
        }),

        .cancel()
    ])
}
```

如果 selectedRestaurant 有值，App 將帶出動作表。從閉包的參數中，你可以取得所選的餐廳，並執行相應的操作。當你使用這個方法，則不再需要 shownActionSheet 布林變數，你可以從程式碼刪除它：

```
@State private var showActionSheet = false
```

另外，在 tapGesture 修飾器中，移除下列這行切換 showActionSheet 變數的程式碼：

```
self.showActionSheet.toggle()
```

再次測試 App，動作表看起來還是一樣，但你使用不同的方法實作了動作表。

16.5 作業：加入打卡功能

現在你已經了解如何建立內容選單，我們來做一個作業，以測試你對內容的了解程度，你的任務是在內容選單中加入「打卡」（Check-in）項目。當使用者選擇該選項時，App 將在所選餐廳中加入一個打卡符號，你可以參考圖 16.7 的範例 UI。對於這個範例，我使用了名為「checkmark.seal.fill」的系統圖片作為打卡符號，但你可以自由選擇自己的圖片。

在參考解答之前，請花點時間來練習這個作業，祝你玩得愉快！

在本章所準備的範例檔中，有完整的專案與作業解答可以下載：

● 範例專案與作業解答：https://www.appcoda.com/resources/swiftui4/SwiftUIActionSheet.zip。

圖 16.7　加入「打卡」功能

17

了解手勢

在前面的章節中，你已經對使用 SwiftUI 建立手勢有所了解。我們使用 onTapGesture 修飾器來處理使用者的觸控，並做出相對的回應。而在本章中，我們更深入了解如何在 SwiftUI 中處理各種類型的手勢。

SwiftUI 框架提供幾種內建手勢，例如：我們之前使用過的「點擊」手勢，除此之外，DragGesture、MagnificationGesture 與 LongPressGesture 都是現成可用的手勢，我們將研究其中幾個手勢，並了解如何在 SwiftUI 中使用手勢。最重要的是，你將學習如何建立可以支援拖曳手勢的通用視圖。

圖 17.1　範例展示可拖曳的視圖

17.1 使用手勢修飾器

要使用 SwiftUI 框架識別特定手勢，你需要做的就是使用 .gesture 修飾器，將手勢識別器加到視圖上。下面是使用 .gesture 修飾器加到 TapGesture 的範例程式碼片段：

```
var body: some View {
    Image(systemName: "star.circle.fill")
        .font(.system(size: 200))
        .foregroundColor(.green)
        .gesture(
            TapGesture()
                .onEnded({
                    print("Tapped!")
```

```
                })
            )
    }
```

如果你想要測試程式碼,則使用「App」模板來建立一個新專案,並確保你有選取「Interface」選項中的「SwiftUI」,然後在 ContentView.swift 中貼上程式碼。

透過修改上列的程式碼,並導入一個狀態變數,我們可在星形圖片被點擊時,建立一個簡單的縮放動畫。下列為更新後的程式碼:

```
struct ContentView: View {
    @State private var isPressed = false

    var body: some View {
        Image(systemName: "star.circle.fill")
            .font(.system(size: 200))
            .scaleEffect(isPressed ? 0.5 : 1.0)
            .animation(.easeInOut, value: isPressed)
            .foregroundColor(.green)
            .gesture(
                TapGesture()
                    .onEnded({
                        self.isPressed.toggle()
                    })
            )
    }
}
```

當你在畫布或模擬器中執行程式碼時,應該會看到縮放效果,這就是如何使用 .gesture 修飾器來偵測與回應某些觸控事件的方法。如果你忘記動畫的工作原理,可以回頭閱讀第 9 章。

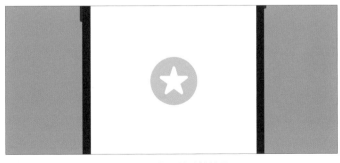

圖 17.2　簡單的縮放效果

使用長按手勢

其中一個內建手勢是 LongPressGesture，這個手勢識別器可以讓你偵測長按事件。舉例而言，如果你想要只有在使用者長按星形圖片至少 1 秒時，才調整星形圖片的大小，則可以使用 LongPressGesture 來偵測觸控事件。

修改 .gesture 修飾器中的程式碼如下，以實作 LongPressGesture：

```
.gesture(
    LongPressGesture(minimumDuration: 1.0)
        .onEnded({ _ in
            self.isPressed.toggle()
        })
)
```

在預覽畫布中，你必須至少長按星形圖片 1 秒鐘，才能切換其大小。

@GestureState 屬性包裹器

當你按住星形圖片時，在偵測到長按事件之前，圖片不會給使用者任何回應。顯然的，我們可以採取一些措施來改善使用者體驗，我想要做的是在使用者點擊圖片時給予即時回饋。任何形式的回饋都將有助於改善情況，例如：當使用者點擊圖片時，我們可將圖片調暗一點，這只是讓使用者知道我們的 App 捕捉到觸控事件，並且正在進行工作。圖 17.3 說明了動畫的運作。

❶ 圖片監聽使用者的觸控事件　　❷ 使用者點擊時圖片變暗　　❸ 使用者持續按住時圖片縮小

圖 17.3　點擊圖片時應用暗淡效果

要實作這個動畫，你需要追蹤手勢的狀態。在長按手勢的執行期間，我們必須區分點擊與長按事件，那麼我們該如何做呢？

SwiftUI 提供一個名為「@GestureState」的屬性包裹器，它可以方便地追蹤手勢的狀態變化，並讓開發者決定相應的動作。要實作我們剛才描述的動畫，我們可以使用 @GestureState 宣告一個屬性：

```
@GestureState private var longPressTap = false
```

這個手勢狀態變數表示「執行長按手勢期間是否偵測到點擊事件」。當你定義了變數後，就可以修改 Image 視圖的程式碼如下：

```
Image(systemName: "star.circle.fill")
    .font(.system(size: 200))
    .opacity(longPressTap ? 0.4 : 1.0)
    .scaleEffect(isPressed ? 0.5 : 1.0)
    .animation(.easeInOut, value: isPressed)
    .foregroundColor(.green)
    .gesture(
        LongPressGesture(minimumDuration: 1.0)
            .updating($longPressTap, body: { (currentState, state, transaction) in
                state = currentState
            })
            .onEnded({ _ in
                self.isPressed.toggle()
            })
    )
```

我們只在上列的程式碼中做了一些修改。首先是加入 .opacity 修飾器，當偵測到點擊事件時，我們將不透明度值設定為「0.4」，以使圖片變暗。

其次是加入 LongPressGesture 的 updating 方法。執行長按手勢的期間，將呼叫此方法，並接收 value、state 與 transaction 等三個參數：

● value 參數是手勢的目前狀態。這個值會依照手勢而有所不同，但對於長按手勢，true 值表示偵測到點擊事件。

● state 參數實際上是一個 in-out 參數，可以讓你更新 longPressTap 屬性的值。在上列的程式碼中，我們設定 state 的值為「currentState」。換句話說，longPressTap 屬性持續追蹤長按手勢的最新狀態。

● transaction 參數儲存了目前狀態處理更新的內容。

更改程式碼後，在預覽畫布中執行專案來進行測試。當你點擊圖片時，圖片會立即變暗，而持續按住 1 秒後，圖片會自行調整尺寸。

當使用者放開長按手勢時，圖片的不透明度會自動重置為正常狀態，你是否想知道為什麼呢？這是 @GestureState 的優點，當手勢結束時，它會自動將手勢狀態屬性的值設定為其初始值，而在我們的範例中是「false」。

17.4 使用拖曳手勢

現在你已了解如何使用 .gesture 修飾器與 @GestureState，我們來看另一個常見的拖曳手勢。我們要做的是修改現有的程式碼來支援拖曳手勢，讓使用者拖曳星形圖片來移動它。

更換 ContentView 結構如下：

```
struct ContentView: View {
    @GestureState private var dragOffset = CGSize.zero

    var body: some View {
        Image(systemName: "star.circle.fill")
            .font(.system(size: 100))
            .offset(x: dragOffset.width, y: dragOffset.height)
            .animation(.easeInOut, value: dragOffset)
            .foregroundColor(.green)
            .gesture(
                DragGesture()
                    .updating($dragOffset, body: { (value, state, transaction) in

                        state = value.translation
                    })
            )
    }
}
```

要識別拖曳手勢，你初始化一個 DragGesture 實例，並監聽更新。在 update 函式中，我們傳送一個手勢狀態屬性來追蹤拖曳事件。與長按手勢類似，update 函式的閉包接收三個參數。在這個範例中，value 參數儲存拖曳的目前資料（包含位移），這就是為什麼我們將 state 變數（實際上是 dragOffset）設定為「value.translation」的緣故。

在預覽畫布中測試專案，並四處拖曳圖片，當你放開圖片時，它會返回其原始位置。

你知道為什麼圖片會回到起點嗎？如前一節所述，使用 @GestureState 的一個優點是，當手勢結束時它會重置屬性值為其原始值，因此當你放開手指來結束拖曳時，dragOffset 會重置為「.zero」，即原始位置。

不過，如果你想讓圖片停留在拖曳的終點則該如何做呢？給自己幾分鐘的時間來思考如何實作。

由於 @GestureState 屬性包裹器會重置屬性為其原始值，我們需要另一個狀態屬性來儲存最終的位置，因此我們宣告一個新的狀態屬性如下：

```
@State private var position = CGSize.zero
```

接下來，更新 body 變數如下：

```
var body: some View {
    Image(systemName: "star.circle.fill")
        .font(.system(size: 100))
        .offset(x: position.width + dragOffset.width, y: position.height + dragOffset.height)
        .animation(.easeInOut, value: dragOffset)
        .foregroundColor(.green)
        .gesture(
            DragGesture()
                .updating($dragOffset, body: { (value, state, transaction) in

                    state = value.translation
                })
                .onEnded({ (value) in
                    self.position.height += value.translation.height
                    self.position.width += value.translation.width
                })
        )
}
```

我們對程式碼中做了一些更改：

- 我們實作了 onEnded 函式，其在拖曳手勢結束時呼叫。在閉包中，我們加入拖曳偏移量來計算圖片的新位置。

● .offset 修飾器也已更新，以便我們考慮目前位置。

現在，當你執行專案並拖曳圖片時，即使拖曳結束，圖片會停留在原地，如圖 17.4 所示。

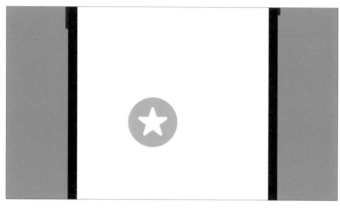

圖 17.4　拖曳圖片

17.5 組合手勢

在某些情況下，你需要在同一個視圖中使用多個手勢識別器。舉例而言，我們想讓使用者在開始拖曳之前按住圖片，則必須結合長按與拖曳手勢。SwiftUI 可以讓你輕鬆組合手勢來執行更複雜的互動，它提供三種手勢組合類型，包括：「同時」（simultaneous）、「依序」（sequenced）與「專用」（exclusive）。

當你需要同時偵測多個手勢時，可以使用「同時」（simultaneous）組合類型。而當你以「專用」（exclusive）組合類型來組合多個手勢時，SwiftUI 會識別你指定的所有手勢，但當偵測到其中一個手勢時，它會忽略其餘手勢。

顧名思義，如果你使用「依序」（sequenced）組合類型來組合多個手勢，SwiftUI 會以特定順序來識別手勢，這正是我們將用來對長按與拖曳手勢進行排序的組合類型。

要使用多個手勢，程式碼可以更新如下：

```
struct ContentView: View {
    // 長按手勢
    @GestureState private var isPressed = false
```

```
// 拖曳手勢
@GestureState private var dragOffset = CGSize.zero
@State private var position = CGSize.zero

var body: some View {
    Image(systemName: "star.circle.fill")
        .font(.system(size: 100))
        .opacity(isPressed ? 0.5 : 1.0)
        .offset(x: position.width + dragOffset.width, y: position.height + dragOffset.
height)
        .animation(.easeInOut, value: dragOffset)
        .foregroundColor(.green)
        .gesture(
            LongPressGesture(minimumDuration: 1.0)
            .updating($isPressed, body: { (currentState, state, transaction) in
                state = currentState
            })
            .sequenced(before: DragGesture())
            .updating($dragOffset, body: { (value, state, transaction) in

                switch value {
                case .first(true):
                    print("Tapping")
                case .second(true, let drag):
                    state = drag?.translation ?? .zero
                default:
                    break
                }

            })
            .onEnded({ (value) in

                guard case .second(true, let drag?) = value else {
                    return
                }

                self.position.height += drag.translation.height
                self.position.width += drag.translation.width
            })
        )
    }
}
```

你應該對部分程式碼片段非常熟悉，因為我們結合已建立的長按手勢與拖曳手勢。

我來逐行解釋一下 .gesture 修飾器。我們要求使用者在開始拖曳之前，至少長按圖片 1 秒鐘，因此我們從建立 LongPressGesture 來開始，與我們之前所實作的內容類似，我們有一個 isPressed 手勢狀態屬性，當有人點擊圖片時，我們將變更圖片的不透明度。

sequenced 關鍵字是我們將長按與拖曳手勢連結在一起的方式。我們告訴 SwiftUI，LongPressGesture 應該在 DragGesture 之前發生。

updating 與 onEnded 函式中的程式碼看起來非常相似，不過 value 參數現在實際上包含了兩個手勢（即長按與拖曳），我們使用 switch 敘述來區分手勢，你可以使用 .first 與 .second case 來找出要處理的手勢。由於長按手勢應該要在拖曳手勢之前被識別，因此這裡的第一個手勢是長按手勢。在程式碼中，我們什麼都不做，只印出「點擊」（Tapping）訊息供你參考。

當長按手勢確認之後，我們會進到 .second case。在這裡，我們取出拖曳資料，並使用對應的位移來更新 dragOffset。

當拖曳結束後，將呼叫 onEnded 函式。同樣的，我們透過計算拖曳資料（即 .second case）來更新最終的位置。

現在你可以測試手勢組合了，在預覽畫布中使用除錯預覽來執行 App，如此你可以在主控台中看到訊息。你必須按住星形圖片至少 1 秒鐘，才能拖曳它。

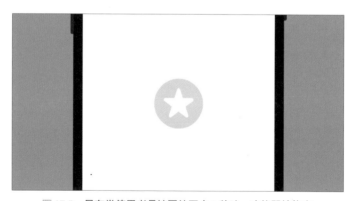

圖 17.5　只有當使用者長按圖片至少 1 秒時，才能開始拖曳

使用列舉重構程式碼

組織拖曳狀態的更好方式是使用列舉（Enum），這可讓你將 isPressed 與 dragOffset 狀態結合為單一屬性。我們宣告一個名為「DragState」的列舉：

```
enum DragState {
    case inactive
    case pressing
    case dragging(translation: CGSize)

    var translation: CGSize {
        switch self {
        case .inactive, .pressing:
            return .zero
        case .dragging(let translation):
            return translation
        }
    }

    var isPressing: Bool {
        switch self {
        case .pressing, .dragging:
            return true
        case .inactive:
            return false
        }
    }
}
```

這裡有三種狀態：「靜止」（inactive）、「按下」（pressing）與「拖曳」（dragging），這些狀態足以表示長按與拖曳手勢執行期間的狀態。對於「拖曳」（dragging）狀態，我們將其與拖曳的位移做關聯。

使用 DragState 列舉，我們可以修改原來的程式碼如下：

```
struct ContentView: View {
    @GestureState private var dragState = DragState.inactive
    @State private var position = CGSize.zero
```

```swift
var body: some View {
    Image(systemName: "star.circle.fill")
        .font(.system(size: 100))
        .opacity(dragState.isPressing ? 0.5 : 1.0)
        .offset(x: position.width + dragState.translation.width, y: position.height +
dragState.translation.height)
        .animation(.easeInOut, value: dragState.translation)
        .foregroundColor(.green)
        .gesture(
            LongPressGesture(minimumDuration: 1.0)
            .sequenced(before: DragGesture())
            .updating($dragState, body: { (value, state, transaction) in

                switch value {
                case .first(true):
                    state = .pressing
                case .second(true, let drag):
                    state = .dragging(translation: drag?.translation ?? .zero)
                default:
                    break
                }

            })
            .onEnded({ (value) in

                guard case .second(true, let drag?) = value else {
                    return
                }

                self.position.height += drag.translation.height
                self.position.width += drag.translation.width
            })
        )
    }
}
```

　　我們現在宣告一個 dragState 屬性來追蹤拖曳狀態。預設上，它設定為「DragState.
inactive」，程式碼與之前的程式碼幾乎相同，只是修改為使用 dragState，而不是使
用 isPressed 與 dragOffset。舉例而言，對於 .offset 修飾器，我們從拖曳狀態的關聯值
（associated value）中取得拖曳偏移量。

　　程式碼的結果是相同的，但是使用列舉追蹤手勢的複雜狀態始終是一個較好的作法。

建立通用的可拖曳視圖

到目前為止，我們已建立了一個可拖曳的圖片視圖，如果我們想要建立一個可拖曳的文字視圖呢？或者我們想要建立一個可拖曳的圓形呢？你是否應該複製並貼上所有的程式碼來建立文字視圖或圓形？

有更好的方式來實作它，我們來看如何建立通用的可拖曳視圖。

在專案導覽器中，右鍵點擊「SwiftUIGesture」資料夾，選擇「New File...」，接著選取「SwiftUI View」模板，然後將檔案命名為「DraggableView」。

宣告 DragState 列舉，並更新 DraggableView 結構如下：

```swift
enum DraggableState {
    case inactive
    case pressing
    case dragging(translation: CGSize)

    var translation: CGSize {
        switch self {
        case .inactive, .pressing:
            return .zero
        case .dragging(let translation):
            return translation
        }
    }

    var isPressing: Bool {
        switch self {
        case .pressing, .dragging:
            return true
        case .inactive:
            return false
        }
    }
}

struct DraggableView<Content>: View where Content: View {
    @GestureState private var dragState = DraggableState.inactive
```

```swift
@State private var position = CGSize.zero

var content: () -> Content

var body: some View {
    content()
        .opacity(dragState.isPressing ? 0.5 : 1.0)
        .offset(x: position.width + dragState.translation.width, y: position.height +
dragState.translation.height)
        .animation(.easeInOut, value: dragState.translation)
        .gesture(
            LongPressGesture(minimumDuration: 1.0)
            .sequenced(before: DragGesture())
            .updating($dragState, body: { (value, state, transaction) in

                switch value {
                case .first(true):
                    state = .pressing
                case .second(true, let drag):
                    state = .dragging(translation: drag?.translation ?? .zero)
                default:
                    break
                }

            })
            .onEnded({ (value) in

                guard case .second(true, let drag?) = value else {
                    return
                }

                self.position.height += drag.translation.height
                self.position.width += drag.translation.width
            })
        )
    }
}
```

　　所有的程式碼都與你之前編寫的程式碼非常相似,技巧是將 DraggableView 宣告為通
用視圖,並建立 content 屬性,此屬性接收任何視圖,我們使用長按與拖曳手勢來支援
content 視圖。

現在你可替換 DraggableView_Previews 來測試這個通用視圖，如下所示：

```
struct DraggableView_Previews: PreviewProvider {
    static var previews: some View {
        DraggableView() {
            Image(systemName: "star.circle.fill")
                .font(.system(size: 100))
                .foregroundColor(.green)
        }
    }
}
```

在程式碼中，我們初始化一個 DraggableView，並提供我們自己的內容（即星形圖片）。在這個範例中，你應該取得支援長按與拖曳手勢的相同星形圖片。

那麼，如果我們要建立一個可拖曳的文字視圖呢？你可以將程式碼片段替換爲下列的程式碼：

```
struct DraggableView_Previews: PreviewProvider {
    static var previews: some View {
        DraggableView() {
            Text("Swift")
                .font(.system(size: 50, weight: .bold, design: .rounded))
                .bold()
                .foregroundColor(.red)
        }
    }
}
```

在閉包中，我們建立了一個文字視圖而不是圖片視圖。如果你在預覽畫布中執行專案，則可以拖曳文字視圖來移動它（記得長按 1 秒），是不是很酷呢？

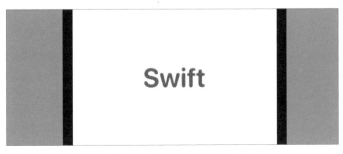

圖 17.6　可拖曳的文字視圖

如果你想要建立一個可拖曳的圓形，則可以替換程式碼如下：

```
struct DraggableView_Previews: PreviewProvider {
    static var previews: some View {
        DraggableView() {
            Circle()
                .frame(width: 100, height: 100)
                .foregroundColor(.purple)
        }
    }
}
```

　　這便是建立通用的可拖曳的方式，試著以其他視圖替換圓形，來建立你自己的可拖曳視圖，並享受其中的樂趣。

17.8 作業：建立通用的可縮放視圖

　　在本章中，我們探索了三個內建的手勢，包括：點擊、拖曳與長按，不過還有一些手勢我們還沒試過。

　　作為練習，請試著建立一個通用的可縮放視圖，以識別 MagnificationGesture，並相應縮放任何給定視圖，圖 17.7 顯示了一個範例結果。

圖 17.7　可縮放的圖片視圖

17.9 本章小結

SwiftUI 框架使手勢處理變得非常容易,正如你在本章所學到的內容,SwiftUI 框架提供幾個可立即使用的手勢識別器。要使視圖支援某個類型的手勢,你需要做的就是將其加上 .gesture 修飾器,組合多個手勢從未如此簡單。

為行動 App 建立手勢驅動的使用者介面,是一種日益增長的趨勢。藉由易於使用的 API,試著使用一些有用的手勢來增強 App 的功能,以使你的使用者滿意。

在本章所準備的範例檔中,有完整的手勢專案可以下載:

- 範例專案:https://www.appcoda.com/resources/swiftui4/SwiftUIGesture.zip。

18

使用外觀定位點顯示
展開式底部表

「底部表」（bottom sheet）最近越來越受歡迎，你可以在 Facebook 與 Uber 等知名 App 中輕鬆找到這個功能，底部表就像是動作表（action sheet）的加強版，從螢幕底部向上滑動，並覆蓋在原始視圖的上面，來提供上下文訊息（contextual information）或其他使用者選項。舉例而言，當你將照片儲存在 Instagram 的「珍藏」時，該 App 會顯示一個底部表來讓你選擇珍藏分類；在 Facebook App 中，當點選貼文的「…」按鈕，它會顯示帶有其他的動作項目表；Uber App 還使用底部表來顯示所選擇的行程價格。

　　底部表的大小取決於你想要顯示的上下文訊息。在某些情況下，底部表往往較大（也稱為「背幕」），占據了畫面的 80~90%。通常，使用者可以使用拖曳手勢與工作表進行互動，你可以向上滑動來展開它，或向下滑動來最小化或關閉工作表。

圖 18.1　Uber、Facebook 與 Instagram 都在 App 中使用底部表

　　在本章中，我們將使用 SwiftUI 手勢建立類似的展開式底部表。範例 App 在主視圖中顯示餐廳清單，當使用者點擊其中一筆餐廳紀錄時，App 會帶出一個底部表來顯示餐廳的詳細資訊，你可以向上滑動來展開工作表，而要關閉工作表則向下滑動，如圖 18.2 所示。

圖 18.2　建立展開式底部表

外觀定位點介紹

在 iOS 15 中，Apple 推出了 UISheetPresentationController 類別，用於在 iOS App 中顯示展開式底部表，當時它只在 UIKit 框架中可用。對於 SwiftUI，不是要建立自己的元件，就是要依賴第三方函式庫。

從 iOS 16 開始，SwiftUI 框架提供了一個名爲「presentationDetents」的新修飾器，用於呈現可調整大小的底部表。

要顯示底部表，則在 sheet 視圖中插入修飾器。以下是一個例子：

```
struct BasicBottomSheet: View {
    @State private var showSheet = false

    var body: some View {
        VStack {
            Button("Show Bottom Sheet") {
                showSheet.toggle()
            }
        }
```

```
            .buttonStyle(.borderedProminent)
            .sheet(isPresented: $showSheet) {
                Text("This is the expandable bottom sheet.")
                    .presentationDetents([.medium, .large])
            }

            Spacer()
        }
    }
}
```

　　你在 presentationDetents 修飾器中指定一組定位點（detents）。如上所示，底部表同時支援中號及大號尺寸。當它首次出現時，底部表會以中號尺寸顯示，你可以拖曳底部表，將其展開爲大號尺寸。

圖 18.3　底部表範例

18.2 了解起始專案

　　爲了節省你重頭開始建立範例 App 的時間，我已經爲你準備好起始專案。你可以至下列網址來下載起始專案：https://www.appcoda.com/resources/swiftui4/SwiftUIBottomSheet Starter.zip，然後解壓縮檔案，並開啓 SwiftUIBottomSheet.xcodeproj 來開始使用。

　　起始專案提供一組餐廳圖片及餐廳資料，如果你在專案導覽器中查看「Model」資料夾，則應該會找到一個 Restaurant.swift 檔，此檔案包含了 Restaurant 結構與範例餐廳資料集。

```swift
struct Restaurant: Identifiable {
    var id: UUID = UUID()
    var name: String
    var type: String
    var location: String
    var phone: String
    var description: String
    var image: String
    var isVisited: Bool

    init(name: String, type: String, location: String, phone: String, description: String,
image: String, isVisited: Bool) {
        self.name = name
        self.type = type
        self.location = location
        self.phone = phone
        self.description = description
        self.image = image
        self.isVisited = isVisited
    }

    init() {
        self.init(name: "", type: "", location: "", phone: "", description: "", image: "",
isVisited: false)
    }
}
```

　　我已經爲你建立了顯示餐廳清單的主視圖，你可以開啓 ContentView.swift 檔來看一下程式碼，我將不會詳細解釋程式碼，因爲我們已經在第 10 章實作過清單。

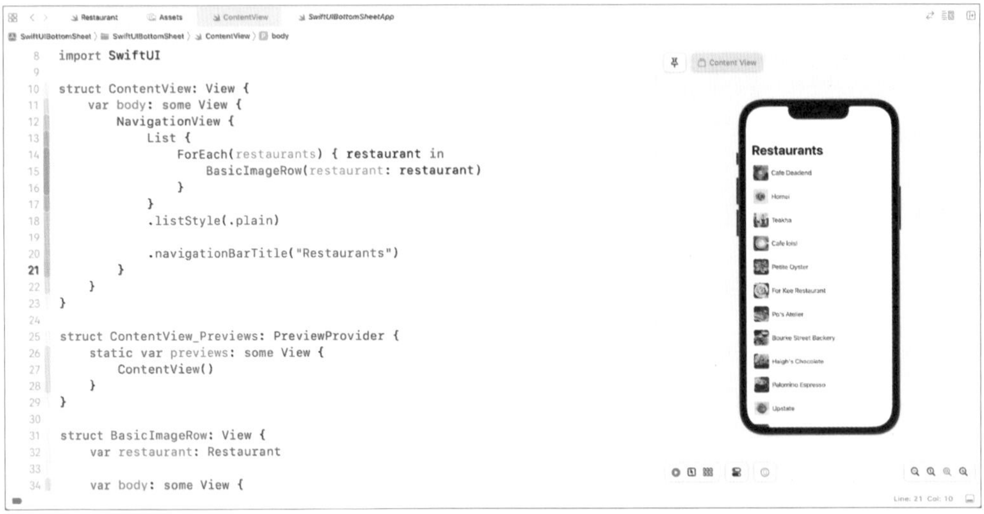

```
8    import SwiftUI

10   struct ContentView: View {
11       var body: some View {
12           NavigationView {
13               List {
14                   ForEach(restaurants) { restaurant in
15                       BasicImageRow(restaurant: restaurant)
16                   }
17               }
18               .listStyle(.plain)
19
20               .navigationBarTitle("Restaurants")
21           }
22       }
23   }
24
25   struct ContentView_Previews: PreviewProvider {
26       static var previews: some View {
27           ContentView()
28       }
29   }
30
31   struct BasicImageRow: View {
32       var restaurant: Restaurant
33
34       var body: some View {
```

圖 18.4　清單視圖

建立餐廳細節視圖

　　底部表將包含帶有橫列的餐廳細節，因此我們必須做的第一件事是建立如圖 18.5 所示的餐廳細節視圖。

圖 18.5　帶有橫列的餐廳細節視圖

在隨著我實作視圖之前，我建議你把它當作練習，並自行建立細節視圖。如你所見，細節視圖是由「圖片」（Image）、「文字」（Text）與「滾動視圖」（ScrollView）等 UI 元件所組成，我們已經介紹過這些元件，所以請嘗試自行實作細節視圖。

好的，我來教你如何建立細節視圖。如果你已經自行建立了細節視圖，你可以參考我的實作。

細節視圖的佈局有點複雜，因此最好將其分成幾個部分，以更容易實作：

* **橫列**（**handlebar**）：這是一個小圓角矩形。
* **標題列**（**title bar**）：包含細節視圖的標題。
* **頭部視圖**（**header view**）：包含餐廳特色圖片、餐廳名稱與餐廳類型。
* **細節資訊視圖**（**detail info view**）：包含地址、電話與描述等餐廳資料。

我們將使用單獨的結構來實作上述每個部分，以讓程式碼更易編寫。現在使用「SwiftUI View」模板建立一個新檔案，並將其命名為「RestaurantDetailView.swift」。下面討論的所有程式碼都將放到這個新檔案中。

18.3.1 橫列

首先是「橫列」，它實際上是一個小圓角矩形。要建立它，我們需要做的是建立一個 Rectangle，並使其變成圓角。在 RestaurantDetailView.swift 檔中，插入下列的程式碼：

```
struct HandleBar: View {

    var body: some View {
        Rectangle()
            .frame(width: 50, height: 5)
            .foregroundColor(Color(.systemGray5))
            .cornerRadius(10)
    }
}
```

18.3.2 標題列

接著是「標題列」，實作很簡單，因為它只是一個文字視圖。我們為它建立另一個結構：

```
struct TitleBar: View {
```

```
var body: some View {
    HStack {
        Text("Restaurant Details")
            .font(.headline)
            .foregroundColor(.primary)

        Spacer()
    }
    .padding()
}
}
```

這裡的「留白」（Spacer）是用來將文字靠左對齊。

18.3.3　頭部視圖

「頭部視圖」是由一個圖片視圖與兩個文字視圖所組成，文字視圖會疊在圖片視圖之上。同樣的，我們將使用單獨的結構來實作頭部視圖：

```
struct HeaderView: View {
    let restaurant: Restaurant

    var body: some View {
        Image(restaurant.image)
            .resizable()
            .scaledToFill()
            .frame(height: 300)
            .clipped()
            .overlay(
                HStack {
                    VStack(alignment: .leading) {
                        Spacer()
                        Text(restaurant.name)
                            .foregroundColor(.white)
                            .font(.system(.largeTitle, design: .rounded))
                            .bold()

                        Text(restaurant.type)
                            .font(.system(.headline, design: .rounded))
                            .padding(5)
                            .foregroundColor(.white)
                            .background(Color.red)
```

```
                .cornerRadius(5)

            }
            Spacer()
        }
        .padding()
    )
}
}
```

由於我們需要顯示餐廳資料，因此 HeaderView 具有 restaurant 屬性。對於這個佈局，我們建立一個圖片視圖，並設定內容模式為「scaleToFill」，圖片高度固定為「300 點」。由於我們使用 scaleToFill 模式，我們需要加上 .clipped() 修飾器來隱藏超出圖片框邊緣的任何內容。

對於這兩個標籤，我們使用 .overlay 修飾器來疊加兩個文字視圖。

18.3.4　細節資訊視圖

最後是「資訊視圖」，如果你仔細看一下地址、電話與描述欄位，你會發現它們非常相似，地址與電話欄位在文字資訊旁都有一個圖示，而描述欄位則只包含文字。

因此，建立一個能靈活處理兩種欄位類型的視圖不是很好嗎？下列是程式碼片段：

```
struct DetailInfoView: View {
    let icon: String?
    let info: String

    var body: some View {
        HStack {
            if icon != nil {
                Image(systemName: icon!)
                    .padding(.trailing, 10)
            }
            Text(info)
                .font(.system(.body, design: .rounded))

            Spacer()
        }.padding(.horizontal)
    }
}
```

DetailInfoView 接收兩個參數：「icon」與「info」。icon 參數是可選的，表示它可以有值或是空值（nil）。

當你需要顯示帶有圖示的資料欄位時，你可以像這樣使用 DetailInfoView：

```
DetailInfoView(icon: "map", info: self.restaurant.location)
```

或者，如果你只需要顯示純文字欄位（如描述欄位），則可以像這樣使用 DetailInfo View:

```
DetailInfoView(icon: nil, info: self.restaurant.description)
```

如你所見，透過建立通用視圖來處理相似的佈局，可以使程式碼更具模組化及可重用性。

18.3.5　使用 VStack 組合元件

現在我們已經建立了所有的元件，我們可以使用 VStack 組合它們，如下所示：

```
struct RestaurantDetailView: View {
    let restaurant: Restaurant

    var body: some View {
        VStack {
            Spacer()

            HandleBar()

            TitleBar()

            HeaderView(restaurant: self.restaurant)

            DetailInfoView(icon: "map", info: self.restaurant.location)
                .padding(.top)
            DetailInfoView(icon: "phone", info: self.restaurant.phone)
            DetailInfoView(icon: nil, info: self.restaurant.description)
                .padding(.top)
        }
        .background(Color.white)
        .cornerRadius(10, antialiased: true)
```

```
        }
    }
```

　　上列的程式碼很容易理解，我們使用前面章節中建立過的元件，並將它們嵌入到一個垂直堆疊中。VStack原本有一個透明背景，為了確保細節視圖具有白色背景，我們加入了 background 修飾器。

　　在測試細節視圖之前，你必須修改 RestaurantDetailView_Previews 的程式碼如下：

```
struct RestaurantDetailView_Previews: PreviewProvider {
    static var previews: some View {
        RestaurantDetailView(restaurant: restaurants[0])

    }
}
```

　　在程式碼中，我們傳送一個範例餐廳（即restaurants[0]）進行測試。如果你正確實作，則 Xcode 應該會在預覽畫布中顯示與圖 18.6 相似的細節視圖。

圖 18.6　餐廳細節視圖

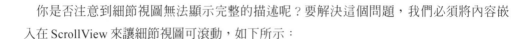

18.4 使視圖可滾動

你是否注意到細節視圖無法顯示完整的描述呢？要解決這個問題，我們必須將內容嵌入在 ScrollView 來讓細節視圖可滾動，如下所示：

```
struct RestaurantDetailView: View {
    let restaurant: Restaurant

    var body: some View {
        VStack {
            Spacer()

            HandleBar()

            ScrollView(.vertical) {
                TitleBar()

                HeaderView(restaurant: self.restaurant)

                DetailInfoView(icon: "map", info: self.restaurant.location)
                    .padding(.top)
                DetailInfoView(icon: "phone", info: self.restaurant.phone)
                DetailInfoView(icon: nil, info: self.restaurant.description)
                    .padding(.top)
            }
            .background(Color.white)
            .cornerRadius(10, antialiased: true)
        }
    }
}
```

除了橫列之外，其餘視圖都包裹在滾動視圖中。如果你再次在預覽畫布中執行 App，細節視圖現在可滾動了。

帶出細節視圖

現在細節視圖已經完成了，我們回到清單視圖（即 ContentView.swift），以便在使用者選擇餐廳時帶出細節視圖。

在 ContentView 結構中，宣告一個狀態變數來儲存使用者選擇的餐廳：

```
@State private var selectedRestaurant: Restaurant?
```

正如前面章節中所學到的，你可以加上 onTapGesture 修飾器來偵測點擊手勢，因此當識別到點擊時，我們更新 selectedRestaurant 的值如下：

```
List {
    ForEach(restaurants) { restaurant in
        BasicImageRow(restaurant: restaurant)
            .onTapGesture {
                self.selectedRestaurant = restaurant
            }
    }
}
```

細節視圖（即底部表）疊在清單視圖的上方，我們檢查細節視圖是否啟用，並將其初始化如下：

```
NavigationStack {
.
.
.
}
.sheet(item: $selectedRestaurant) { restaurant in
    RestaurantDetailView(restaurant: restaurant)
        .presentationDetents([.medium, .large])
}
```

我們將 .sheet 修飾圖加到 NavigationStack。在閉包中，我們建立了一個 RestaurantDetailView 實例，並使用 .presentationDetents 修飾器顯示為底部表，因此當使用者選擇餐廳時，App 會以底部表的形式顯示細節視圖。

```
[SwiftUIBottomSheet] [SwiftUIBottomSheet] ContentView  body
10    struct ContentView: View {
11        @State private var showDetail = false
12        @State private var selectedRestaurant: Restaurant?
13
14        var body: some View {
15            NavigationStack {
16                List {
17                    ForEach(restaurants) { restaurant in
18                        BasicImageRow(restaurant: restaurant)
19                            .onTapGesture {
20                                self.showDetail = true
21                                self.selectedRestaurant = restaurant
22                            }
23                    }
24                }
25                .listStyle(.plain)
26
27                .navigationTitle("Restaurants")
28            }
29            .sheet(item: $selectedRestaurant) { restaurant in
30                RestaurantDetailView(restaurant: restaurant)
31                    .presentationDetents([.medium, .large])
32            }
33        }
34    }
35 }
```

圖 18.7　帶出細節視圖

　　由於外觀定位點（presentation detents）支援中號及大號尺寸，你可以向上拖曳底部表
來展開它。

18.6　隱藏拖曳指示器

　　presentationDetents 修飾器會自動在底部表的頂部邊緣附近產生一個拖曳指示器。由
於我們的細節視圖已經有了橫列，因此我們可以隱藏預設指示器。要這樣做的話，加入
presentationDragIndicator 修飾器，並將其設定爲「.hidden」：

```
RestaurantDetailView(restaurant: restaurant)
    .presentationDetents([.medium, .large])
    .presentationDragIndicator(.hidden)
```

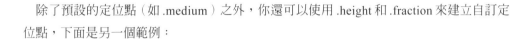
使用分數與高度控制大小

除了預設的定位點（如 .medium）之外，你還可以使用 .height 和 .fraction 來建立自訂定位點，下面是另一個範例：

```
.presentationDetents([.fraction(0.1), .height(200), .medium, .large])
```

現在底部表支援四種不同的尺寸，包含：

- 大約螢幕高度的 10%。
- 固定高度為 200 點。
- 標準的中號和大號尺寸。

圖 18.8　固定大小的底部表範例

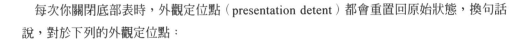

18.8 儲存選定的定位點

每次你關閉底部表時，外觀定位點（presentation detent）都會重置回原始狀態，換句話說，對於下列的外觀定位點：

```
.presentationDetents([.height(200), .medium, .large])
```

每次開啓底部表時，它都以 .height(200) 定位點開始。如果你想要恢復上次選擇的定位點怎麼辦呢？在這種情況下，你可以宣告一個狀態變數來追蹤目前選擇的定位點：

```
@State private var selectedDetent: PresentationDetent = .medium
```

對於 presentationDetents 修飾器，你可以在 selection 參數中指定變數的綁定：

```
.presentationDetents([.height(200), .medium, .large], selection: $selectedDetent)
```

然後，SwiftUI 將目前選擇的定位點儲存在狀態變數中，即使你關閉底部表，當下一次再開啓底部表時，它也會恢復到上次選定的定位點。

18.9 本章小結

在本章中，我教你如何使用新的 presentationDetents 修飾器建立底部表，這是許多開發人員期待已久的視圖元件之一，有了這個可自訂的底部表，你現在可以輕鬆顯示固定在螢幕底部的補充內容。

在本章所準備的範例檔中，有完整的底部表專案可以下載：

● 範例專案：https://www.appcoda.com/resources/swiftui4/SwiftUIBottomSheet.zip。

19

使用手勢與動畫建立
如Tinder的UI

建立一個展開式底部表是不是很有趣呢？我們來繼續將所學的手勢應用到真實專案中。我不確定你之前是否使用過 Tinder App，但是你在其他 App 中可能會碰到如 Tinder 的 UI。滑動動作是 Tinder UI 的設計重點，並已成為最流行的行動裝置 UI 模式之一，使用者向右滑動即表示喜歡某張圖片，向左滑動則表示不喜歡。

在本章中，我們要做的是建立一個具有如 Tinder 的 UI 的簡單 App，這個 App 向使用者顯示一組旅遊卡，並讓他們使用滑動手勢來表示喜歡／不喜歡一張卡片。

圖 19.1　建立如 Tinder 的 UI

請注意，我們將不會建立一個功能齊全的 App，而是只關注如 Tinder 的 UI。

19.1 專案準備

如果你想使用自己的圖片，那就太棒了，但是為了節省你準備旅遊圖片的時間，我已經為你建立了一個起始專案，你可以到下列網址下載：https://www.appcoda.com/resources/swiftui4/SwiftUITinderTripStarter.zip，這個專案具有一組旅遊卡的照片，如圖 19.2 所示。

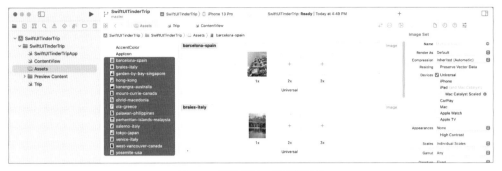

圖 19.2　預先載入一組旅遊照片

我還爲範例 App 準備了測試資料，並建立 Trip.swift 檔來代表旅程：

```swift
struct Trip {
    var destination: String
    var image: String
}


#if DEBUG
var trips = [ Trip(destination: "Yosemite, USA", image: "yosemite-usa"),
             Trip(destination: "Venice, Italy", image: "venice-italy"),
             Trip(destination: "Hong Kong", image: "hong-kong"),
             Trip(destination: "Barcelona, Spain", image: "barcelona-spain"),
             Trip(destination: "Braies, Italy", image: "braies-italy"),
             Trip(destination: "Kanangra, Australia", image: "kanangra-australia"),
             Trip(destination: "Mount Currie, Canada", image: "mount-currie-canada"),
             Trip(destination: "Ohrid, Macedonia", image: "ohrid-macedonia"),
             Trip(destination: "Oia, Greece", image: "oia-greece"),
             Trip(destination: "Palawan, Philippines", image: "palawan-philippines"),
             Trip(destination: "Salerno, Italy", image: "salerno-italy"),
             Trip(destination: "Tokyo, Japan", image: "tokyo-japan"),
             Trip(destination: "West Vancouver, Canada", image: "west-vancouver-canada"),
             Trip(destination: "Singapore", image: "garden-by-bay-singapore"),
             Trip(destination: "Perhentian Islands, Malaysia", image: "perhentian-islands-
malaysia")
            ]
#endif
```

假如你希望使用自己的圖片與資料，則只需替換素材目錄中的圖片，並更新 Trip.swift
檔即可。

19.2 建立卡片視圖與選單列

在實作滑動功能之前，我們先建立主 UI。我將主畫面分成三個部分，如圖 19.3 所示：

- 頂部選單列（top menu bar）。
- 卡片視圖（card view）。
- 底部選單列（bottom menu bar）。

圖 19.3　主畫面

19.2.1　卡片視圖

首先，我們建立一個卡片視圖。若是你想挑戰自我，我強烈建議你在這裡停下來並實作它，而無須遵循本節內容，否則請繼續閱讀。

為了讓程式碼更易編寫，我們將在單獨的檔案中實作卡片視圖。在專案導覽器中，使用「SwiftUI View」模板來建立一個新檔，並將其命名為「CardView.swift」。

CardView 是設計用來顯示不同的照片與標題，因此宣告兩個變數來儲存這些資料：

```
let image: String
let title: String
```

主畫面將顯示一組卡片視圖，稍後我們將使用 ForEach 來逐一執行卡片視圖陣列，並顯示它們。如果你還記得 ForEach 的用法，那麼 SwiftUI 需要知道如何唯一識別陣列中的每個項目，因此我們將使 CardView 遵循 Identifiable 協定，並導入一個 id 變數，如下所示：

```
struct CardView: View, Identifiable {
    let id = UUID()
    let image: String
    let title: String



    .
    .
    .

}
```

如果你忘記了什麼是 Identifiable 協定，則請參考第 10 章。

現在我們繼續實作卡片視圖，並更新 body 變數如下：

```
var body: some View {
    Image(image)
        .resizable()
        .scaledToFill()
        .frame(minWidth: 0, maxWidth: .infinity)
        .cornerRadius(10)
        .padding(.horizontal, 15)
        .overlay(alignment: .bottom) {
            VStack {

                Text(title)
                    .font(.system(.headline, design: .rounded))
                    .fontWeight(.bold)
                    .padding(.horizontal, 30)
                    .padding(.vertical, 10)
                    .background(Color.white)
                    .cornerRadius(5)
            }
            .padding([.bottom], 20)
```

```
        }
    }
```

卡片視圖是由圖片及疊在圖片上方的文字元件所組成。我們設定圖片為「scaleToFill」模式，並使用 cornerRadius 修飾器來為圖片加上圓角。文字元件是用來顯示旅程的目的地。

我們在第 5 章中深入討論過卡片視圖的類似實作，如果你不能完全了解程式碼，則請再次閱讀該章。

你還無法預覽卡片視圖，因為你必須在 CardView_Previews 中同時提供 image 與 title 的值，因此更新 CardView_Previews 結構如下：

```
struct CardView_Previews: PreviewProvider {
    static var previews: some View {
        CardView(image: "yosemite-usa", title: "Yosemite, USA")
    }
}
```

我只是使用素材目錄中的其中一張圖片來進行預覽，你可以依照自己的需求隨意更改圖片及標題。在預覽畫布中，你現在應該看到類似圖 19.4 的卡片視圖。

圖 19.4　預覽卡片視圖

19.2.2 選單列與主 UI

　　準備好卡片視圖後，我們可以繼續實作主 UI。主 UI 有卡片與兩個選單列，對於這兩個選單列，我將爲它們個別建立一個單獨的 struct。

　　現在開啓 ContentView.swift，並開始實作。對於頂部選單列，建立一個新的 struct 如下：

```swift
struct TopBarMenu: View {
    var body: some View {
        HStack {
            Image(systemName: "line.horizontal.3")
                .font(.system(size: 30))
            Spacer()
            Image(systemName: "mappin.and.ellipse")
            .font(.system(size: 35))
            Spacer()
            Image(systemName: "heart.circle.fill")
            .font(.system(size: 30))
        }
        .padding()
    }
}
```

　　這三個圖示使用等距的水平堆疊來排列。對於底部選單列，實作方式幾乎相同。在 ContentView.swift 中插入下列的程式碼，以建立選單列：

```swift
struct BottomBarMenu: View {
    var body: some View {
        HStack {
            Image(systemName: "xmark")
                .font(.system(size: 30))
                .foregroundColor(.black)

            Button {
                // 預定行程
            } label: {
                Text("BOOK IT NOW")
                    .font(.system(.subheadline, design: .rounded))
                .bold()
                    .foregroundColor(.white)
                    .padding(.horizontal, 35)
                    .padding(.vertical, 15)
```

```
            .background(Color.black)
            .cornerRadius(10)
    }
    .padding(.horizontal, 20)

    Image(systemName: "heart")
        .font(.system(size: 30))
        .foregroundColor(.black)
    }


    }
}
```

我們不打算實作「Book Trip」功能，因此將動作區塊留空。假設你了解堆疊與圖片的工作原理，則其餘的程式碼應該無須解釋。

在建立主 UI 之前，我來教你一個預覽這兩個選單列的技巧。這並不強制要求將這些列放在 ContentView 中，來預覽它們的外觀及感覺。

現在更新 ContentView_Previews 結構如下：

```
struct ContentView_Previews: PreviewProvider {
    static var previews: some View {
        ContentView()

        TopBarMenu()
            .previewDisplayName("TopBarMenu")

        BottomBarMenu()
            .previewDisplayName("BottomBarMenu")
    }
}
```

這裡我們包含了預覽區塊中的所有視圖。對於 TopBarMenu 與 BottomBarMenu 視圖，我們加入 previewDisplayName 修飾器來給視圖一個明確的名稱。如果你檢視預覽畫布，你將看到三個預覽：Content View、TopBarMenu 與 BottomBarMenu，只要點擊視圖，即可預覽其佈局，圖 19.5 可讓你更加了解預覽的外觀。

圖 19.5 預覽選單列

好的，我們繼續佈局主 UI。更新 ContentView 如下：

```
struct ContentView: View {
    var body: some View {
        VStack {
            TopBarMenu()

            CardView(image: "yosemite-usa", title: "Yosemite, USA")

            Spacer(minLength: 20)

            BottomBarMenu()
        }
    }
}
```

在程式碼中，我們只需使用 VStack 排列我們建立的 UI 元件，你的預覽現在應該顯示主畫面了，如圖 19.6 所示。

```
🔳 SwiftUITinderTrip › 🖿 SwiftUITinderTrip › 📄 SwiftUITinderTrip › 📄 ContentView › 🔲 body        🔲 🗂 Content View   🔲 TopBarMenu   🗂 BottomBarMenu

 8      import SwiftUI
 9
10      struct ContentView: View {
11          var body: some View {
12              VStack {
13                  TopBarMenu()
14
15                  CardView(image: "yosemite-usa", title: "Yosemite, USA")
16
17                  Spacer(minLength: 20)
18
19                  BottomBarMenu()
20              }
21          }
22      }
23
24      struct TopBarMenu: View {
25          var body: some View {
26              HStack {
27                  Image(systemName: "line.horizontal.3")
28                      .font(.system(size: 30))
29                  Spacer()
30                  Image(systemName: "mappin.and.ellipse")
31                      .font(.system(size: 35))
32                  Spacer()
33                  Image(systemName: "heart.circle.fill")
```

圖 19.6　預覽主 UI

19.3　實作卡片庫

在做好所有的準備之後，我們終於可以實作如 Tinder 的 UI。對於之前從未用過 Tinder App 的人，我先解釋一下如 Tinder 的 UI 的工作原理。

你可以將如 Tinder 的 UI 想像爲一組成堆的照片卡片。對於我們的範例 App，照片是旅程的目的地。將最上面的卡片（即第一個旅程）輕微向左或向右滑動，即可揭示下一張卡片（即下一個旅程）；如果使用者放開卡片，App 就會將卡片放回原來的位置，但當使用者用力滑動時，他 / 她可以丟掉這張卡片，然後 App 會將第二張卡片向前移動，成爲最上面的卡片，如圖 19.7 所示。

輕微滑動來揭
示下一張卡片

用力滑動來丟掉
卡片

圖 19.7　如 Tinder 的 UI 的工作原理

我們實作的主畫面只包含一個卡片視圖，那麼我們如何實作一堆卡片視圖呢？

最直截了當的方式是使用 ZStack 將每個卡片視圖互相重疊，我們來試著實作這個。更新 ContentView 結構如下：

```
struct ContentView: View {

    var cardViews: [CardView] = {

        var views = [CardView]()

        for trip in trips {
            views.append(CardView(image: trip.image, title: trip.destination))
        }

        return views
    }()

    var body: some View {
        VStack {
            TopBarMenu()

            ZStack {
                ForEach(cardViews) { cardView in
```

```
                cardView
            }
        }

        Spacer(minLength: 20)

        BottomBarMenu()
    }
}
}
```

在上列的程式碼中，我們初始化一個包含所有旅程的cardViews陣列（其在Trip.swift檔中定義）。在body變數中，我們逐一執行所有的卡片視圖，並將它們包裹在ZStack中來相互重疊。

預覽畫布應該會顯示相同的UI，但是使用另一張圖片，如圖19.8所示。

圖 19.8　建立卡片視圖庫

為什麼它會顯示另一張圖片呢？如果你參照在Trip.swift中定義的trips陣列，則圖片是陣列的最後一個元素。在ForEach區塊中，第一個旅程是放在卡片庫的最下面，如此最後一個旅程便成為卡片庫的最上面照片。

我們的卡片庫有兩個問題：

- trips陣列的第一個旅程應該是最上面的卡片，但現在卻是最下面的卡片。

- 我們為15個旅程渲染了15個卡片視圖，如果未來有10,000個旅程、甚至更多時，該怎麼辦呢？我們應該為每個旅程建立一個卡片視圖嗎？有沒有高效率的方式來實作卡片庫呢？

我們先來解決卡片順序的問題。SwiftUI 提供 zIndex 修飾器來指示 ZStack 中的視圖順序。zIndex 值較高的視圖位於較低值的視圖之上，因此最上面的卡片應該有最大的 zIndex 值。

考慮到這一點，我們在 ContentView 中建立以下的新函式：

```
private func isTopCard(cardView: CardView) -> Bool {

    guard let index = cardViews.firstIndex(where: { $0.id == cardView.id }) else {
        return false
    }

    return index == 0
}
```

逐一執行卡片視圖時，我們必須找到一種識別最上面卡片的方式。上面的函式帶入一個卡片視圖，找出其索引，並告訴你卡片視圖是否位於最上面。

接下來，更新 ZStack 的程式碼區塊如下：

```
ZStack {
    ForEach(cardViews) { cardView in
        cardView
            .zIndex(self.isTopCard(cardView: cardView) ? 1 : 0)
    }
}
```

我們為每個卡片視圖加入了 zIndex 修飾器，最上面的卡片被指定較高的 zIndex 值。在預覽畫布中，你現在應該會看到第一個旅程的照片（即美國優勝美地國家公園）。

對於第二個問題，就更複雜些，我們的目標是確保卡片庫可支援數以萬計的卡片視圖，而不會耗費大量資源。

我們來更深入研究一下卡片庫。我們是否真的需要為每張旅程照片初始化個別的卡片視圖呢？要建立這個卡片庫 UI，我們可建立兩個卡片視圖，並將它們互相重疊即可。

當最上面的卡片視圖被丟棄時，下面的卡片視圖將成為最上面的卡片；同時，我們立即使用不同的照片初始化一個新的卡片視圖，並將其放在最上面的卡片後面。無論你需要在卡片庫中顯示多少張照片，App 永遠只有兩個卡片視圖，但是從使用者的角度來看，UI 是由一堆卡片所組成的。

右側標註：
建立一個新卡
片視圖，並放
置於其背後

卡片視圖②
變成最上面
的視圖

圖 19.9　我們如何使用兩個卡片視圖來建立卡片庫

現在你已了解我們如何建立卡片庫了，我們來繼續進行實作。

首先更新 cardViews 陣列，我們不再需要初始化所有的旅程，而只需要初始化前兩個旅程。之後，當第一個旅程（即第一張卡片）被丟棄時，我們會加入另一張卡片。

```
var cardViews: [CardView] = {

    var views = [CardView]()

    for index in 0..<2 {
        views.append(CardView(image: trips[index].image, title: trips[index].destination))
    }

    return views
}()
```

更改程式碼後，UI 看起來應該完全相同，但在底層實作中，App 現在只在卡片庫中顯示兩個卡片視圖。

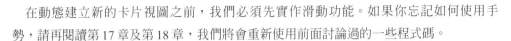
在動態建立新的卡片視圖之前，我們必須先實作滑動功能。如果你忘記如何使用手勢，請再閱讀第 17 章及第 18 章，我們將會重新使用前面討論過的一些程式碼。

首先，在 ContentView 中定義 DragState 列舉，它表示可能的拖曳狀態：

```swift
enum DragState {
    case inactive
    case pressing
    case dragging(translation: CGSize)

    var translation: CGSize {
        switch self {
        case .inactive, .pressing:
            return .zero
        case .dragging(let translation):
            return translation
        }
    }

    var isDragging: Bool {
        switch self {
        case .dragging:
            return true
        case .pressing, .inactive:
            return false
        }
    }

    var isPressing: Bool {
        switch self {
        case .pressing, .dragging:
            return true
        case .inactive:
            return false
        }
    }

}
```

再說一次，如果你不了解什麼是列舉，則請在此處停止，並複習一下有關手勢的章節。接下來，我們定義一個@GestureState變數來儲存拖曳狀態，預設設定為「inactive」：

```
@GestureState private var dragState = DragState.inactive
```

現在，更新 body 的部分如下：

```
var body: some View {
    VStack {
        TopBarMenu()

        ZStack {
            ForEach(cardViews) { cardView in
                cardView
                    .zIndex(self.isTopCard(cardView: cardView) ? 1 : 0)
                    .offset(x: self.dragState.translation.width, y:  self.dragState.
translation.height)
                    .scaleEffect(self.dragState.isDragging ? 0.95 : 1.0)
                    .rotationEffect(Angle(degrees: Double( self.dragState.translation.width /
10)))
                    .animation(.interpolatingSpring(stiffness: 180, damping: 100), value:
self.dragState.translation)
                    .gesture(LongPressGesture(minimumDuration: 0.01)
                        .sequenced(before: DragGesture())
                        .updating(self.$dragState, body: { (value, state, transaction) in
                            switch value {
                            case .first(true):
                                state = .pressing
                            case .second(true, let drag):
                                state = .dragging(translation: drag?.translation ?? .zero)
                            default:
                                break
                            }

                        })

                )
            }
        }

        Spacer(minLength: 20)
```

```
BottomBarMenu()
    .opacity(dragState.isDragging ? 0.0 : 1.0)
    .animation(.default, value: dragState.isDragging)
    }
}
```

基本上，我們運用在手勢章節中所學的知識來實作拖曳。.gesture 修飾器有兩個手勢識別器：長按與拖曳。當偵測到拖曳手勢時，我們更新 dragState 變數，並儲存拖曳的位移量。

offset、scaleEffect、rotationEffect 與 animation 修飾器的組合建立了拖曳效果。拖曳是透過更新卡片視圖的 offset 來實現，當卡片視圖處於拖曳狀態時，我們會使用 scaleEffect 來將它縮小一點，並運用 rotationEffect 修飾器將它旋轉特定角度。動畫設定為「interpolatingSpring」，但你可以自由嘗試其他動畫。

我們還對 BottomBarMenu 做一些程式碼更改。當使用者拖曳卡片視圖時，我想要隱藏底部列，因此我們應用 .opacity 修飾器，並在它處於拖曳狀態時，設定其值為「0」。

更改完成後，在模擬器中執行專案來測試它，你應該能夠拖曳卡片並四處移動，而當你釋放卡片時，卡片會回到原來的位置，如圖 19.10 所示。

圖 19.10　拖曳卡片視圖

你注意到這裡有問題嗎？當拖曳開始時，你實際上是在拖曳整個卡片庫。它應該只能拖曳最上面的卡片，下面的卡片應該保持不變，而且縮放效果應只應用於最上面的卡片。

要解決這些問題，我們需要修改 offset、scaleEffect 與 rotationEffect 修飾器的程式碼，以使拖曳只對最上面的卡片視圖進行。

```
ZStack {
    ForEach(cardViews) { cardView in
        cardView
            .zIndex(self.isTopCard(cardView: cardView) ? 1 : 0)
            .offset(x: self.isTopCard(cardView: cardView) ? self.dragState.translation.width :
0, y: self.isTopCard(cardView: cardView) ? self.dragState.translation.height : 0)
            .scaleEffect(self.dragState.isDragging && self.isTopCard(cardView: cardView) ? 0.95
: 1.0)
            .rotationEffect(Angle(degrees: self.isTopCard(cardView: cardView) ? Double( self.
dragState.translation.width / 10) : 0))
            .animation(.interpolatingSpring(stiffness: 180, damping: 100), value: self.
dragState.translation)
            .gesture(LongPressGesture(minimumDuration: 0.01)
                .sequenced(before: DragGesture())
                .updating(self.$dragState, body: { (value, state, transaction) in
                    switch value {
                    case .first(true):
                        state = .pressing
                    case .second(true, let drag):
                        state = .dragging(translation: drag?.translation ?? .zero)
                    default:
                        break
                    }

                })

            )
    }
}
```

只需要關注 offset、scaleEffect 與 rotationEffect 修飾器的變更，其餘的程式碼保持不變。對於這些修飾器，我們進行額外的檢查，以使效果只適用在最上面的卡片。

當你現在再次執行 App，則應該看到其下方的卡片，並只能拖曳最上面的卡片。

圖 19.11　拖曳效果只適用在最上面的卡片

19.5 顯示心形與 ✕ 形圖示

　　酷！拖曳現在可以運作了，不過它還沒有完成。使用者應該能夠向右／向左滑動來丟棄最上面的卡片，而且根據滑動的方向，卡片上應該顯示一個圖示（心形或 ✕ 形）。

　　首先，我們在 ContentView 中宣告一個拖曳的臨界值（threshold）：

```
private let dragThreshold: CGFloat = 80.0
```

　　當拖曳的位移超過臨界值時，我們將在卡片上重疊一個圖示（心形或 ✕ 形）。另外，如果使用者釋放卡片，App 會從卡片庫中刪除這張卡片，並建立一張新卡片，將其放置於卡片庫的末尾。

　　要重疊圖示，則加入 overlay 修飾器至 cardViews。你可以在 .zIndex 修飾器下插入下列的程式碼：

```
.overlay {
    ZStack {
        Image(systemName: "x.circle")
            .foregroundColor(.white)
            .font(.system(size: 100))
            .opacity(self.dragState.translation.width < -self.dragThreshold && self.
isTopCard(cardView: cardView) ? 1.0 : 0)

        Image(systemName: "heart.circle")
            .foregroundColor(.white)
            .font(.system(size: 100))
            .opacity(self.dragState.translation.width > self.dragThreshold  && self.
isTopCard(cardView: cardView) ? 1.0 : 0.0)
    }
}
```

　預設上，將不透明度設定爲「0」來隱藏這兩張圖片。如果向右拖曳，則位移的寬度爲正值，否則其爲負值。依照拖曳的方向，當拖曳的位移超過臨界值時，App 將顯示其中一張圖片。

　你可以執行這個專案來快速測試一下，當你的拖曳超出臨界值時，心形或 ╳ 形圖示將會出現，如圖 19.12 所示。

圖 19.12　出現心形圖示

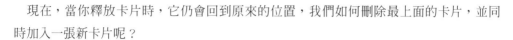
19.6 刪除 / 插入卡片

現在，當你釋放卡片時，它仍會回到原來的位置，我們如何刪除最上面的卡片，並同時加入一張新卡片呢？

首先，我們使用 @State 來標記 cardViews 陣列，以便我們可以更新它的值，並重新更新 UI：

```
@State var cardViews: [CardView] = {

    var views = [CardView]()

    for index in 0..<2 {
        views.append(CardView(image: trips[index].image, title: trips[index].destination))
    }

    return views
}()
```

接下來，宣告另一個狀態變數來追蹤旅程的最後一個索引。假設當卡片庫首次初始化時，我們顯示儲存在 trips 陣列中的前兩個旅程，最後一個索引設定為「1」。

```
@State private var lastIndex = 1
```

好的，這就是刪除及插入卡片視圖的核心函式。定義一個名為「moveCard」的新函式：

```
private func moveCard() {
    cardViews.removeFirst()

    self.lastIndex += 1
    let trip = trips[lastIndex % trips.count]

    let newCardView = CardView(image: trip.image, title: trip.destination)

    cardViews.append(newCardView)
}
```

這個函式先從 cardViews 陣列中刪除最上面的卡片，然後用後續旅程的圖片來實例化一個新的卡片視圖。由於 cardViews 被定義為狀態屬性，因此一旦陣列的值更改時，SwiftUI 將再次渲染卡片視圖，這就是我們如何刪除最上面的卡片，並插入一張新卡片至卡片庫的方式。

對於這個範例，我想要卡片庫繼續顯示旅程。在 trips 陣列的最後一張圖片顯示後，App 將會回到第一個元素（注意，上列程式碼中的模數運算子％）。

接下來，更新 .gesture 修飾器並插入 .onEnded 函式：

```
.gesture(LongPressGesture(minimumDuration: 0.01)
    .sequenced(before: DragGesture())
    .updating(self.$dragState, body: { (value, state, transaction) in

        .

        .

        .

    })
    .onEnded({ (value) in

        guard case .second(true, let drag?) = value else {
            return
        }

        if drag.translation.width < -self.dragThreshold ||
            drag.translation.width > self.dragThreshold {

            self.moveCard()
        }
    })
)
```

當拖曳手勢結束時，我們檢查拖曳的位移是否超過臨界值，並相應呼叫 moveCard()。

現在，當你在預覽畫布中執行專案時，將圖片向右／左拖曳，直到圖示出現。放開拖曳，最上面的卡片應該被下一張卡片取代。

圖 19.13　刪除最上面的圖片

微調動畫

這個 App 幾乎可以運作了，但是動畫效果卻不如預期，不要讓卡片視圖突然消失，而是卡片丟棄後逐漸從螢幕離開。

為了微調動畫效果，我們將加上 transition 修飾器，並應用不對稱轉場至卡片視圖。

加入 AnyTransition 擴展至 ContentView.swift 的底部，並定義兩個轉場效果：

```swift
extension AnyTransition {
    static var trailingBottom: AnyTransition {
        AnyTransition.asymmetric(
            insertion: .identity,
            removal: AnyTransition.move(edge: .trailing).combined(with: .move(edge: .bottom))
        )

    }

    static var leadingBottom: AnyTransition {
        AnyTransition.asymmetric(
            insertion: .identity,
```

```
        removal: AnyTransition.move(edge: .leading).combined(with: .move(edge: .bottom))
    )
}
}
```

我們使用不對稱轉場的原因是，我們只想在卡片視圖被刪除時，對轉場設定動畫，而當新的卡片視圖插入卡片庫時，則不應有動畫。

當卡片視圖向螢幕右方丟棄時，使用 trailingBottom 轉場，而當卡片視圖向螢幕左方丟棄時，則使用 leadingBottom 轉場。

接下來，宣告一個包含轉場類型的狀態屬性，預設設定為「trailingBottom」。

```
@State private var removalTransition = AnyTransition.trailingBottom
```

現在將 .transition 修飾器加到卡片視圖，你可以將它放在 .animation 修飾器之後：

```
.transition(self.removalTransition)
```

最後使用 onChanged 函式更新 .gesture 修飾器的程式碼，如下所示：

```
.gesture(LongPressGesture(minimumDuration: 0.01)
    .sequenced(before: DragGesture())
    .updating(self.$dragState, body: { (value, state, transaction) in
        switch value {
        case .first(true):
            state = .pressing
        case .second(true, let drag):
            state = .dragging(translation: drag?.translation ?? .zero)
        default:
            break
        }

    })
    .onChanged({ (value) in
        guard case .second(true, let drag?) = value else {
            return
        }

        if drag.translation.width < -self.dragThreshold {
            self.removalTransition = .leadingBottom
        }
```

```
        if drag.translation.width > self.dragThreshold {
            self.removalTransition = .trailingBottom
        }


    })
    .onEnded({ (value) in

        guard case .second(true, let drag?) = value else {
            return
        }

        if drag.translation.width < -self.dragThreshold ||
            drag.translation.width > self.dragThreshold {

            self.moveCard()
        }
    })

)
```

程式碼設定了「removalTransition」，轉場類型是根據滑動方向來更新。現在你可以再次執行 App，當丟棄卡片時，你應該會看到改善後的動畫。

19.8 本章小結

使用 SwiftUI，你可以輕鬆建立一些很酷的動畫與行動 UI 模式，這個如 Tinder 的 UI 就是一個例子。

我希望你可完全了解本章所介紹的內容，以便你可以修改程式碼來配合自己的專案。這是非常重要的一章，我想要記錄一下我的思考過程，而不僅是向你提供最終的解決方案。

在本章所準備的範例檔中，有完整的 Tinder 專案可以下載：

- 範例專案：https://www.appcoda.com/resources/swiftui4/SwiftUITinderTrip.zip。

CHAPTER

20

建立如Apple錢包的
動畫與視圖轉場

你使用過 Apple 錢包 App 嗎？在上一章中，我們建立了一個如 Tinder 的 UI 的簡單 App，而我們在本章中要做的是建立一個類似於你在錢包 App 中看到的動畫 UI。當你在錢包 App 中長按信用卡時，則可使用拖曳手勢來重新排列卡片，如果你沒有使用過這個 App，請開啟錢包並快速瀏覽一下，或者你可以訪問下列網址來檢視我們將建立的動畫：https://link.appcoda.com/swiftui-wallet。

圖 20.1　建立如 Apple 錢包的動畫與視圖轉場

在錢包 App 中，點擊其中一張信用卡就會帶出交易歷史紀錄，我們還將建立一個類似的動畫，以讓你更了解視圖轉場與水平滾動視圖。

20.1　專案準備

為了讓你專注於學習動畫與視圖轉場，你可以從這個起始專案開始（https://www.appcoda.com/resources/swiftui4/SwiftUIWalletStarter.zip），起始專案已經綁定了所需的信用卡圖片，並且帶有內建的交易歷史紀錄視圖，如果你想要使用自己的圖片，則請在素材目錄中替換它們，如圖 20.2 所示。

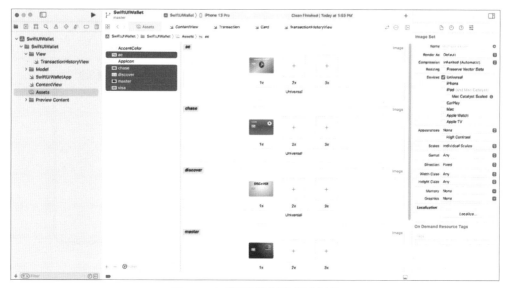

圖 20.2　起始專案綁定了信用卡圖片

在專案導覽器中，你應該會發現一些 .swift 檔：

- **Transaction.swift**：Transaction 結構表示錢包 App 中的交易。每一筆交易有一個唯一的 ID、交易商、金額、日期與圖示。除了 Transaction 結構之外，我們還宣告一組用於示範的測試交易。

- **Card.swift**：這個檔案包含了 Card 的結構。Card 表示信用卡的資料，包含卡號、類型、有效日期、圖片與客戶姓名，除此之外，檔案中還有一組測試信用卡。需要注意的一點是，卡片圖片不包含任何的個人資訊，只包含卡片品牌（例如：Visa）。稍後，我們將為信用卡建立一個視圖。

- **TransactionHistoryView.swift**：這是圖 20.1 中顯示的交易歷史紀錄視圖，起始專案帶有交易歷史紀錄視圖的實作。我們在水平滾動視圖中顯示交易，你之前使用過垂直滾動視圖，而建立水平視圖的技巧是在滾動視圖初始化期間傳送 .horizontal 值。請檢視圖 20.3 或 Swift 檔來了解詳細資訊。

- **ContentView.swift**：這是 Xcode 產生的預設 SwiftUI 視圖。

```
10   struct TransactionHistoryView: View {
11
12       var transactions: [Transaction]
13
14       var body: some View {
15
16           VStack(alignment: .leading) {
17               Text("Transaction History")
18                   .font(.system(size: 25, weight: .black, design: .rounded))
19                   .padding()
20
21               ScrollView(.horizontal, showsIndicators: false) {
22                   HStack(spacing: 30) {
23                       ForEach(transactions) { transaction in
24                           TransactionView(transaction: transaction)
25                       }
26                   }
27                   .padding()
28               }
29           }
30       }
31   }
32
33   struct TransactionView: View {
34
35       var transaction: Transaction
36
```

圖 20.3　使用 .horizontal 建立水平滾動視圖

20.2

建立卡片視圖

　　如上一節所述，所有的卡片圖片皆不包含任何個人資訊與卡號。再次開啓素材目錄，並檢視圖片，每張卡片圖片只有卡片標誌，我們將很快建立一個卡片視圖來佈局個人資訊與卡號，如圖 20.4 所示。

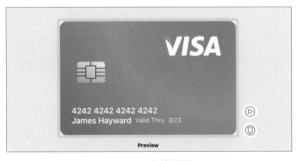

圖 20.4　卡片範例

　　要建立卡片視圖，則在專案導覽器中右鍵點擊 View 群組，並建立一個新檔案，然後選取「SwiftUI View」模板，檔案命名爲「CardView.swift」。接下來，更新程式碼如下：

```
struct CardView: View {
    var card: Card

    var body: some View {
        Image(card.image)
        .resizable()
        .scaledToFit()
            .overlay(

                VStack(alignment: .leading) {
                    Text(card.number)
                        .bold()
                    HStack {
                        Text(card.name)
                            .bold()
                        Text("Valid Thru")
                            .font(.footnote)
                        Text(card.expiryDate)
                            .font(.footnote)
                    }
                }
                .foregroundColor(.white)
                .padding(.leading, 25)
                .padding(.bottom, 20)

            , alignment: .bottomLeading)
            .shadow(color: .gray, radius: 1.0, x: 0.0, y: 1.0)

        }
    }
}
```

我們宣告一個 card 屬性來接收卡片資料。為了在卡片圖片上顯示個人資料與卡號，我們使用 overlay 修飾器，並以垂直堆疊視圖與水平堆疊視圖佈局文字元件。

要預覽卡片，則更新 CardView_Previews 結構如下：

```
struct CardView_Previews: PreviewProvider {
    static var previews: some View {
        ForEach(testCards) { card in
            CardView(card: card).previewDisplayName(card.type.rawValue)
        }
    }
}
```

testCards 變數在 Card.swift 中定義，因此我們使用 ForEach 來逐一執行卡片，並呼叫 previewDisplayName 來設定每一個預覽的名稱。Xcode 會如圖 20.5 所示佈局卡片。

圖 20.5　預覽卡片視圖

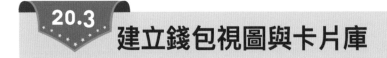

建立錢包視圖與卡片庫

我們現在已經實作了卡片視圖，我們來開始建立錢包視圖。如果你忘記錢包視圖的外觀，請看一下圖 20.6。在進行手勢與動畫之前，我們將先佈局卡片庫。

在專案導覽器中，你應該會看到 ContentView.swift 檔。刪除它，然後右鍵點擊 View 資料夾，以建立一個新檔案。在對話方塊中，選取「SwiftUI View」作為模板，並將檔案命名為「WalletView.swift」。

圖 20.6　錢包視圖

　　如果你預覽 WalletView 或者在模擬器中執行 App，Xcode 應該會顯示一個錯誤訊息，這是因為 ContentView 設定為初始視圖，並且已被刪除。要修正這個錯誤，則開啟 SwiftUIWalletApp.swift，並將 WindowGroup 中的這行程式碼：

```
ContentView()
```

　　更改為：

```
WalletView()
```

　　切換回 WalletView.swift。當你更改後，將可修正編譯錯誤，現在我們來繼續佈局錢包視圖。我們先從標題列開始，在 WalletView.swift 檔中為標題列插入一個新結構：

```
struct TopNavBar: View {

    var body: some View {
        HStack {
            Text("Wallet")
                .font(.system(.largeTitle, design: .rounded))
                .fontWeight(.heavy)
```

```
            Spacer()

            Image(systemName: "plus.circle.fill")
                .font(.system(.title))
        }
        .padding(.horizontal)
        .padding(.top, 20)
    }
}
```

程式碼非常簡單，我們使用水平堆疊來佈局標題與加號圖片。

接下來，我們建立卡片庫。首先，在 WalletView 結構中為信用卡陣列宣告一個屬性：

```
var cards: [Card] = testCards
```

為了示範，我們只將預設值設定為 Card.swift 檔中定義的 testCards。要佈局錢包視圖，我們同時使用 VStack 與 ZStack。更新 body 變數如下：

```
var body: some View {
    VStack {

        TopNavBar()
            .padding(.bottom)

        Spacer()

        ZStack {
            ForEach(cards) { card in
                CardView(card: card)
                    .padding(.horizontal, 35)
            }
        }

        Spacer()
    }
}
```

如果你在模擬器中執行 App 或直接預覽 UI，則應該只看到卡片庫中的最後一張卡片，如圖 20.7 所示。

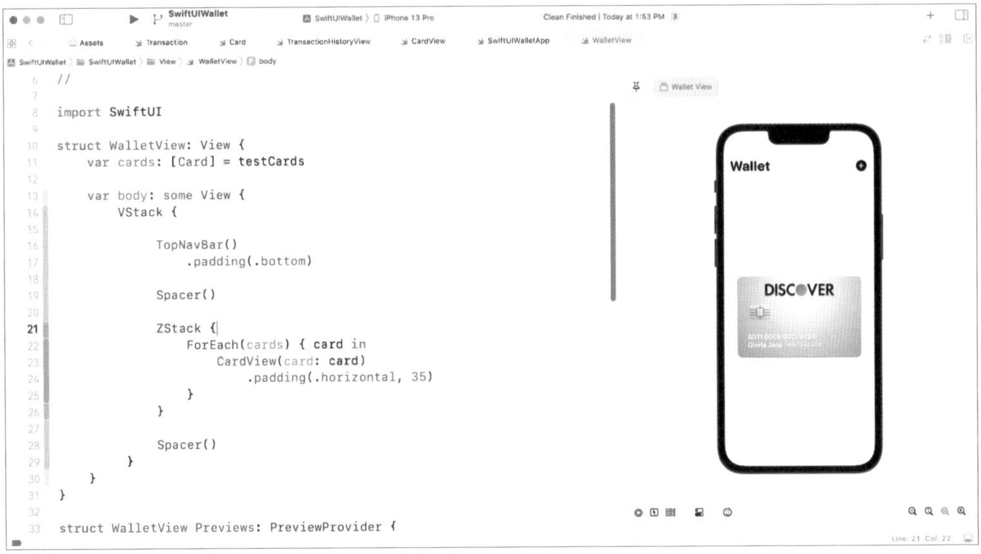

圖 20.7　嘗試顯示卡片庫

目前的實作有兩個問題：

- **卡片現在彼此重疊**：我們需要想辦法展開一組卡片。

- **Discover 卡應該是最後一張卡片**：在 ZStack 視圖中，項目彼此堆疊在一起。放入 ZStack 的第一個項目成爲最低層，而最後一個項目成爲最高層。如果你檢視 Card.swift 中的 testCards 陣列，第一張卡片是 Visa 卡，最後一張卡片是 Discover 卡。

那麼，我們要如何修正這些問題呢？對於第一個問題，我們可以使用 offset 修飾器來展開一組卡片。而對於第二個問題，我們顯然可以更改 CardView 中每張卡片的 zIndex 來改變卡片的順序，圖 20.8 說明了這個解決方案的工作原理。

zIndex=-4 —— DISCOVER —— 偏移 200 點（50×4）
zIndex=-3 —— CHASE
zIndex=-2 —— AMERICAN EXPRESS
zIndex=-1 —— —— 偏移 50 點
zIndex=0 —— VISA

圖 20.8　了解 zIndex 與偏移量

　　我們先討論一下 z-index，每張卡片的 z-index 是其在 cards 陣列中索引的負值，具有最大陣列索引的最後一個項目將會有最小的 z-index。對於這個實作，我們將建立一個單獨的函式來處理 z-index 的計算。在 WalletView 中，插入下列的程式碼：

```
private func zIndex(for card: Card) -> Double {
    guard let cardIndex = index(for: card) else {
        return 0.0
    }

    return -Double(cardIndex)
}

private func index(for card: Card) -> Int? {
    guard let index = cards.firstIndex(where: { $0.id == card.id }) else {
        return nil
    }

    return index
}
```

　　這兩個函式可以一起找出給定卡片的正確 z-index。要計算正確的 z-index，我們首先需要的是卡片在 cards 陣列中的索引，index(for:) 函式是用來取得給定卡片的陣列索引。當我們有了索引後，就可以將其變成負值，這就是 zIndex(for:) 函式的作用。

現在，你可以將 zIndex 修飾器加到 CardView，如下所示：

```
CardView(card: card)
    .padding(.horizontal, 35)
    .zIndex(self.zIndex(for: card))
```

當你更改後，Visa 卡片應該移到卡片庫的最上方。

接下來，我們修正第一個問題來展開卡片，每張卡片都應該偏移一定的垂直距離，而這個距離是使用卡片的索引值來計算的。假設我們將預設的垂直偏移量設定爲 50 點，最後一張卡片（索引爲 4）將會偏移 200 點（50×4）。

現在你應該了解我們將如何展開卡片了，我們來編寫程式碼。在 WalletView 中宣告預設的垂直偏移量：

```
private static let cardOffset: CGFloat = 50.0
```

接下來，建立一個名爲「offset(for:)」的新函式，用來計算給定卡片的垂直偏移量：

```
private func offset(for card: Card) -> CGSize {

    guard let cardIndex = index(for: card) else {
        return CGSize()
    }

    return CGSize(width: 0, height: -50 * CGFloat(cardIndex))
}
```

最後，將 offset 修飾器加到 CardView：

```
CardView(card: card)
    .padding(.horizontal, 35)
    .offset(self.offset(for: card))
    .zIndex(self.zIndex(for: card))
```

這就是我們使用 offset 修飾器來展開卡片的方式，若是一切正確，你應該會看到如圖 20.9 所示的預覽。

```
10    struct WalletView: View {
14
15        var body: some View {
16            VStack {
17
18                TopNavBar()
19                    .padding(.bottom)
20
21                Spacer()
22
23                ZStack {
24                    ForEach(cards) { card in
25                        CardView(card: card)
26                            .padding(.horizontal, 35)
27                            .offset(self.offset(for: card))
28                            .zIndex(self.zIndex(for: card))
29                    }
30                }
31
32                Spacer()
33            }
34        }
35
36        private func zIndex(for card: Card) -> Double {
37            guard let cardIndex = index(for: card) else {
38                return 0.0
39            }
40
```

圖 20.9　展開卡片

20.4　加入滑入動畫

　　我們現在已經完成了錢包視圖的佈局，是時候加入一些動畫了，我要加入的第一個動畫是滑入動畫。當首次開啓 App 時，每張卡片都從螢幕最左側滑入，你可能認爲這個動畫是不必要的，但是我想藉此機會教你如何在 App 啓動時建立動畫及視圖轉場。

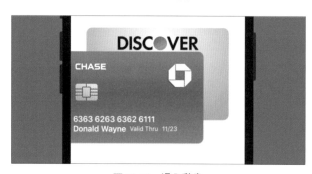

圖 20.10　滑入動畫

首先，我們需要一種方式來觸發轉場動畫，我們在 CardView 的開頭宣告一個狀態變數：

```
@State private var isCardPresented = false
```

這個變數指示卡片是否應顯示在螢幕上，預設情況下，它設定爲「false」，稍後我們會將此值設定爲「true」，以觸發視圖轉場。

每張卡片都是一個視圖。要實作如圖20.10所示的動畫，我們需要將transition與animation修飾器加到CardView，如下所示：

```
CardView(card: card)
    .offset(self.offset(for: card))
    .padding(.horizontal, 35)
    .zIndex(self.zIndex(for: card))
    .transition(AnyTransition.slide.combined(with: .move(edge: .leading)).combined(with:
.opacity))
    .animation(self.transitionAnimation(for: card), value: isCardPresented)
```

對於轉場，我們將預設的滑動轉場與移動轉場結合在一起。如前所述，若是沒有animation修飾器，則轉場將不會動畫化，這就是爲何我們還要加入animation修飾器的緣故。由於每張卡片都有自己的動畫，我們建立一個名爲「transitionAnimation(for:)」函式來計算動畫。插入下列的程式碼來建立函式：

```
private func transitionAnimation(for card: Card) -> Animation {
    var delay = 0.0

    if let index = index(for: card) {
        delay = Double(cards.count - index) * 0.1
    }

    return Animation.spring(response: 0.1, dampingFraction: 0.8, blendDuration: 0.02).delay(
delay)
}
```

事實上，所有的卡片都有相似的動畫（即彈簧動畫），差別在於「延遲時間」（delay）。卡片庫的最後一張卡片會先出現，因此延遲的值應該最小。以下公式是我們計算每張卡片延遲時間的方式，索引越小，延遲時間越長。

```
delay = Double(cards.count - index) * 0.1
```

那麼，我們如何在App啓動時觸發卡片視圖的視圖轉場，訣竅是爲每個卡片視圖加上一個id修飾器：

建立如 Apple 錢包的動畫與視圖轉場

```
CardView(card: card)

    .

    .

    .

    .id(isCardPresented)

    .

    .animation(self.transitionAnimation(for: card), value: isCardPresented)
```

其值設定爲「isCardPresented」。現在將 onAppear 修飾器加到 ZStack：

```
.onAppear {
    isCardPresented.toggle()
}
```

當 ZStack 出現時，我們將 isCardPresented 的值從「false」更改爲「true」，當 id 值改變時，SwiftUI 認爲這是一個新視圖，因此會觸發卡片的視圖轉場動畫。更改完成後，點擊「Play」按鈕，以在模擬器中測試 App，App 應會在啓動時渲染動畫。

20.5 處理點擊手勢與顯示交易歷史紀錄

當使用者點擊卡片時，App 會向上移動所選的卡片，並且顯示交易歷史紀錄。對於其他未選到的卡片，它們會被移出螢幕。

要實作這個功能，我們還需要兩個狀態變數。在 WalletView 中宣告這些變數：

```
@State var isCardPressed = false
@State var selectedCard: Card?
```

isCardPressed 變數指示是否選擇卡片，而 selectedCard 變數儲存使用者選擇的卡片。

```
.gesture(
    TapGesture()
        .onEnded({ _ in
            withAnimation(.easeOut(duration: 0.15).delay(0.1)) {
                self.isCardPressed.toggle()
                self.selectedCard = self.isCardPressed ? card : nil
            }
```

```
                })
        )
```

　　為了處理點擊手勢，我們可以將上述的 .gesture 修飾器加到 CardView（位於 .animation (self.transitionAnimation(for: card) 下方），並使用內建的 TapGesture 來捕捉點擊事件。在程式碼區塊中，我們只需切換 isCardPressed 的狀態，並將目前的卡片設定為 selectedCard 變數。

　　要將所選的卡片（及其下方的卡片）向上移動，並讓其餘的卡片移出螢幕的話，則更新 offset(for:) 函式如下：

```
private func offset(for card: Card) -> CGSize {

    guard let cardIndex = index(for: card) else {
        return CGSize()
    }

    if isCardPressed {
        guard let selectedCard = self.selectedCard,
            let selectedCardIndex = index(for: selectedCard) else {
                return .zero
        }

        if cardIndex >= selectedCardIndex {
            return .zero
        }

        let offset = CGSize(width: 0, height: 1400)

        return offset
    }

    return CGSize(width: 0, height: -50 * CGFloat(cardIndex))
}
```

　　我們加入了一個 if 語句來檢查卡片是否被選中。如果給定的卡片是使用者選擇的卡片，則我們將偏移量設定為「.zero」。對於所選卡片正下方的那些卡片，我們也將它們向上移動，這就是我們將偏移量設定為「.zero」的緣故。而其餘的卡片，我們將它們移出螢幕，因此垂直偏移量設定為「1400 點」。

現在我們準備編寫程式碼來帶出交易歷史視圖。正如一開始所述，起始專案已經提供這個交易歷史紀錄視圖，因此你不需要自己建立它。

我們可以使用 isCardPressed 狀態變數，來確定是否顯示交易歷史紀錄視圖。在 Spacer() 前面插入下列程式碼：

```
if isCardPressed {
    TransactionHistoryView(transactions: testTransactions)
        .padding(.top, 10)
        .transition(.move(edge: .bottom))
}
```

在上列的程式碼中，我們設定轉場為「.move」，以將視圖從螢幕底部向上移動，你可以依照自己的喜好來隨意更改它。

圖 20.11　顯示交易歷史紀錄

使用拖曳手勢重新排列卡片

現在來到本章的核心部分，我們來了解如何使用拖曳手勢重新排列卡片庫。首先，我會詳細描述此功能的工作原理：

- 要開始拖曳動作，使用者必須長按卡片。簡單的點擊只會帶出交易歷史紀錄。

- 當使用者成功按住卡片後，App 會將卡片向上移動一點。這是我們想要給使用者的回饋，告訴使用者已經可以任意拖曳卡片了。
- 當使用者拖曳卡片時，使用者應該能在卡片庫中移動它。
- 使用者在某個位置放開卡片後，App 會更新卡片庫中的所有卡片位置。

長按卡片

拖曳卡片至左側

拖曳卡片至頂部

圖 20.12　使用拖曳手勢在卡片庫中移動卡片

20.6.1　處理長按與拖曳手勢

現在你了解我們將要做什麼，我們來繼續實作。如果你忘記了 SwiftUI 如何處理手勢，則請回頭閱讀第 17 章，該章討論了我們將使用的大多數技術。

首先，在 WalletView.swift 中插入下列的程式碼來建立 DragState 列舉，以便我們可以輕鬆追蹤拖曳狀態：

```
enum DragState {
    case inactive
    case pressing(index: Int? = nil)
    case dragging(index: Int? = nil, translation: CGSize)

    var index: Int? {
        switch self {
        case .pressing(let index), .dragging(let index, _):
            return index
        case .inactive:
```

```
            return nil
        }
    }
    var translation: CGSize {
        switch self {
        case .inactive, .pressing:
            return .zero
        case .dragging(_, let translation):
            return translation
        }
    }

    var isPressing: Bool {
        switch self {
        case .pressing, .dragging:
            return true
        case .inactive:
            return false
        }
    }

    var isDragging: Bool {
        switch self {
        case .dragging:
            return true
        case .inactive, .pressing:
            return false
        }
    }
}
```

接下來，在 WalletView 中宣告一個狀態變數來追蹤拖曳狀態：

```
@GestureState private var dragState = DragState.inactive
```

如果你之前閱讀過關於 SwiftUI 手勢的章節，那麼你應該已經知道如何偵測長按與拖曳手勢，不過這次有點不同，我們需要同時處理點擊手勢、拖曳與長按手勢，而且如果偵測到長按手勢，則 App 應該忽略點擊手勢。

現在更新 CardView 的 .gesture 修飾器如下：

```
.gesture(
    TapGesture()
        .onEnded({ _ in
            withAnimation(.easeOut(duration: 0.15).delay(0.1)) {
                self.isCardPressed.toggle()
                self.selectedCard = self.isCardPressed ? card : nil
            }
        })
        .exclusively(before: LongPressGesture(minimumDuration: 0.05)
        .sequenced(before: DragGesture())
        .updating(self.$dragState, body: { (value, state, transaction) in
            switch value {
            case .first(true):
                state = .pressing(index: self.index(for: card))
            case .second(true, let drag):
                state = .dragging(index: self.index(for: card), translation: drag?.translation
?? .zero)
            default:
                break
            }

        })
        .onEnded({ (value) in

            guard case .second(true, let drag?) = value else {
                return
            }

            // 重新排列卡片
        })

    )
)
```

SwiftUI 讓你可專門組合多種手勢。在上列的程式碼中，我們告訴 SwiftUI 捕捉點擊手勢或長按手勢，換句話說，當偵測到點擊手勢時，SwiftUI 將忽略長按手勢。

點擊手勢的程式碼與我們之前編寫的程式碼完全相同，而拖曳手勢是排列在長按手勢之後。在 updating 函式中，我們將拖曳狀態、轉場與卡片索引設定為之前定義的 dragState 變數。我將不會像第 17 章那樣詳細解釋程式碼。

在拖曳卡片之前，你必須更新 offset(for:) 函式如下：

```swift
private func offset(for card: Card) -> CGSize {

    guard let cardIndex = index(for: card) else {
        return CGSize()
    }

    if isCardPressed {
        guard let selectedCard = self.selectedCard,
            let selectedCardIndex = index(for: selectedCard) else {
                return .zero
        }

        if cardIndex >= selectedCardIndex {
            return .zero
        }

        let offset = CGSize(width: 0, height: 1400)

        return offset
    }

    // 處理手勢
    var pressedOffset = CGSize.zero
    var dragOffsetY: CGFloat = 0.0

    if let draggingIndex = dragState.index,
        cardIndex == draggingIndex {
        pressedOffset.height = dragState.isPressing ? -20 : 0

        switch dragState.translation.width {
        case let width where width < -10: pressedOffset.width = -20
        case let width where width > 10: pressedOffset.width = 20
        default: break
        }

        dragOffsetY = dragState.translation.height
    }

    return CGSize(width: 0 + pressedOffset.width, height: -50 * CGFloat(cardIndex) +
pressedOffset.height + dragOffsetY)
}
```

我們加入一段程式碼來處理拖曳。請謹記，只有選定的卡片是可拖曳的，因此在更改偏移量之前，我們需要檢查給定的卡片是否爲使用者拖曳的卡片。

我們之前將卡片索引儲存在 dragState 變數中，因此我們可輕鬆比較給定的卡片索引以及儲存在 dragState 中的卡片索引，以確定要拖曳哪張卡片。

對於拖曳的卡片，我們在水平與垂直方向上都加入了額外的偏移量。

現在你可以執行 App 來進行測試，長按卡片並任意拖曳，如圖 20.13 所示。

圖 20.13　拖曳卡片

目前你應該可以拖曳卡片，不過卡片的 z-index 沒有相應變更，例如：如果你拖曳 Visa 卡，它總是停留在卡片庫的頂部，我們透過更新 zIndex(for:) 函式來修正它：

```
private func zIndex(for card: Card) -> Double {
    guard let cardIndex = index(for: card) else {
        return 0.0
    }

    // 卡片的預設 z-index 設定爲卡片索引值的負值
    // 因此第一張卡片具有最大的 z-index
    let defaultZIndex = -Double(cardIndex)

    // 如果它是拖曳的卡片
    if let draggingIndex = dragState.index,
        cardIndex == draggingIndex {
        // 我們根據位移的高度來計算新的 z-index
        return defaultZIndex + Double(dragState.translation.height/Self.cardOffset)
```

```
        }

        // 否則我們回傳預設的 z-index
        return defaultZIndex
    }
```

預設的 z-index 仍設定為卡片索引的負值。對於拖曳的卡片，我們需要在使用者於卡片庫上拖曳時計算新的 z-index。更新後的 z-index 是根據位移的高度與卡片的預設偏移量（即 50 點）來計算。

執行 App 並再次拖曳 Visa 卡片。當你現在拖曳卡片時，z-index 會不斷更新。

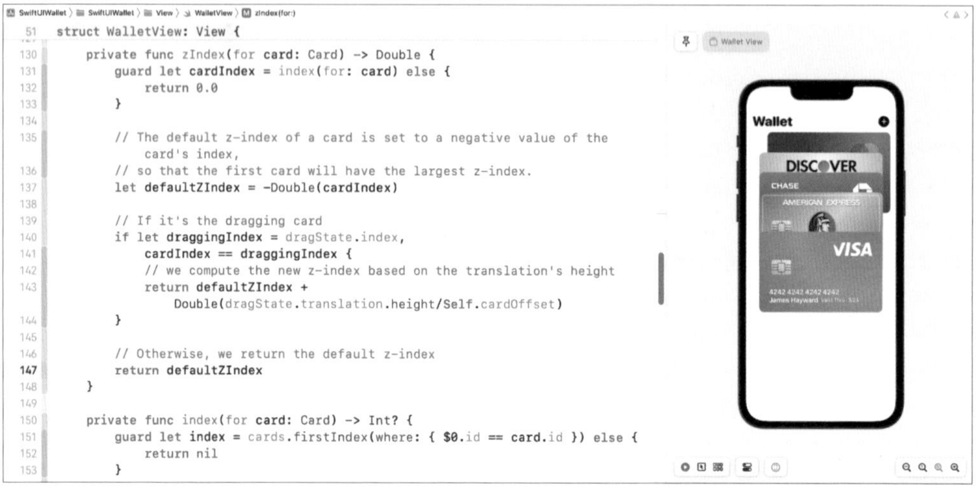

圖 20.14　將 Visa 卡移到後面

20.6.2　更新卡片庫

當你放開卡片時，它會回到原來的位置，那麼我們如何在拖曳後重新排列卡片呢？

這裡的技巧是更新 cards 陣列的項目，以觸發 UI 更新。首先，我們需要將 cards 變數標記為狀態變數，如下所示：

```
@State var cards: [Card] = testCards
```

接下來，我們建立另一個新函式來重新排列卡片：

```
private func rearrangeCards(with card: Card, dragOffset: CGSize) {
    guard let draggingCardIndex = index(for: card) else {
```

```
        return
    }

    var newIndex = draggingCardIndex + Int(-dragOffset.height / Self.cardOffset)
    newIndex = newIndex >= cards.count ? cards.count - 1 : newIndex
    newIndex = newIndex < 0 ? 0 : newIndex

    let removedCard = cards.remove(at: draggingCardIndex)
    cards.insert(removedCard, at: newIndex)

}
```

當你將卡片拖曳到相鄰的卡片時，一旦拖曳的位移量大於預設的偏移量，我們就需要更新 z-index，圖 20.15 顯示了拖曳的預期行為。

圖 20.15　在相鄰卡片之間拖曳萬事達卡

這是我們用來計算更新後的 z-index 的公式：

```
var newIndex = draggingCardIndex + Int(-dragOffset.height / Self.cardOffset)
```

當我們有了更新後的索引，最後一步就是透過移除拖曳的卡片，並將其插入新位置，以更新在 cards 陣列中的項目。由於 cards 陣列現在是一個狀態變數，因此 SwiftUI 會更新卡片庫，並自動渲染動畫。

最後，在「// 重新排列卡片」的下面，插入下列的程式碼來呼叫函式：

```
withAnimation(.spring()) {
    self.rearrangeCards(with: card, dragOffset: drag.translation)
}
```

之後，你可以執行 App 來測試它了。恭喜！你已經建立了如錢包 App 的動畫。

閱讀完本章後，我希望你對 SwiftUI 動畫與視圖轉場有更深入的了解。如果你將 SwiftUI 與原來的 UIKit 框架進行比較，你會發現 SwiftUI 讓「處理動畫」變得非常容易。你還記得當使用者放開拖曳的卡片時，如何渲染卡片動畫嗎？你需要做的就是更新狀態變數，然後 SwiftUI 會處理這些繁重的工作，這就是 SwiftUI 的強大之處。

為了方便進一步參考，您可以至下列網址下載完整的錢包專案：

● 範例專案：https://www.appcoda.com/resources/swiftui4/SwiftUIWallet.zip。

CHAPTER

21

使用JSON、滑桿
與資料篩選

JSON 是 JavaScript Object Notation 的縮寫，是用戶端 - 伺服器應用程式中用於資料交換的通用資料格式。即使我們是行動 App 的開發者，也不可避免地要使用 JSON，因為幾乎所有的 Web API 或後端網頁服務都使用 JSON 作為資料交換的格式。

在本章中，我們將討論如何在使用 SwiftUI 框架建立 App 時使用 JSON。如果你從未使用過 JSON 的話，我建議你閱讀《iOS 程式設計進階攻略》一書中的免費試閱章節（https://www.appcoda.com/intermediate-swift-tips/json.html），這裡會詳細解釋在 Swift 中處理 JSON 的兩種不同方法。

圖 21.1　範例 App

和往常一樣，為了學習 JSON 及其相關的 API，你將建立一個簡單的 JSON App，該 App 利用 Kiva.org（https://www.kiva.org/）提供的基於 JSON 的 API。若是你沒有聽過 Kiva，這是一個非營利組織，其使命是透過貸款將人們聯繫在一起，以減輕貧困問題；Kiva 讓每個人借出至少 25 美元的貸款，來幫助世界各地的人創造機會。Kiva 為開發者提供免費的基於 Web 的 API 來存取他們的資料，對於我們的範例 App，我們將呼叫一個免費的 Kiva API 來取得最近的募資貸款，並在清單視圖中顯示它們，如圖 21.1 所示。

除此之外，我們將示範滑桿（Slider）的用法，滑桿是 SwiftUI 提供的眾多內建 UI 控制元件之一。利用這個滑桿，你將在 App 中實作資料篩選選項，以讓使用者可以篩選清單中的貸款資料，如圖 21.2 所示。

圖 21.2　滑桿控制元件

了解 JSON 與 Codable

而 JSON 格式是什麼樣子呢？如果你不了解 JSON，則開啓瀏覽器，並指向下列由 Kiva 提供的 Web API：https://api.kivaws.org/v1/loans/newest.json。

你應該會看到下列的內容：

```
{
    "loans": [
        {
            "activity": "Fruits & Vegetables",
            "basket_amount": 25,
            "bonus_credit_eligibility": false,
            "borrower_count": 1,
            "description": {
                "languages": [
                    "en"
                ]
            },
            "funded_amount": 0,
            "id": 1929744,
            "image": {
                "id": 3384817,
                "template_id": 1
            },
            "lender_count": 0,
            "loan_amount": 250,
            "location": {
                "country": "Papua New Guinea",
                "country_code": "PG",
                "geo": {
                    "level": "town",
```

```
                "pairs": "-9.4438 147.180267",
                "type": "point"
            },
            "town": "Port Moresby"
        },
        "name": "Mofa",
        "partner_id": 582,
        "planned_expiration_date": "2020-04-02T08:30:11Z",
        "posted_date": "2020-03-03T09:30:11Z",
        "sector": "Food",
        "status": "fundraising",
        "tags": [],
        "themes": [
            "Vulnerable Groups",
            "Rural Exclusion",
            "Underfunded Areas"
        ],
        "use": "to purchase additional vegetables to increase her currrent sales."
    },

    ...

    "paging": {
    "page": 1,
    "page_size": 20,
    "pages": 284,
    "total": 5667
    }
}
```

你的顯示結果可能不是相同的格式,但這就是 JSON 回應的樣子。如果你使用的是 Chrome,則可以下載並安裝一個名為「JSON Formatter」(http://link.appcoda.com/json-formatter)的外掛程式來美化 JSON 回應。

或者,你可以在 Mac 上使用下列的指令來格式化 JSON 資料:

```
curl https://api.kivaws.org/v1/loans/newest.json | python -m json.tool > kiva-loans-data.txt
```

這將格式化 JSON 回應,並將其儲存到文字檔中。

現在你對 JSON 有一些了解,我們來學習如何在 Swift 中解析 JSON 資料。從 Swift 4 開始,Apple 採用一個名為「Codable」的協定,來導入一種編碼及解碼 JSON 資料的新方式。

Codable 為開發者提供一個解碼（或編碼）JSON 的不同方式來簡化整個過程。只要你的型別遵循 Codable 協定以及新的 JSONDecoder，你就能夠將 JSON 資料解碼到你指定的實例（instance）中。

圖 21.3 說明了使用 JSONDecoder，將範例貸款資料解碼為 Loan 實例。

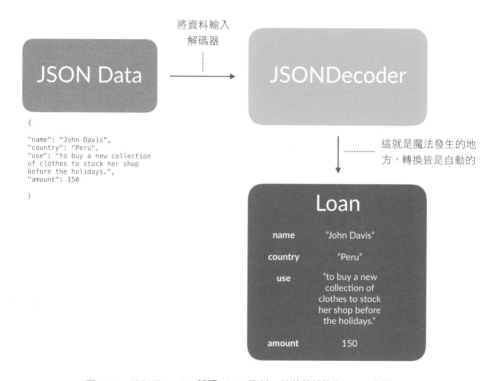

圖 21.3　JSONDecoder 解碼 JSON 資料，並將其轉換為 Loan 實例

21.2　使用 JSONDecoder 與 Codable

在建立範例 App 之前，我們在 Playgrounds 上嘗試 JSON 解碼。啟動 Xcode，並開啟一個新的 Playground 專案（至 Xcode 選單，選擇 File → New → Playground...），當建立 Playground 專案後，宣告下列的 json 變數：

```
let json = """
{
```

```
    "name": "John Davis",
    "country": "Peru",
    "use": "to buy a new collection of clothes to stock her shop before the holidays.",
    "amount": 150


}
"""
```

假設你是 JSON 解析的新手，我們簡單說明一下。上面是一個簡化的 JSON 回應，類似於上一小節所示的回應。

要解析資料，則宣告 Loan 結構如下：

```
struct Loan: Codable {
    var name: String
    var country: String
    var use: String
    var amount: Int
}
```

如你所見，該結構採用了 Codable 協定。結構中定義的變數與 JSON 回應的鍵值相符，這是讓解碼器知道如何解碼資料的方法。

現在，讓我們來看看它的魔法！

繼續在 Playground 檔案中插入下列的程式碼：

```
let decoder = JSONDecoder()

if let jsonData = json.data(using: .utf8) {

    do {
        let loan = try decoder.decode(Loan.self, from: jsonData)
        print(loan)

    } catch {
        print(error)
    }
}
```

如果你執行這個專案，則應該在主控台中看到一個訊息，這是 Loan 實例，其中填滿了解碼後的值。

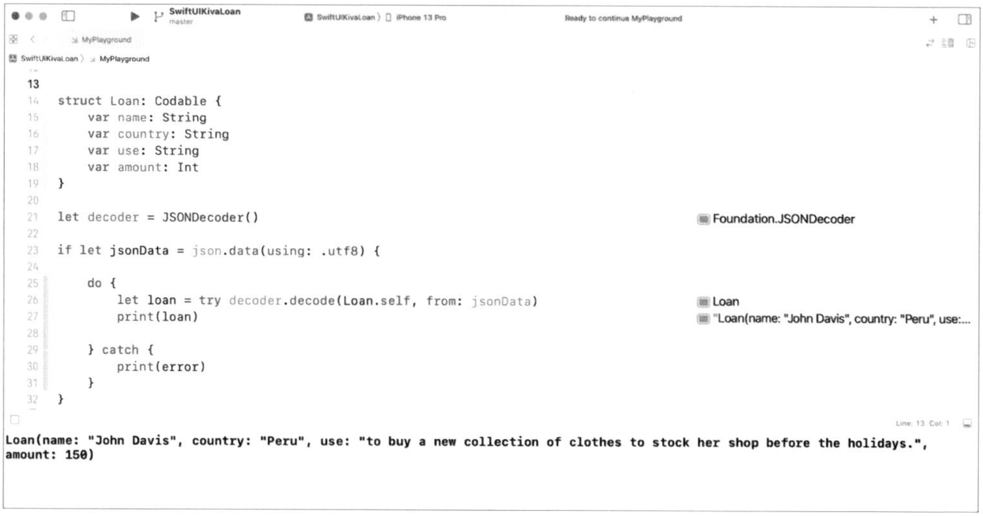

```
13
     struct Loan: Codable {
         var name: String
         var country: String
         var use: String
         var amount: Int
     }

     let decoder = JSONDecoder()

     if let jsonData = json.data(using: .utf8) {

         do {
             let loan = try decoder.decode(Loan.self, from: jsonData)
             print(loan)

         } catch {
             print(error)
         }
     }

Loan(name: "John Davis", country: "Peru", use: "to buy a new collection of clothes to stock her shop before the holidays.",
amount: 150)
```

圖 21.4　在主控台中顯示解碼後的貸款資料

我們再次研究程式碼片段。我們實例化一個 JSONDecoder 實例，然後將 JSON 字串轉換爲 Loan。而魔法發生在下列這行程式碼中：

```
let loan = try decoder.decode(Loan.self, from: jsonData)
```

你只需要使用 JSON 資料呼叫解碼器的 decode 方法，並指定要解碼的值的型別（即 Loan.self）。解碼器會自動解析 JSON 資料，並將其轉換爲 Loan 物件。

很酷，是吧？

21.3　使用自訂屬性名稱

現在，我們進入更複雜的內容。如果屬性名稱與 JSON 的鍵不同的話，該怎麼辦？你如何定義映射（mapping）呢？

舉例而言，我們修改 json 變數如下：

```
let json = """
{

"name": "John Davis",
"country": "Peru",
"use": "to buy a new collection of clothes to stock her shop before the holidays.",
"loan_amount": 150

}
"""
```

如你所見，amount 這個鍵現在改為 loan_amount。為了解碼 JSON 資料，你可以將屬性名稱從「amount」更改為「loan_amount」。不過，我們真的想要保留名稱「amount」，在這種情況下，我們如何定義映射呢？

要定義鍵與屬性名稱之間的映射，你需要宣告一個名為「CodingKeys」的列舉，CodingKeys 列舉具有一個 String 型別的原始值，並遵循 CodingKey 協定。

現在更新 Loan 結構如下：

```
struct Loan: Codable {
    var name: String
    var country: String
    var use: String
    var amount: Int

    enum CodingKeys: String, CodingKey {
        case name
        case country
        case use
        case amount = "loan_amount"
    }
}
```

在列舉中，你定義了模型的所有屬性名稱及其在 JSON 資料中的相應鍵，例如：amount 定義了映射 loan_amount 這個鍵，如果 JSON 資料的屬性名稱與鍵都相同，則可以省略這個指定。

21.4 使用巢狀 JSON 物件

現在你已了解基礎知識了，我們來深入研究，並解碼一個更真實的 JSON 回應。首先，更新 json 變數如下：

```
let json = """
{

"name": "John Davis",
"location": {
"country": "Peru",
},
"use": "to buy a new collection of clothes to stock her shop before the holidays.",
"loan_amount": 150

}
"""
```

我們加入了 location 這個鍵，它具有巢狀 JSON 物件及 country 巢狀鍵，那麼我們如何從巢狀物件中解碼 country 的值呢？

我們修改 Loan 結構如下：

```
struct Loan: Codable {
    var name: String
    var country: String
    var use: String
    var amount: Int

    enum CodingKeys: String, CodingKey {
        case name
        case country = "location"
        case use
        case amount = "loan_amount"
    }

    enum LocationKeys: String, CodingKey {
        case country
```

```
    }

    init(from decoder: Decoder) throws {
        let values = try decoder.container(keyedBy: CodingKeys.self)

        name = try values.decode(String.self, forKey: .name)

        let location = try values.nestedContainer(keyedBy: LocationKeys.self, forKey: .country)
        country = try location.decode(String.self, forKey: .country)

        use = try values.decode(String.self, forKey: .use)
        amount = try values.decode(Int.self, forKey: .amount)

    }
}
```

　　和我們之前所做的類似，我們必須定義一個列舉 CodingKeys。對於 country 這個 case，我們指定要映射 location 鍵。而要處理巢狀的 JSON 物件，我們需要定義另一個列舉，在上列的程式碼中，我們將其命名為「LocationKeys」，並宣告與巢狀物件的 country 鍵相符的 country 這個 case。

　　因為它不是直接映射，我們需要實作 Decodable 協定的初始器，來處理所有屬性的解碼。在 init 方法中，我們先使用 CodingKeys.self 呼叫解碼器的 container 方法，以取得與指定的編碼鍵相關的資料，即 name、location、use 與 amount。

　　要解碼一個特定值，我們使用特定鍵（例如：.name）和關聯型別（例如：String.self）來呼叫 decode 方法。name、use 與 amount 的解碼非常簡單，但對於 country 屬性，解碼有點棘手，我們必須使用 LocationKeys.self 呼叫 nestedContainer 方法，來取得巢狀的 JSON 物件。從回傳的值中，我們進一步解碼 country 的值。

　　以上為使用巢狀物件來解碼 JSON 資料的方式。

21.5 使用陣列

　　從 Kiva API 所回傳的 JSON 資料中不只一筆貸款，多筆貸款以陣列的形式建構，現在我們來看如何使用 Codable 解碼 JSON 物件的陣列。

首先，修改 json 變數如下：

```
let json = """
{
"loans":
[{
"name": "John Davis",
"location": {
"country": "Paraguay",
},
""use": "to buy a new collection of clothes to stock her shop before the holidays.",
"loan_amount": 150
},
{
"name": "Las Margaritas Group",
"location": {
"country": "Colombia",
},
"use": "to purchase coal in large quantities for resale.",
"loan_amount": 200
}]
}
"""
```

在上面的範例中，json 變數中有兩筆貸款資料，你如何將其解碼為 Loan 的陣列呢？

為此，宣告另一個名為「LoanStore」的結構，該結構也採用 Codable 協定：

```
struct LoanStore: Codable {
    var loans: [Loan]
}
```

該 LoanStore 只有一個 loans 屬性，它與 JSON 資料的 loans 鍵相符，並且其型別定義為 Loan 的陣列。

要解碼貸款資料，將下列這行程式碼：

```
let loan = try decoder.decode(Loan.self, from: jsonData)
```

修改為：

```
let loanStore = try decoder.decode(LoanStore.self, from: jsonData)
```

解碼器將自動解碼 loans JSON 物件，並將其儲存至 LoanStore 的 loans 陣列中。要印出 loans，則將 print(loan) 這行替換為：

```
for loan in loanStore.loans {
    print(loan)
}
```

你應該會看到如圖 21.5 所示的類似訊息。

圖 21.5　印出 loans 陣列

以上就是使用 Swift 解碼 JSON 的方式。

 提示

為了讓你進一步參考，Playgrounds 專案會包含在最後的下載檔中，你可以在本章小結中找到下載的連結。

21.6 建立 Kiva 貸款 App

好的，你現在應該了解如何處理 JSON 解碼，我們來開始建立一個範例 App，看看你如何運用剛才所學的技術。

如果你已經開啓 Xcode，至選單並選擇「File → New → Projects」來建立一個新專案。如往常一樣，使用「App」模板，並將專案命名爲「SwiftUIKivaLoan」或是你所喜愛的其他名稱。

我們將從建立模型類別來開始，該模型類別儲存從 Kiva 取得的所有最新貸款資料。稍後，我們將處理使用者介面的實作。

21.6.1 從 Kiva 取得最新的貸款資料

首先，使用「Swift File」模板來建立一個新檔案，並將其命名爲「Loan.swift」，這個檔案儲存了採用 Codable 協定進行 JSON 解碼的 Loan 結構。

在檔案中插入下列的程式碼：

```swift
struct Loan: Identifiable {
    var id = UUID()
    var name: String
    var country: String
    var use: String
    var amount: Int

    init(name: String, country: String, use: String, amount: Int) {
        self.name = name
        self.country = country
        self.use = use
        self.amount = amount
    }

}

extension Loan: Codable {
    enum CodingKeys: String, CodingKey {
        case name
        case country = "location"
        case use
        case amount = "loan_amount"
    }

    enum LocationKeys: String, CodingKey {
        case country
    }
```

```
init(from decoder: Decoder) throws {
    let values = try decoder.container(keyedBy: CodingKeys.self)

    name = try values.decode(String.self, forKey: .name)

    let location = try values.nestedContainer(keyedBy: LocationKeys.self, forKey: .country)
    country = try location.decode(String.self, forKey: .country)

    use = try values.decode(String.self, forKey: .use)
    amount = try values.decode(Int.self, forKey: .amount)

    }
}
```

　程式碼與我們在上一節中所討論的幾乎相同，我們只是使用擴展（extension）來採用
Codable 協定，除了 Codable 協定之外，這個結構也採用了 Identifiable 協定，並有一個預
設為 UUID() 的 id 屬性。稍後，我們將會使用 SwiftUI 的 List 控制元件來呈現這些貸款資
料，這就是為什麼我們讓這個結構採用 Identifiable 協定的原因。

　接下來，使用「Swift File」模板來建立另一個檔案，並將其命名為「LoanStore.swift」。
這個類別是用來連接到 Kiva 的 Web API、解碼 JSON 資料，並將資料儲存在本地端。

　我們來逐步編寫 LoanStore 類別，如此你就可以更加了解我是如何實作的。在 Loan
Store.swift 中插入下列的程式碼：

```
class LoanStore: Decodable {
    var loans: [Loan] = []
}
```

　稍後，解碼器將解碼 loans JSON 物件，並將其儲存至 LoanStore 的 loans 陣列中，這就
是為什麼我們建立上述 LoanStore 的原因。程式碼看起來與我們之前建立的 LoanStore 結
構非常相似，但是它採用 Decodable 協定而不是 Codable 協定。

　如果你研究 Codable 的文件，它只是一個協定組成的型別別名：

```
typealias Codable = Decodable & Encodable
```

　Decodable 與 Encodable 是你需要實際使用的兩個協定。由於 LoanStore 只負責處理
JSON 解碼，因此我們採用 Decodable 協定。

如前所述，我們將使用清單視圖來顯示 loans，因此除了 Decodable 之外，我們必須採用 ObservableObject 協定，並使用 @Published 屬性包裹器標記 loans 變數，如下所示：

```
class LoanStore: Decodable, ObservableObject {
    @Published var loans: [Loan] = []
}
```

如此一來，當 loans 變數有任何變化時，SwiftUI 將自動管理 UI 的更新。如果你忘記什麼是 ObservableObject，則請再次閱讀第 14 章。

當你加上 @Published 屬性包裹器後，Xcode 會顯示一個錯誤訊息，如圖 21.6 所示。Decodable（或 Codable）協定不能很好地與 @Published 配合使用。

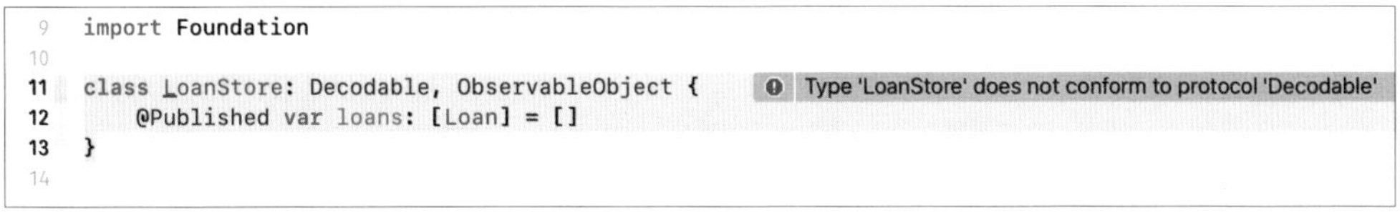

```
9    import Foundation
10
11   class LoanStore: Decodable, ObservableObject {        ❶ Type 'LoanStore' does not conform to protocol 'Decodable'
12       @Published var loans: [Loan] = []
13   }
14
```

圖 21.6　Xcode 指出 LoanStore 並沒有遵循 Decodable 協定的錯誤訊息

要修正這個錯誤，需要做一些額外的工作。當使用 @Published 屬性包裹器時，我們需要手動實作 Decodable 所需的方法。如果你研究文件（https://developer.apple.com/documentation/swift/decodable），以下是採用的方法：

```
init(from decoder: Decoder) throws
```

實際上，在解碼巢狀的 JSON 物件時，我們已經實作了這個方法。現在更新類別如下：

```
class LoanStore: Decodable, ObservableObject {
    @Published var loans: [Loan] = []

    enum CodingKeys: CodingKey {
        case loans
    }

    required init(from decoder: Decoder) throws {
        let values = try decoder.container(keyedBy: CodingKeys.self)
        loans = try values.decode([Loan].self, forKey: .loans)
    }

    init() {
```

```
        }
    }
```

我們加上CodingKeys列舉來明確指定要解碼的鍵，然後我們實作自訂的初始器來處理解碼。

好的，錯誤現在已經修正了，那下一步呢？

21.7　呼叫 Web API

到目前為止，我們只是為JSON解碼設定了所有內容，但是還沒有使用Web API。在LoanStore類別中宣告一個新變數來儲存Kiva API的URL：

```
private static var kivaLoanURL = "https://api.kivaws.org/v1/loans/newest.json"
```

接下來，在類別中插入下列的方法：

```
func fetchLatestLoans() {
    guard let loanUrl = URL(string: Self.kivaLoanURL) else {
        return
    }

    let request = URLRequest(url: loanUrl)
    let task = URLSession.shared.dataTask(with: request, completionHandler: { (data, response,
error) -> Void in

        if let error = error {
            print(error)
            return
        }

        // 解析 JSON 資料
        if let data = data {
            DispatchQueue.main.async {
                self.loans = self.parseJsonData(data: data)
            }
        }

    }
```

```
    })

    task.resume()
}


func parseJsonData(data: Data) -> [Loan] {

    let decoder = JSONDecoder()

    do {

        let loanStore = try decoder.decode(LoanStore.self, from: data)
        self.loans = loanStore.loans

    } catch {
        print(error)
    }

    return loans
}
```

　　fetchLatestLoans() 方法透過使用 URLSession 來連接到 Web API，當它接收到 API 回傳的資料後，它會傳送資料給 parseJsonData 方法來解碼 JSON，並轉換貸款資料為 Loan 陣列。

　　你可能想知道為什麼我們需要使用 DispatchQueue.main.async 來包裹下列這行程式碼？

```
DispatchQueue.main.async {
    self.loans = self.parseJsonData(data: data)
}
```

　　呼叫 Web API 時，該操作是在背景佇列中執行。在此，loans 變數標記為 @Published，這意味著對於變數的任何修改，SwiftUI 會觸發 UI 的更新，而且 UI 更新需要在主佇列中執行，這就是我們使用 DispatchQueue.main.async 包裹它的原因。

21.7.1　實作使用者介面

　　現在我們已經建立了用於取得貸款資料的類別，我們繼續實作使用者介面。為了協助你記起 UI 的外觀，請參考圖 21.7，這是我們將要建立的 UI。

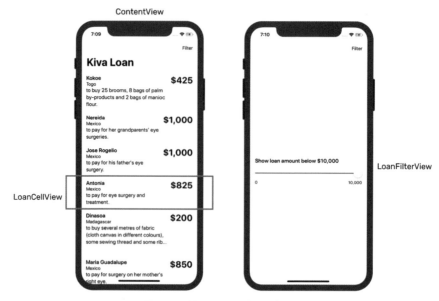

ContentView

LoanCellView

LoanFilterView

圖 21.7　範例 App 的使用者介面

而且，我們將 UI 分成三個視圖，而不是在同一個檔案中編寫 UI 的程式碼：

- **ContentView.swift**：這是呈現貸款清單的主視圖。

- **LoanCellView.swift**：這是儲存格視圖。

- **LoanFilterView.swift**：這是顯示篩選選項的視圖。

我們從儲存格視圖開始。在專案導覽器中，在 SwiftUIKivaLoan 按右鍵並選擇「New file...」，然後選取「SwiftUI View」模板，將檔案命名為「LoanCellView.swift」。

更新 LoanCellView 如下：

```swift
struct LoanCellView: View {

    var loan: Loan

    var body: some View {
        HStack(alignment: .top) {
            VStack(alignment: .leading) {
                Text(loan.name)
                    .font(.system(.headline, design: .rounded))
                    .bold()
                Text(loan.country)
                    .font(.system(.subheadline, design: .rounded))
                Text(loan.use)
```

```
                    .font(.system(.body, design: .rounded))
            }

            Spacer()

            VStack {
                Text("$\(loan.amount)")
                    .font(.system(.title, design: .rounded))
                    .bold()
            }
        }
        .frame(minWidth: 0, maxWidth: .infinity)

    }
}
```

這個視圖帶入 Loan，並渲染儲存格視圖。該程式碼一目了然，但如果你想要預覽儲存格視圖，則需要修改 LoanCellView_Previews 如下：

```
struct LoanCellView_Previews: PreviewProvider {
    static var previews: some View {
        LoanCellView(loan: Loan(name: "Ivan", country: "Uganda", use: "to buy a plot of land",
amount: 575)).previewLayout(.sizeThatFits)
    }
}
```

我們實例化一個虛構的貸款資料，並傳送至儲存格視圖進行渲染。如果你將其更改為 Selectable 模式，你的預覽面板看起來應該與圖 21.8 類似。

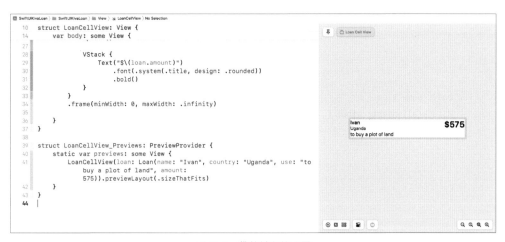

圖 21.8　貸款儲存格視圖

現在回到ContentView.swift來實作清單視圖。首先，宣告一個名爲「loanStore」的變數：

```
@ObservedObject var loanStore = LoanStore()
```

由於我們要觀察貸款商店的變化並更新UI，因此將loanStore標記爲@ObservedObject屬性包裹器。

接著，更新body變數如下：

```
var body: some View {
    NavigationStack {

        List(loanStore.loans) { loan in

            LoanCellView(loan: loan)
                .padding(.vertical, 5)
        }

        .navigationTitle("Kiva Loan")

    }
    .task {
        self.loanStore.fetchLatestLoans()
    }
}
```

如果你閱讀過第10章與第11章，則應該了解如何顯示清單視圖，並將其嵌入到導覽視圖中，這就是上列的程式碼所做的事情。當視圖出現時，會呼叫task閉包中的程式碼。我們呼叫fetchLatestLoans()方法從Kiva取得最新的貸款資料。

如果這是你第一次使用.task，它與.onAppear非常相似，兩者皆會在視圖出現時執行非同步任務，主要區別在於task會在視圖被銷毀時自動取消任務，很適合像這樣的情況。

現在，在預覽中或模擬器上測試App，你應該能夠看到如圖21.9所示的貸款紀錄。

圖 21.9　在清單視圖中顯示貸款資料

21.7.2　使用滑桿建立篩選視圖

在完成本章之前，我想要介紹如何實作篩選功能。這個篩選函式可讓使用者定義最大貸款金額，並只顯示低於該值的紀錄。圖 21.7 顯示了一個範例篩選視圖，使用者可以使用滑桿來設定最大數量。

同樣的，爲了讓程式碼更有組織性，因此爲篩選視圖建立一個新檔案，並將其命名爲「LoanFilterView.swift」。

接下來，更新 LoanFilterView 結構如下：

```swift
struct LoanFilterView: View {

    @Binding var amount: Double

    var minAmount = 0.0
    var maxAmount = 10000.0

    var body: some View {
        VStack(alignment: .leading) {

            Text("Show loan amount below $\(Int(amount))")
                .font(.system(.headline, design: .rounded))

            HStack {
```

```
        Slider(value: $amount, in: minAmount...maxAmount, step: 100)
            .accentColor(.purple)

    }

    HStack {
        Text("\(Int(minAmount))")
            .font(.system(.footnote, design: .rounded))

        Spacer()

        Text("\(Int(maxAmount))")
            .font(.system(.footnote, design: .rounded))
    }

}
.padding(.horizontal)
.padding(.bottom, 10)
    }
}
```

　　我假設你完全了解堆疊視圖，因此我將不討論如何使用它們來實現佈局，不過讓我們再多談一下滑桿控制元件，其是 SwiftUI 提供的標準元件，你可以透過傳送滑桿的綁定、範圍與步階值（step）來實例化滑桿，綁定會保存滑桿的目前值。以下是建立滑桿的範例程式碼：

```
Slider(value: $amount, in: minAmount...maxAmount, step: 100)
```

　　步階值控制使用者拖曳滑桿時的變化量，如果你要讓使用者有更精細的控制，則將步階值設定為較小的數字。對於上列的程式碼，我們將其設定為「100」。

　　為了預覽篩選視圖，更新 LoanFilterView_Previews 如下：

```
struct LoanFilterView_Previews: PreviewProvider {
    static var previews: some View {
        LoanFilterView(amount: .constant(10000))
    }
}
```

　　現在，你的預覽應該如圖 21.10 所示。

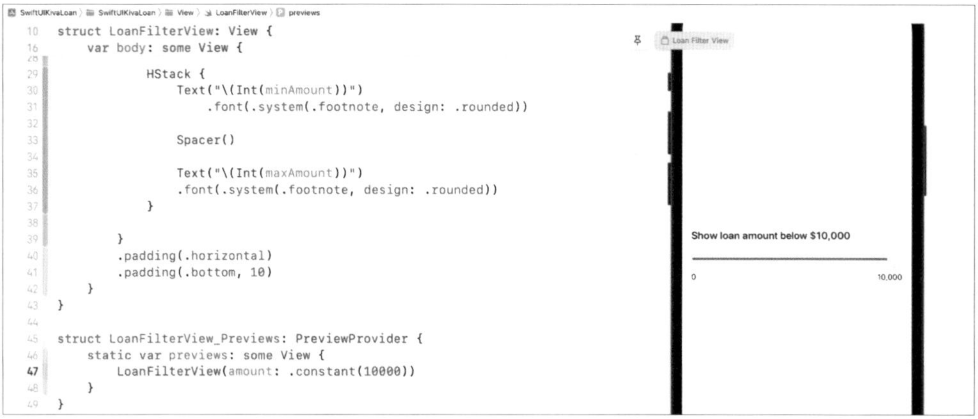

圖 21.10　用於設定顯示條件的篩選視圖

好的，我們已經實作了篩選視圖，但是我們還沒有實作篩選紀錄的實際邏輯。我們來加強 LoanStore.swift，讓它擁有篩選函式的威力。

首先，宣告以下的變數，用來儲存篩選操作中的貸款紀錄副本：

```
private var cachedLoans: [Loan] = []
```

要儲存該副本，請插入下列這行程式碼，並將其放在 self.loans = self.parseJsonData(data: data) 之後：

```
self.cachedLoans = self.loans
```

最後，為篩選建立一個新函式：

```
func filterLoans(maxAmount: Int) {
    self.loans = self.cachedLoans.filter { $0.amount < maxAmount }
}
```

這個函式帶入最大金額的值，並篩選低於此限制的貸款項目。

酷！我們快完成了。

我們回到 ContentView.swift 來顯示篩選視圖，我們要做的是在右上角加上一個導覽列按鈕。當使用者點擊按鈕時，App 會顯示篩選視圖。

我們先宣告兩個狀態變數：

```
@State private var filterEnabled = false
@State private var maximumLoanAmount = 10000.0
```

filterEnabled 變數儲存篩選視圖的目前狀態，其預設設定爲「false」，表示不顯示篩選視圖。maximumLoanAmount 儲存用於顯示的最大貸款金額，任何大於此限制的貸款紀錄都將被隱藏。

接下來，更新 NavigationView 的程式碼如下：

```
NavigationStack {
    VStack {
        if filterEnabled {
            LoanFilterView(amount: self.$maximumLoanAmount)
                .transition(.opacity)
        }

        List(loanStore.loans) { loan in

            LoanCellView(loan: loan)
                .padding(.vertical, 5)
        }
    }

    .navigationTitle("Kiva Loan")
}
```

我們增加了 LoanFilterView，並將其嵌入到 VStack 中。LoanFilterView 的外觀由 filterEnabled 變數所控制。當 filterEnabled 設定爲「true」時，App 將在清單視圖的頂部插入貸款篩選視圖。剩下的部分是導覽列按鈕，插入下列的程式碼，並將其放在 .navigationBarTitle("Kiva Loan") 之後：

```
.toolbar {
    ToolbarItem(placement: .navigationBarTrailing) {
        Button {
            withAnimation(.linear) {
                self.filterEnabled.toggle()
                self.loanStore.filterLoans(maxAmount: Int(self.maximumLoanAmount))
            }
        } label: {
            Text("Filter")
                .font(.subheadline)
                .foregroundColor(.primary)
        }
    }
}
```

這會在右上角加入一個導覽列按鈕。當點擊按鈕時，我們切換 filterEnabled 的值來顯示 / 隱藏篩選視圖。另外，我們呼叫 filterLoans 函式來篩選貸款項目。

現在於預覽中測試 App，你應該會在導覽列上看到一個篩選按鈕，點擊它一次來帶出篩選視圖，然後你可以設定新的上限（例如：$500）。再次點擊按鈕，App 只會顯示低於 $500 的貸款紀錄。

圖 21.11　顯示篩選視圖

21.8 本章小結

我們在本章中介紹了很多的內容，你應該知道如何使用 Web API、解析 JSON 內容，以及在清單視圖中顯示資料，我們還簡要介紹了滑桿控制元件的用法。

如果你之前使用 UIKit 開發過 App，你可能會對 SwiftUI 的簡單性感到驚訝。再看一下 ContentView 的程式碼，只需要 40 行的程式碼就可以建立清單視圖。最重要的是，你不需要手動處理 UI 更新及傳送資料，一切都在背後運作。

在本章所準備的範例檔中，有完整的貸款專案可供下載：

● 範例專案：https://www.appcoda.com/resources/swiftui4/SwiftUIKivaLoan.zip。